Beiträge zur organischen Synthese

Band 97

Beiträge zur organischen Synthese

Band 97

Herausgegeben von
Prof. Dr. Stefan Bräse

Karlsruher Institut für Technologie (KIT)
Institut für Organische Chemie
Fritz-Haber-Weg 6, D-76131 Karlsruhe

Institut für Biologische und Chemische Systeme – Funktionelle Molekulare Systeme
Hermann-von-Helmholtz-Platz 1
D-76344 Eggenstein-Leopoldshafen

Nicolai Rosenbaum

Development of Novel Routes and Methods for the Semisynthesis of the Marine Steroid Demethylgorgosterol and Unnatural Analogs

Logos Verlag Berlin

Bibliografische Information der Deutschen Nationalbibliothek

Die Deutsche Nationalbibliothek verzeichnet diese Publikation in der Deutschen Nationalbibliografie; detaillierte bibliografische Daten sind im Internet über http://dnb.d-nb.de abrufbar.

ISBN 978-3-8325-5516-0
ISSN 1862-5681 x

Logos Verlag Berlin GmbH
Georg-Knorr-Str. 4, Geb. 10, 12681 Berlin

Tel.:   +49 (0)30 / 42 85 10 90
Fax: +49 (0)30 / 42 85 10 92

https://www.logos-verlag.de

For my family and my friends.

"We choose to [...] do [these] things, not because they are easy, but because they are hard; because that goal will serve to organize and measure the best of our energies and skills, because that challenge is one that we are willing to accept, one we are unwilling to postpone, and one we intend to win."

– John F. Kennedy

Declaration of Academic Integrity

This thesis was carried out between January 1st, 2018, and June 8th, 2021, at the Institute of Organic Chemistry (IOC), Faculty of Chemistry and Biosciences at the Karlsruhe Institute of Technology (KIT) under the supervision of Prof. Dr. Stefan Bräse.

Die vorliegende Arbeit wurde im Zeitraum vom 1. Januar 2018 bis 8. Juni 2021 am Institut für Organische Chemie (IOC) der Fakultät für Chemie und Biowissenschaften am Karlsruher Institut für Technologie (KIT) unter der Leitung von Prof. Dr. Stefan Bräse angefertigt.

I, Nicolai Rosenbaum, hereby declare that I completed the work independently, without any improper help and that all material published by others is appropriately cited. This thesis has not been submitted to any other university before. The rules for safeguarding good scientific practice have been honored.

Hiermit versichere ich, Nicolai Rosenbaum, die vorliegende Arbeit selbstständig verfasst und keine anderen als die angegebenen Hilfsmittel verwendet sowie Zitate kenntlich gemacht zu haben. Die Dissertation wurde bisher an keiner anderen Hochschule oder Universität eingereicht. Die „Regeln zur Sicherung guter wissenschaftlicher Praxis am Karlsruher Institut für Technologie (KIT)" wurden beachtet.

German Title of this Thesis

Entwicklung neuartiger Routen und Methoden für die
Semisynthese des marinen Steroids
Demethylgorgosterol und unnatürlicher Analoga

Abstract

Gorgosterol and its derivative demethylgorgosterol are two long known marine steroids with unusual properties and a unique structure, containing a cyclopropane moiety in the side chain. Several semisyntheses for these molecules are known, which however suffer drawbacks, such as long and low yielding synthetic sequences and low stereoselectivity. Gorgosterol acts as a growth inhibitor in human colon cancer cell lines, and it was also identified as a new chemotype of farnesoid-X-receptor (FXR) antagonist, making it a potential target for the treatment of cholestasis. The biological function of gorgosterol is unknown, and so is the exact mechanism of the biosynthesis of these steroids, despite ongoing research. Various derivatives of gorgosterol are known, with diverse structural motives and various biological activities. However, they have not been explored synthetically. Moreover, corals and coral reefs have a tremendous ecological and economic impact but are endangered by climate change. A better understanding of corals can therefore aid their protection and conservation.

To achieve all these goals, this work aimed to develop novel synthetic routes and methods for the synthesis of demethylgorgosterol and gorgosterol. They should be concise, high-yielding, stereoselective, and provide a modular basis for synthetic analogs.

A novel, short and high yielding formal semisynthesis for the marine steroid demethylgorgosterol was developed in this work. It was centered on stereoselective cyclopropanation. A known ketone intermediate was synthesized in ten steps in a linear sequence yielding 27% and with excellent stereocontrol. Further steps were taken to complete the semisynthesis, with the most promising approach being the decarboxylative coupling of active esters synthesized from cyclopropanecarboxylic acids. A variety of demethylgorgosterol analogs were synthesized for biological applications. These include hydrocarbon analogs, diversely functionalized analogs which could also be derivatized even further, and fluorophore-steroid conjugates to track and visualize steroids *in vivo*. Finally, a new method for the synthesis of 3-cyclopropylacrylates was developed. Here, a vinylogous diazoester was utilized to cyclopropanate alkenes. The observed *cis*-selectivity was explained with π-π-interactions in the transition state.

Kurzzusammenfassung

Gorgosterol und sein Derivat Demethylgorgosterol sind zwei lange bekannte marine Steroide mit außergewöhnlichen Eigenschaften und einer einzigartigen Struktur, die eine Cyclopropan-Einheit in der Seitenkette aufweist. Es sind mehrere Semisynthesen für diese Moleküle bekannt, die jedoch verschiedene Nachteile aufweisen. Gorgosterol wirkt als Wachstumsinhibitor menschlicher Darmkrebszelllinien und wurde als neuer Chemotyp von Farnesoid-X-Rezeptor-Antagonisten identifiziert, was es zu einem potenziellen Ziel für die Behandlung von Cholestase macht. Die biologische Funktion von Gorgosterol ist unbekannt, ebenso der Mechanismus der Biosynthese dieser Steroide. Es sind verschiedene Derivate des Gorgosterols bekannt, mit unterschiedlichen strukturellen Motiven und vielfältigen biologischen Aktivitäten, die jedoch synthetisch nicht erschlossen sind. Darüber hinaus haben Korallen und Korallenriffe eine enorme ökologische und wirtschaftliche Bedeutung, sind aber unter anderem durch den Klimawandel gefährdet. Ein besseres Verständnis der Korallen kann daher zu ihrem Schutz beitragen.

Um diese Ziele zu erreichen, war diese Arbeit darauf ausgerichtet, neuartige Routen und Methoden für die Synthese von Demethylgorgosterol und Gorgosterol zu entwickeln. Diese sollten kurz, ertragreich und stereoselektiv sein und darüber hinaus eine modulare Basis für die Synthese von synthetischen Analoga bieten.

In dieser Arbeit wurde eine kurze und ausbeutereiche formale Semisynthese für das marine Steroid Demethylgorgosterol entwickelt, basierend auf einer stereoselektiven Cyclopropanierung. Ein bekanntes Keton-Intermediat wurde in insgesamt zehn linearen Schritten in einer Ausbeute von 27% und mit ausgezeichneter Stereokontrolle synthetisiert. Weitere Schritte wurden unternommen, um die Semisynthese zu vervollständigen, wobei der vielversprechendste Ansatz die decarboxylierende Kupplung von Aktivestern von Cyclopropancarbonsäuren war. Es wurde eine Vielzahl von Demethylgorgosterol-Analoga für biologische Anwendungen synthetisiert. Dazu gehören sowohl simple, als auch vielfältig funktionalisierte Analoga, die weiter derivatisiert werden können, sowie Fluorophor-Steroid-Konjugate zur Verfolgung und Visualisierung von Steroiden *in vivo*. Schließlich wurde eine neue Methode zur Synthese von 3-Cyclopropylacrylaten entwickelt. Ein vinyloger Diazoester wurde zur Cyclopropanierung von Alkenen verwendet. Die beobachtete *cis*-Selektivität wurde mit π-π-Wechselwirkungen im Übergangszustand erklärt.

Contents

1   Introduction

Approximately 70% of the earth's surface is covered in water. Corals and coral reefs cover only about 1% of this area. However, they are the most diverse aquatic ecosystems.[1] They are associated with an estimated 25% of all marine species and 32 of the 33 animal phyla. Their biodiversity is rivaled only by rain forests, although these cover roughly twenty times the area.[2]

Their ecological and economic impact is of global scale.[3-4] Reefs act as nurseries for edible fish and have touristic value. Furthermore, they are the source of countless natural products, not limited to any number of substance classes.[5]

Yet, corals are endangered by climate change in multiple ways, such as rising temperatures and pH values.[6-8] Environmental pollution presents an equally important problem, not only in the form of pesticides, heavy metals, and eutrophication, but also increased sediment loads,[6] amongst others.[9-10]

Corals react to these stresses by bleaching, the expulsion of symbiotic algae, leading to their demise if endured too long.[3] A better understanding of this symbiotic relationship might contribute to their protection and conservation.

1.1 Steroids[11]

1.1.1 Introduction

Steroids are compounds occurring ubiquitously, with diverse structures and functions, in plants and animals alike. In humans, in the form of hormones, they serve to control and regulate metabolic processes, menstruation, and pregnancy, to name but a few.[12-13] Furthermore, bile acids play a major role in fat digestion. Cholesterol, which is the most important steroid in humans in terms of quantity and a component of the cell membrane, regulates membrane fluidity. Furthermore, it is the starting point for the entire steroid metabolism, even though it has no biological activity.[12,14] Also worth mentioning are the cardenolides, a series of heart-active plant steroids, and the steroid alkaloids, which are used by many plants and animals as defense poisons.[12]

Chemically the steroids are isoprenoids and thus related to the terpenes. Both substance classes are biosynthetically built up from isoprene units. The basic skeleton of the steroids is a system of four fused rings, perhydro-cyclopenta[a]phenanthrene, also known as gonane (1). Because systematic names can become arbitrarily long and complicated for many steroids, a different nomenclature was put in place for them, considering their historically determined numbering.[13,15-16] Figure 1 illustrates this numbering using stigmasterol (2) and lanosterol (3) as examples, as they highlight several particularities. In stigmasterol (2), the smaller chain attached to C-24 is labeled with superscript numbers, as the previously used 28 and 29 are now reserved for C-30 steroids like lanosterol (3). The two methyl groups attached to C-4 are labeled 28 and 29, while the methyl group attached to C-14 is labeled 30. Missing atoms do not change the numbering.

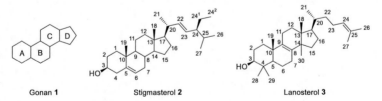

Gonan 1   Stigmasterol 2   Lanosterol 3

Figure 1: Gonan (1), possessing the most basic skeleton of the steroids, and their numbering using stigmasterol (2) and lanosterol (3) as examples.

The individual rings can be linked in either *cis* or *trans* conformation. However, not all possible ring linkages occur. The A and B rings can be *cis*- or *trans*-linked, but the B and C rings occur only in *trans* configuration. The C and D rings are also usually *trans*-linked, except for cardenolides, for example.[12] A system of descriptors and prefixes is used to name the stereochemistry and structural deviations found in many steroids.[13,15] Thus, α (alpha) stands for a substituent that is below and β (beta) for one that is above the molecular plane. Among the prefixes, homo- and nor- as well as cyclo- and seco- are particularly noteworthy. Homo- describes an additional methylene group (CH_2) compared to the parent steroid, while nor- describes a missing methylene group. Cyclo- denotes a ring closure between two non-adjacent atoms of the skeleton or side chain. Seco- on the other hand, denotes a ring-opening. Examples are given in Figure 2.

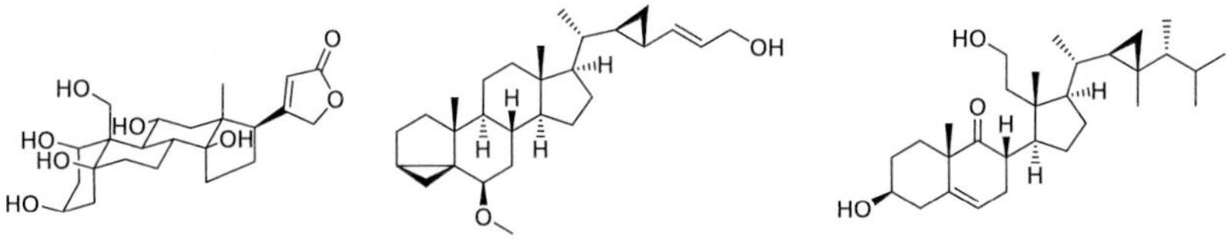

Ouabagenin **4**   **5**   **6**

Figure 2: *Cis*-linked A/B- and C/D-rings in Ouabagenin (**4**),[12] 6β-methoxy-3β,5-cyclo-23^1,24^1,27-trinorgorgost-24-en-26-ol (**5**) and 9-oxo-9,11-secogorgost-5-en-3β,11-diol **6**.[17]

1.1.2 Biosynthesis

Ultimately, the starting material for the biosynthesis of steroids is acetyl-CoA (**7**), which is derived from glycolysis. Scheme 1 shows the process in a simplified manner.[13-14]

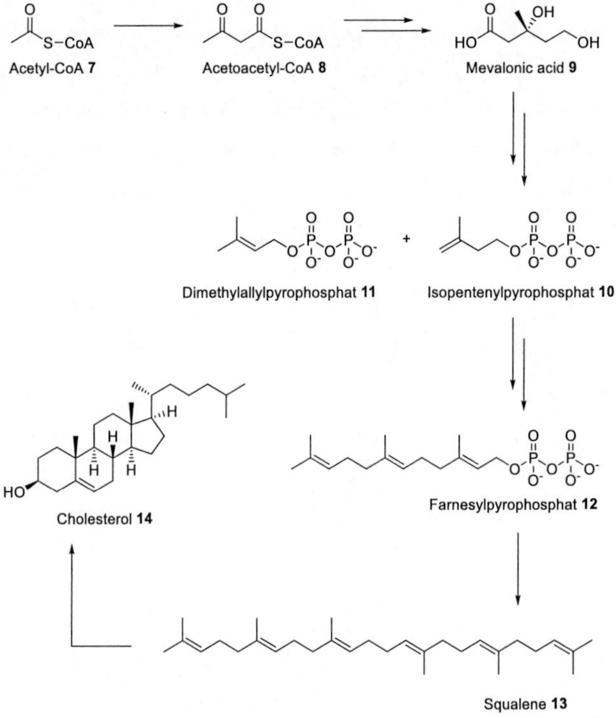

Scheme 1: Formal course of the steroid-biosynthesis starting from acetyl-CoA (**7**).

First, two units of acetyl-CoA (**7**) are condensed to acetoacetyl-CoA (**8**), which in turn is condensed with another molecule of acetyl-CoA (**7**) to HMG-CoA. The HMG-CoA is then reduced with NADPH to form mevalonic acid (**9**). In a multistep process, mevalonic acid (**9**) is converted to isopentenyl pyrophosphate (**10**). Isopentenyl pyrophosphate (**10**) and dimethylallyl pyrophosphate (**11**) are in equilibrium with each other, catalyzed by an isomerase.[13-14] Some bacteria, algae, and plants have a different biosynthetic pathway for both isoprenoids **10** and **11**.[18] The next step in biosynthesis is the head-to-tail linkage of isopentenyl pyrophosphate (**10**) and dimethylallyl pyrophosphate (**11**), and geranyl pyrophosphate is formed first. This phosphate is coupled with another isoprene unit **9** to form farnesyl pyrophosphate (**12**). Two molecules of sesquiterpene **12** are then reacted to form the triterpene squalene (**13**).[13-14] A more detailed insight into the remaining steps of the biosynthesis gives Scheme 2. Squalene (**13**) is epoxidized at the 2,3-double bond, and subsequently cyclized to give the protosterol cation **15**. In animals, this is converted to lanosterol (**16**) in several steps. Finally, in a complex multi-step process, cholesterol (**14**) is formed.[13-14]

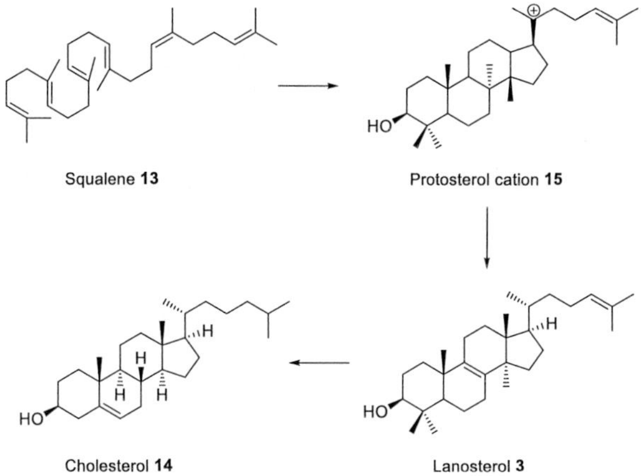

Scheme 2: Key steps of the biosynthesis of cholesterol (**14**) starting from Squalene (**13**).

1.1.3 Importance for Nature and Medicine

In addition to the various human steroids and their functions mentioned initially, there are orders of magnitude more plant, animal, and synthetic steroids. Their structural diversity is accompanied by an equally incomprehensive number of biological activities and effects. These activities will be illustrated in the following with a few examples (Figure 3).

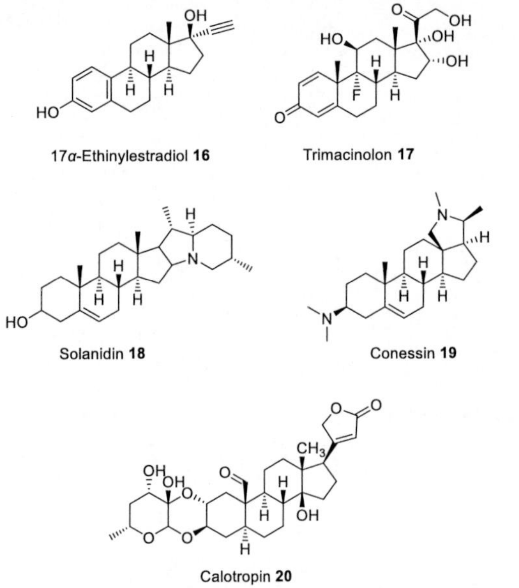

17α-Ethinylestradiol **16**

Trimacinolon **17**

Solanidin **18**

Conessin **19**

Calotropin **20**

Figure 3: Illustrative examples of synthetic and natural steroids: 17α-ethinylestradiol (**16**), triamcinolone (**17**), solanidine (**18**), conessine (**19**), calotropin (**20**).

The synthetic steroid 17α-ethinylestradiol (**16**) is a component of oral contraceptive agents. It acts as an agonist of the body's estrogen receptors.[12] Several side effects are known, including thromboembolism and cancer.[19] Some of it is excreted unchanged and thus enters the environment. HOFFMANN *et al.* showed that it affects many living organisms even at the low concentrations reached this way. For example, it alters the mating behavior of amphibians such as *Xenopus laevis* and could thus contribute to global amphibian decline.[20] Another synthetic steroid of medical importance is triamcinolone (**17**). It belongs to the corticoids, the hormones of the adrenal cortex. This hormone group regulates important mineral and carbohydrate metabolism processes and has immunosuppressive and anti-inflammatory properties. Triamcinolone (**17**) also has a strong anti-inflammatory effect, but at the same time, the introduction of the fluorine atom and further hydroxyl groups has made it possible to ensure that it has only a very slight influence on mineral metabolism.[12]

Solanidine (**18**), the aglycone of solanine, is a steroidal alkaloid found in many solanaceous plants such as the potato. It serves as a defense against fungi and microbial attacks. It is toxic to humans in high concentrations, even deaths have been reported. Through selective breeding, the content has been steadily reduced over the past decades, so poisonings are now a thing of the past.[12,21-22] Another steroidal alkaloid is conessine (**19**). It is found in various plants belonging to the Apocynaceae family. ZHAO *et al.* reported its ability to cross the blood-brain barrier and bind to the histamine H3 receptor. This receptor makes **19** a valuable starting point for developing drugs against several diseases, such as ADHD, schizophrenia, and obesity.[12,23] The last to be mentioned here is calotropin (**20**), a cardenolide isolated from the crown flower *Calotropis gigantea*.[24] ISHIBASHI *et al.* recently found that it can inhibit the Wnt signaling pathway; thus, it is of interest as an anticancer drug.[25]

1.2 Gorgosterol

1.2.1 Introduction[11,26]

Gorgosterol (**21a**), the namesake of a whole class of marine steroids, was discovered and named by BERGMANN *et al.* in 1943 in the course of a study on the structure and distribution of steroids of invertebrates, including the phylum Coelenterata. It was isolated from the soft coral *Plexaura flexuosa*.[27] Gorgosterol (**21a**) was also found in various other animals and their symbionts.[28-32] Upon analysis of the newly isolated steroid, several remarkable properties were found. The steroid seemed to have optical rotation and titration values and a melting point that differed from other known steroids. Combined with its unexpectedly high molar mass, BERGMANN *et al.* concluded that it must be a new, as of yet unknown, steroid. Comparative spectroscopic studies by BARTON confirmed that the structure differed from other steroids, but BARTON considered impurities to be the cause of this.[33] More than twenty years later, in 1968, gorgosterol (**21a**) was found by CIEREZKO *et al.* in several other Coelenterata and their symbiotic Zooxanthellae algae, thus confirming the previous discovery by BERGMANN *et al.* Furthermore, they determined the molecular formula by mass spectrometric analysis to be $C_{30}H_{50}O$.[34] Extensive experiments on the structure of gorgosterol performed by DJERASSI *et al.* came to the following conclusion: Gorgosterol (**21a**) has the steroidal skeleton of cholesterol and an unusual C11 side chain.[35] This side chain contains both a cyclopropane ring and carbon substituents at C-22 and C-23. The position of the cyclopropane ring could not yet be determined with the available data, but only C-20 and C-22 or C-22 and C-23 were possible. Gorgosterol thus belongs to the rare C-30-steroids.[36] But in contrast to these, gorgosterol has its additional carbon substituent neither at C-4 nor at C-14. Finally, in 1970, a single-crystal X-ray analysis by DJERASSI *et al.* clarified the structure and absolute configuration of gorgosterol (**21a**).[37] A related steroid, demethylgorgosterol (**21b**), was also discovered in 1970 by SCHMITZ *et al.*[38] Its structure was elucidated shortly after that, missing the C-23 methyl group but showing the same overall stereochemistry (Figure 4).[17]

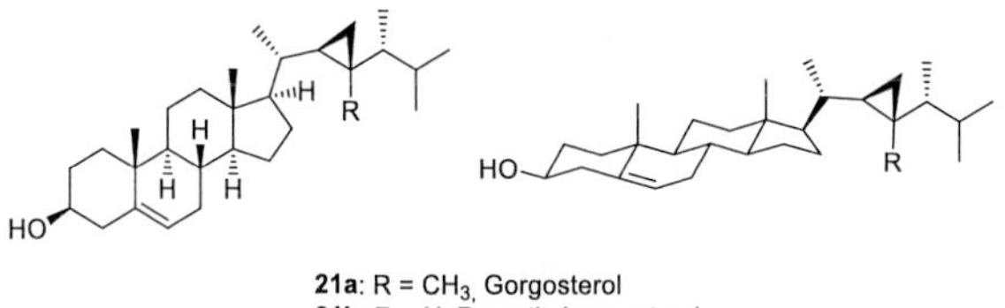

21a: R = CH₃, Gorgosterol
21b: R = H, Demethylgorgosterol

Figure 4: Absolute configuration of gorgosterol (**21a**) and demethylgorgosterol (**21b**), from different perspectives.

The exact mechanism of the biosynthesis of the gorgosterol family has not been fully elucidated yet. Several plausible routes have been proposed and discussed, with no conclusion reached.[39-42] However, biosynthesis is believed to be part of the complex symbiotic relationship between corals and algae. Recently, it was shown that corals depend on sterols provided by their symbionts and that their sterol composition varies substantially with respect to symbiont species and even cell lines.[43] The biological function of gorgosterol is unknown, but it exhibits activity as a growth inhibitor of human colon tumor cell lines.[44] Additionally, it was identified as a new chemotype of farnesoid-X-receptor (FXR) antagonist,[45] making it a potential target for the treatment of cholestasis.[46-50]

Nowadays, many gorgosterol derivatives are known, which can be characterized by modifications of the steroidal skeleton. Examples of these include acanthasterol (**22**),[51-52] which is synthetically accessible from gorgosterol (**21a**), 9-oxo-9,11-secogorgost-5-ene-3β,11-diol (**6**),[17] ameristerenol A (**23**),[53] and also synthetic derivatives such as 5(6→7)abeo-gorgosterol (**27**),[54] as well as numerous polyhydroxylated gorgosterols **25**. Figure 5 shows all these steroids and possible hydroxylation positions. A wide variety of combinations of hydroxylation patterns and stereochemistry do occur. At the same time, the Δ5-double bond may still be present in these molecules. Furthermore, epoxidized steroids and steroids with a keto group are also known.[55-59]

All of these steroids show a manifold of biological activities.[45,51-53,60] These include cytotoxicity against various cancer cell lines,[53,57,61] reversal of multidrug resistance in cancer cells,[59] antitubercular activity,[54] and antifungal activity.[62] Despite their potential, none of these steroids have been explored *via* total synthesis.

9

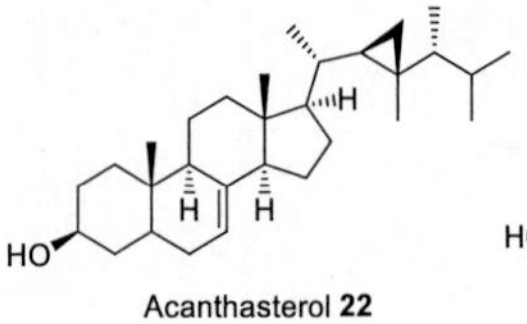

Acanthasterol **22**

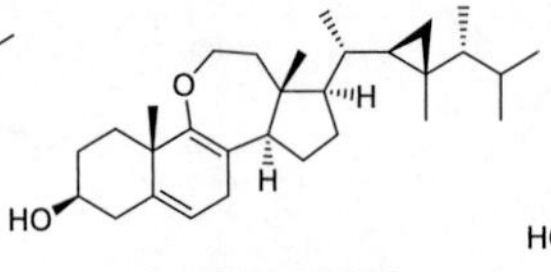

Ameristerenol A **23**

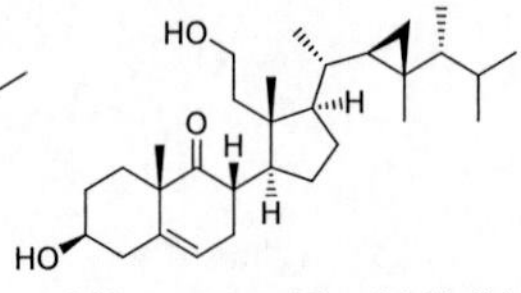

9-oxo-9,11-secogorgost-5-en-3β,11-diol **6**

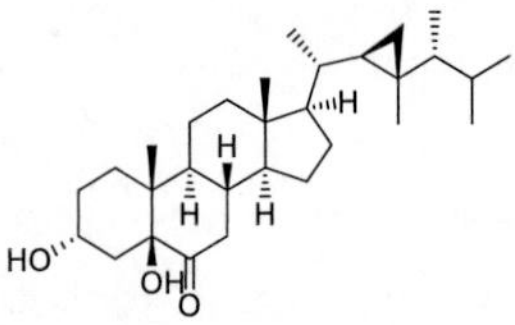

3α,5β-dihydroxygorgostan-6-on **24**

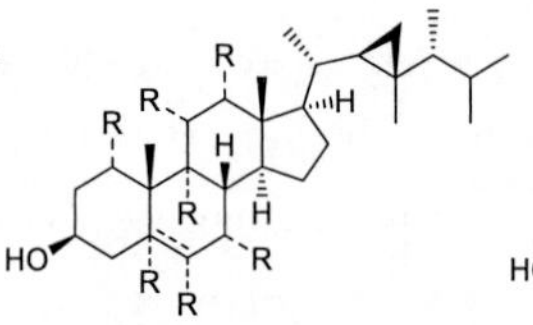

polyhydroxylated gorgosterols **25**
R = H, OH, OAc

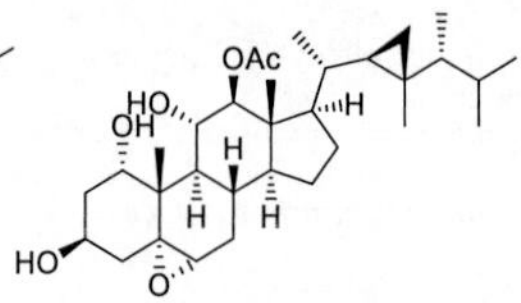

Isihippurol B **26**

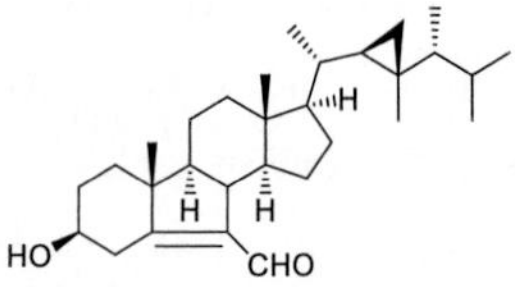

5(6→7)abeo-gorgosterol **27**

Figure 5: Structures of a diverse array of gorgosterol derivatives **6**, **22–27**.

1.2.2 Previous Semisyntheses

The elucidation of the structures of gorgosterol (**21a**) and demethylgorgosterol (**21b**) was a major milestone in exploring these steroids. Its unique structure intrigued chemists, which led to several semisyntheses. This research was again spearheaded by DJERASSI *et al.*, who reported the first semisynthesis of two stereoisomers of demethylgorgosterol (**34** and **35**) only five years after the structure was confirmed, in 1975.[63] The most direct route to demethylgorgosterol (**35**) was to cyclopropanate brassicasterol (**36**). Various SIMMONS-SMITH conditions were tested, most of which failed. Cyclopropanation with dichlorocarbene generated from chloroform was successful but afforded the (22*S*,23*S*)-isomer **35** of demethylgorgosterol (**21b**) in very low yield. Stigmasterol (**2**) was then used as an alternative starting material for the semisynthesis, in with the side chain was first cleaved and then rebuild (Scheme 3).

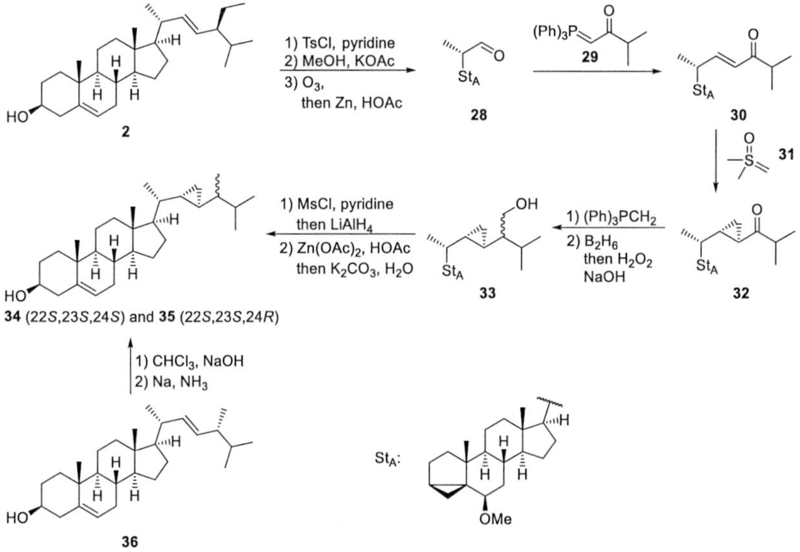

Scheme 3: Stereoselective synthesis of two isomers of demethylgorgosterol (**34** and **35**) by DJERASSI *et al.*[63]

In the first two steps of the synthesis, the steroid was rearranged to the *i*-steroid methyl ether, which served as a protective group for the A- and B-ring. The side chain was then cleaved by ozonolysis, yielding the aldehyde **28**. Treatment with phosphorane **29** in a WITTIG reaction afforded the enone **30**. Here, cyclopropanation of the activated double bond was carried out by the COREY-CHAYKOVSKY reaction with dimethyloxosulfonium methylide (**31**), and excellent yields were obtained. However, a single-crystal X-ray analysis of a derivative of cyclopropyl ketone **32** showed that this reaction produced the (22*S*,23*S*)-isomer rather than the desired (22*R*,23*R*) configuration.

Nevertheless, the semisynthesis was continued as the cyclopropyl ketone **32** was converted to the corresponding alkene in a methylene-WITTIG reaction. Hydroboration gave the racemic alcohol **33** after oxidative workup. Earlier attempts at catalytic hydrogenation of the alkene were unsuccessful and provided starting or ring-opened products. Another advantage of the hydroboration was the easier chromatographic separation of the two C-24 epimers of alcohol **33**. In the remaining four steps of the semisynthesis, the hydroxyl group was removed *via* reduction of the mesylate, and the A- and B-rings were regenerated to obtain two unnatural isomers of demethylgorgosterol, **34** (22*S*,23*S*,24*S*) and **35** (22*S*,23*S*,24*R*).

Synthetic efforts were continued since the two demethylgorgosterols **34** and **35** did not correspond to the configuration of natural demethylgorgosterol (**21b**). DJERASSI *et al*. continued their efforts, culminating in the synthesis of the full array of all four demethylgorgosterol stereoisomers, including the natural one (**21b**), in 1979.[64] The key difference from the previous semisynthesis was the construction the cyclopropane ring, which was achieved by an intramolecular nucleophilic substitution (Scheme 4).

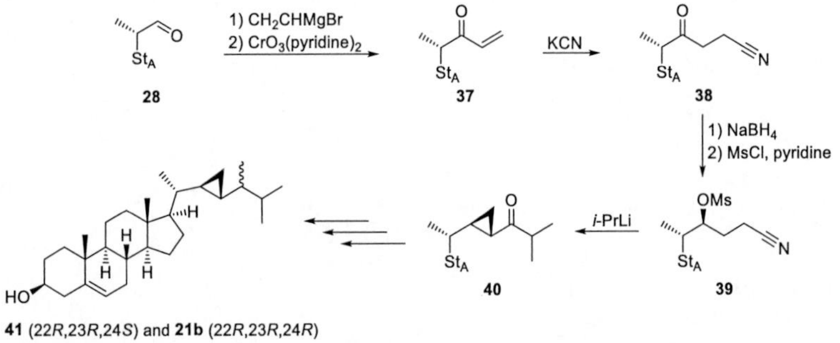

Scheme 4: Synthesis of natural demethylgorgosterol (**21b**) by DJERASSI *et al*.[64]

The starting point of the synthesis was again stigmasterol (**2**), which was converted into the aldehyde **28** just as before. GRIGNARD reaction with vinyl magnesium bromide and oxidation of the resulting alcohol with the COLLINS reagent furnished the enone **37**. Conjugate addition of potassium cyanide was then used to obtain the ketone **38**, which was reduced to the corresponding alcohol. This reduction produced both epimers in a ratio of 5:3. The hydroxyl group was converted into the mesylate **39**, a better leaving group for the cyclopropanation. Cyclization was achieved stereoselectively with two equivalents of isopropyllithium, one of which was added to the nitrile to give the cyclopropyl ketone **40**. This ketone now showed the correct (22*R*,23*R*) configuration. From this point on, the previously published protocols were used, except for the A/B-ring deprotection, which was done using a catalytic amount of para-toluenesulfonic acid. This deprotection was also used in the following semisyntheses and this work. The natural demethylgorgosterol (**21b**) and its (22*R*,23*R*,24*S*)-isomer **41** were obtained. The already known isomers **34** and **35** were synthesized from the minor epimer in the same way (not shown).

In the same year, the group of IKEKAWA was able to accomplish this feat as well. All four stereoisomers of demethylgorgosterol (**21b**) were synthesized *via* two different routes converging in the cyclopropane carboxaldehyde **47**.[65-66] The first route is shown in Scheme 5. Like in DJERASSI's second synthesis, an intramolecular substitution was the centerpiece. Furthermore, the late stages are identical to DJERASSI's.[64] Route 1 was started either with the aldehyde **43** or the iodide **44**, which were both transformed into the C-23 aldehyde **43**.[65-66] The homologation of the aldehyde **42** was accomplished by a WITTIG reaction, which resulted in an enol ether. Hydrolysis with diluted sulfuric acid afforded aldehyde **43**. In the case of iodide **44**, treatment with 1,3-dithiane and mercuric chloride led to the aforementioned aldehyde **43**.

Direct alkylation of the enolate of **43** proved unsuccessful despite several attempts, so the corresponding enamine was formed *in situ* with piperidine. The enamine was subsequently treated with allyl bromide to provide the aldehyde **45** in a 3:2 ratio. The latter was turned into the mesylate **46** in two steps. A sequence of dihydroxylation, glycol cleavage and base-promoted cyclization then yielded the cyclopropane carboxaldehyde **47**. GRIGNARD reaction followed by oxidation with pyridinium chlorochromate afforded the cyclopropyl ketone **48**, differing from **40** only in the A/B-ring protective group. The semisynthesis was finished adhering to the previously reported protocols, with a protective group change.

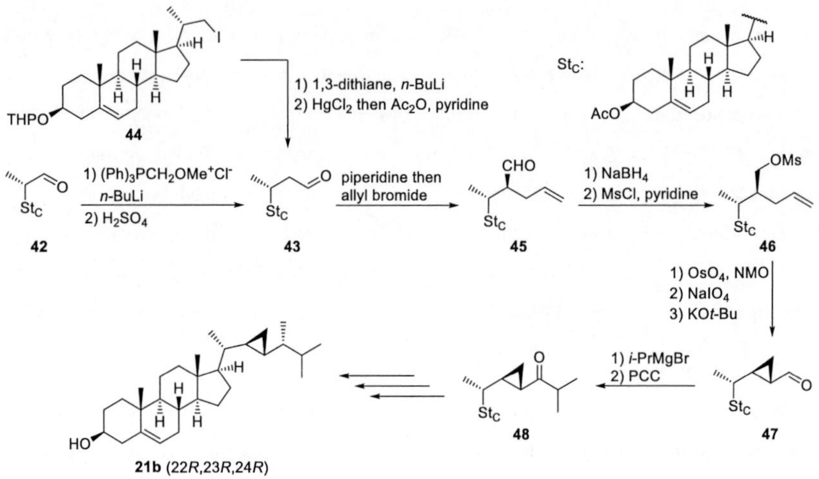

Scheme 5: Route 1 for the synthesis of natural demethylgorgosterol (**21b**) and its stereoisomers (not shown) by IKEKAWA *et al.*[65-66]

In the shorter second route, shown in Scheme 6, the aldehyde **42** was treated with 3-butenylmagnesium bromide **48**, and the resulting alcohol was mesylated to give compound **50**. The GRIGNARD reaction was highly stereoselective, setting up the stereochemistry of the cyclopropane ring, unlike in all previous syntheses. The same sequence of dihydroxylation, glycol cleavage, and base-promoted cyclization then yielded the cyclopropane carboxaldehyde **47**, similar to the first route. However, it was stated that the intermediary aldehyde **51** was unstable. From this point on, both routes were identical.

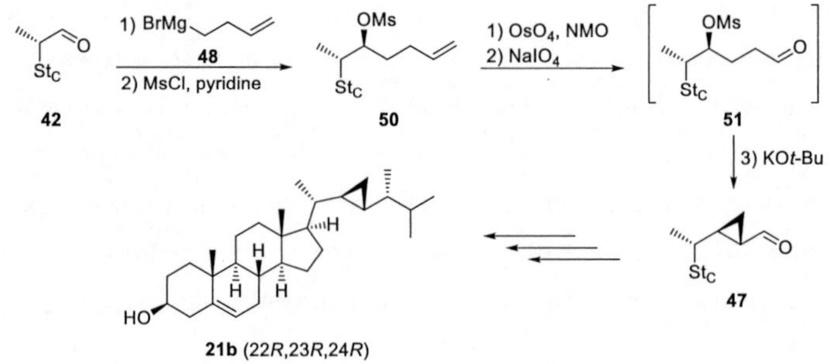

Scheme 6: Route 2 for synthesizing natural demethylgorgosterol (**21b**) by IKEKAWA *et al.*[65-66]

An overview of all successful semisyntheses of demethylgorgosterol (**21b**) and their relationship is shown in Scheme 7.[26] These syntheses employed an intramolecular 3-exo-tet ring-closure strategy to form the cyclopropane moiety in the desired configuration. The shortest route, developed by DJERASSI *et al.*, consists of a total of 15 steps. The key step was a domino cyclization/alkylation-reaction of **37** to **40** (Scheme 7a). However, the overall yield of the semisynthesis mentioned above was very low.[64] IKEKAWA *et al.* developed three different routes, all leading to ketone **40** eventually and converging into DJERASSI's route. Starting from steroid **44**, which was transformed into aldehyde **43** and then cyclized, yielding **47**. The cyclized aldehyde **47** was then transformed into the known ketone **40** (Scheme 7b).[66] Alternatively, starting material **42** could be transformed into **43** to join route (b) or into **51**, which was then cyclized to yield the known aldehyde **47** (Scheme 7c). Despite involving more steps, these routes produced the intermediary ketone **40** in a higher yield.[65-66]

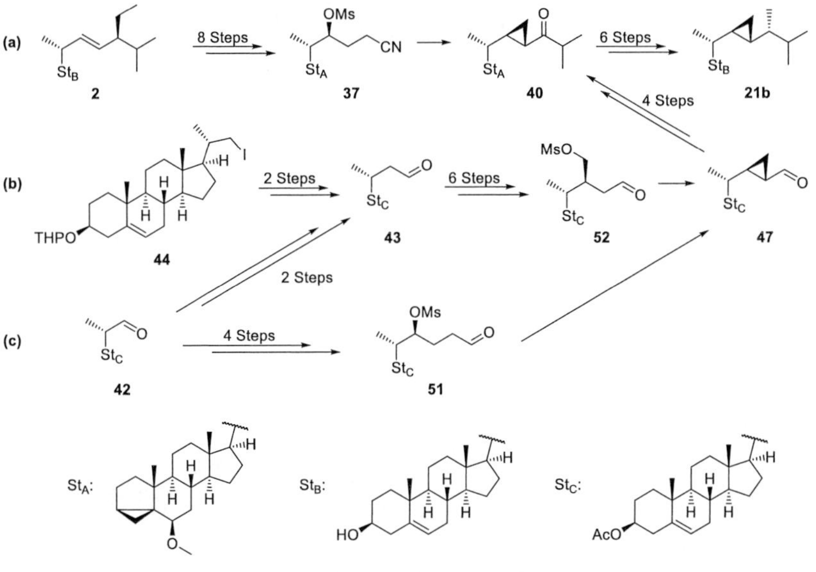

Scheme 7: Overview of all successful semisyntheses of demethylgorgosterol (**21b**). Routes developed by (a) DJERASSI *et al.*[64] and (b), (c) IKEKAWA *et al.*[65-66]

The first and so far only stereoselective semisynthesis of gorgosterol (**21a**) followed in 1983 and was also done by IKEKAWA *et al.* (Scheme 8).[67] This synthesis is significantly longer but also shows several repetitions. Stigmasterol (**2**) was again used as the starting material and converted to aldehyde **28** as before. After a sequence of WITTIG reaction, reduction, JOHNSON-

CLAISEN rearrangement with triethyl orthopropionate and ozonolysis with reductive workup lactone **55** was obtained. JOHNSON-CLAISEN rearrangement in this sequence was used to introduce the C-22 stereocenter. The lactone **55** was converted to the methyl ester with diazomethane, and the now free hydroxyl group was mesylated. The resulting ester **56** was then cyclized under alkaline conditions to give the cyclopropyl ester **57**. At this point, the semisynthesis deviates from all previous ones. In the following reactions, the stereocenter at C-24 was selectively established, and subsequently, the molecule was converted to gorgosterol (**21a**). For this purpose, the ester **57** was transformed to the corresponding aldehyde in two steps, then subjected to a reaction sequence similar to the aldehyde **28**; the stereochemistry was introduced *via* a JOHNSON-CLAISEN rearrangement. Multiple reductions and ozonolysis completed the semisynthesis; the final step was the deprotection to provide the natural gorgosterol (**21a**).

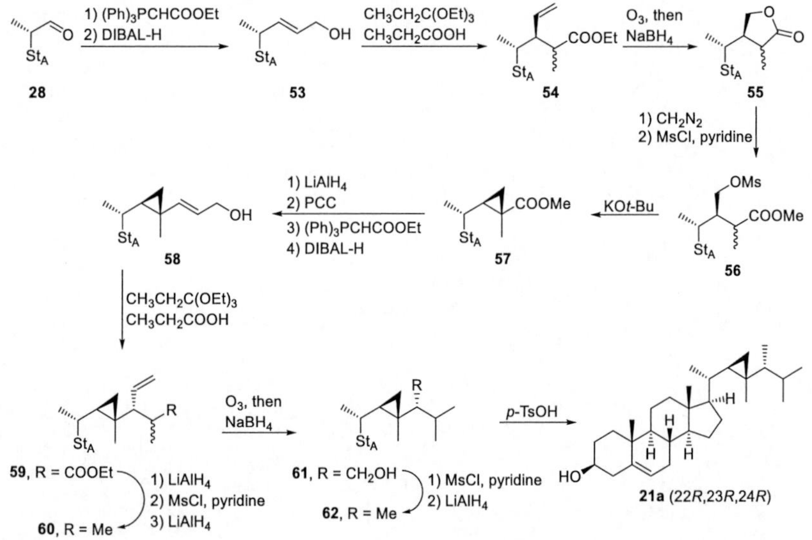

Scheme 8: Stereoselective semisynthesis of gorgosterol (**21a**) by IKEKAWA *et al.*[67]

1.2.3 Previous work in our group

Groundbreaking preliminary research for this thesis was done by F. MOHR in the context of his master's thesis. He investigated the cyclopropanation of alkenes with diazo compounds generated in situ from tosylhydrazone salts as model systems for the synthesis of gorgosterol (21a) and demethylgorgosterol (21b).[68] The cyclopropanations were carried out according to two methods described by AGGARWAL *et al.* (Table 1). The methods differ by choice of catalyst, solvent, and reaction temperature. Method 1 is based on rhodium(II)acetate as a catalyst and was carried out at 30 °C in 1,4-dioxane; method 2 employed the iron-porphyrin complex, on the other hand, TPPFeCl and was performed in toluene at 40 °C. Both methods utilized BTEACl as a phase transfer catalyst to bring the solid tosyl hydrazone salts into solution.[69]

Table 1: Cyclopropanation conditions tested by F. MOHR, as described by AGGARWAL *et al.* [69]

63a-e   64a-c   65

R,R^1,R^2 = H, Alkyl, Aryl

Method	Conditions
1	1 mol% Rh$_2$(OAc)$_4$, 10 mol% BTEACl 1,4-dioxane, 30 °C, 3 d.
2	1 mol% TPPFeCl, 5 mol% BTEACl toluene, 40 °C, 3 d.

Figure 6 gives an overview of the tosyl hydrazone salts 63a–e synthesized by F. MOHR and the alkenes 64a–c which they were reacted with, as well as the successfully synthesized cyclopropane 65. The tosyl hydrazone salts 63a–e were accessible in two steps from the corresponding aldehydes. After treatment with *p*-tosylhydrazide to afford the corresponding tosyl hydrazones, they were converted to the salts 63a–e using LiHMDS or NaOMe as a base. He found that the tosyl hydrazone salts 63a and 63b were unsuitable for cyclopropanation because the corresponding diazo compounds underwent a rearrangement and were no longer reactive.

The salts **63c,d** also could not be utilized successfully, presumably for the same reason. Finally, the reaction of tosylhydrazone salt **63e** with alkene **64c** afforded the desired cyclopropane **65**.

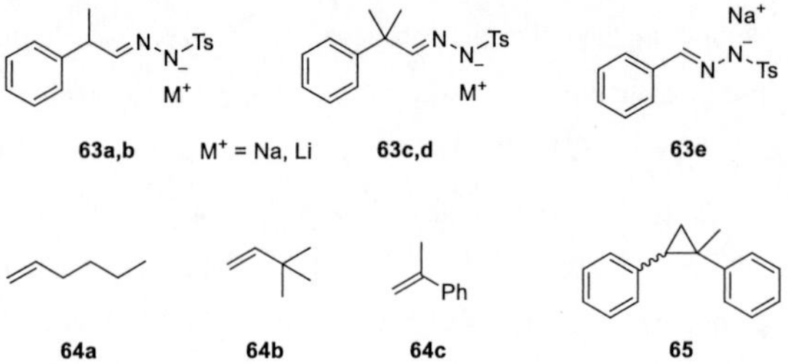

63a,b   M⁺ = Na, Li   **63c,d**   **63e**

64a   **64b**   **64c**   **65**

Figure 6: Tosyl hydrazine salts **63a–e** prepared by F. MOHR, alkenes **64a–c** used in the cyclopropanation and successfully synthesized cyclopropane **65**.

Furthermore, alternative synthetic approaches for alkene **67** and the aldehyde **28** were explored by F. MOHR (Scheme 9).[68] The starting point for these experiments was stigmasterol (**2**) in the form of its known *i*-steroid methyl ether **66**. The most efficient way to access the desired alkene **67** in one step was *via* cross-metathesis, for which a general procedure by GRUBBS *et al.* was used.[70] Ether **66** and either trimethylvinylsilane (TMVS) or ethene were used in the reaction, but no conversion was observed in both experiments. Subsequently, the LEMIEUX-JOHNSON oxidation and the SHARPLESS dihydroxylation followed by glycol cleavage were tested as alternatives to ozonolysis. The aldehyde **28** obtained from these reactions could then be transformed to the alkene **67** in a methylene-WITTIG reaction. However, the LEMIEUX-JOHNSON oxidation was not successful, which was attributed to solubility issues of the steroid **66**. Finally, the SHARPLESS dihydroxylation did afford the glycol **68** but only in low yields and with very long reaction times. Based on these results, the ozonolysis remained the method of choice for the side-chain cleavage.

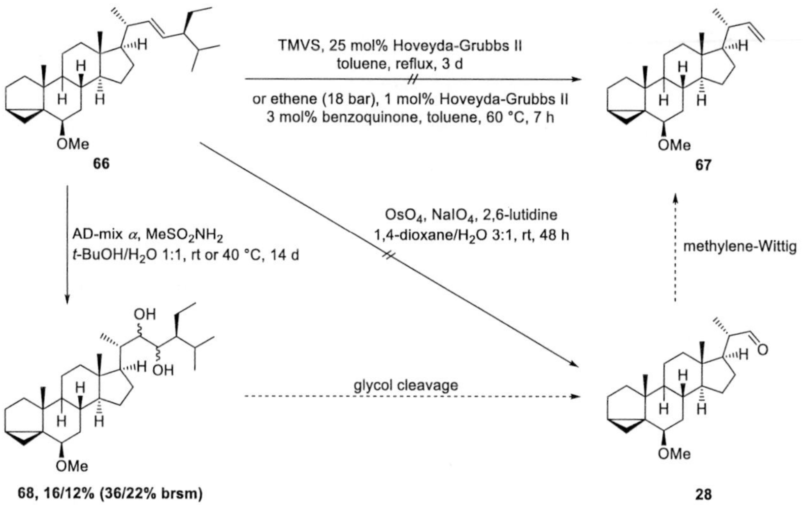

Scheme 9: Alternative synthetic routes to access alkene **67** and aldehyde **28** as tested by F. MOHR.

2   Aim of this work

Gorgosterol (**21a**), the namesake for a whole class of marine steroids, has now been known for nearly 80 years, its derivative demethylgorgosterol (**21b**) for more than 50 years.[27,38] Gorgosterol (**21a**) had puzzled chemists due to its unusual properties[27,33,35] until its structure was elucidated unambiguously.[37] The unique structure of these steroids, containing a cyclopropane moiety in the side chain, also sparked synthetic interest and led to several semisyntheses for demethylgorgosterol (**21b**)[63-66] as well as one for gorgosterol (**21a**).[67]

However, to date, the exact mechanism of the biosynthesis of the gorgosterol family has not been fully elucidated yet. Several plausible routes have been proposed and discussed, with no conclusion.[39-42] It is believed that biosynthesis is part of the complex symbiotic relationship of corals and algae, which was also corroborated by recent findings.[43] Similarly, the biological function of gorgosterol is unknown, but several biological activities have been found recently. Gorgosterol (**21a**) acts as a growth inhibitor in human colon cancer cell lines, and it was identified as a new chemotype of farnesoid-X-receptor (FXR) antagonist, making it a potential target for the treatment of cholestasis.[44-50]

Various derivatives of gorgosterol are known, with diverse structural motives such as skeletal modifications and additional functional groups, especially polyhydroxylated derivatives are common.[17,52-59] These derivatives show various biological activities such as anticancer,[53,57,61] antitubercular,[54] and antifungal activity,[62] and the reversal of drug resistance.[59] However, they have not been explored synthetically.

Finally, corals and coral reefs have a tremendous ecological and economic impact,[3-4] and they are a source of countless natural products beyond just the gorgosterol family.[5] Yet, they are endangered in a multitude of ways, prominently but not exclusively by climate change.[6-10] A better understanding of these important organisms and their symbiotic relationships can therefore aid their protection and conservation.

This work aimed to develop novel synthetic routes and methods to synthesize demethylgorgosterol (**21b**) and gorgosterol (**21a**) to achieve all these goals. These routes and methods should be concise, high-yielding, stereoselective and provide a modular basis for synthetic analogs **70** and potentially other natural gorgosterol derivatives.

This work is comprised of three projects. In the first project, new routes for the synthesis of demethylgorgosterol (**21b**) and gorgosterol (**21a**) are developed, starting from stigmasterol (**2**), which is then transformed into the alkene **67**. Stereoselective cyclopropanation leads to steroids **69**, which are then used to complete the semisynthesis of **21a** and **21b**. The second project deals with the synthesis of analogs **70** for biological testing, using **69** or steroids derived thereof as a basis. The focus of the third project is to develop new methods for the cyclopropanation of alkene **67** to create a more convergent synthesis of demethylgorgosterol (**21b**).

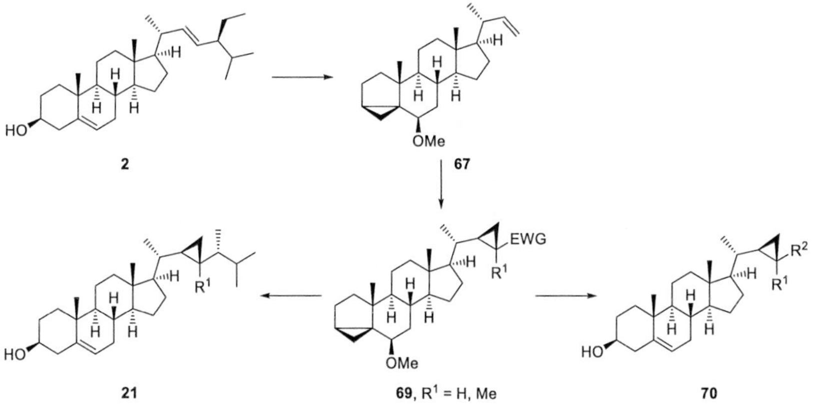

Scheme 10: The proposed synthetic route for the semisynthesis of demethylgorgosterol (**21b**) and gorgosterol (**21a**), as well as synthetic analogs **70**.

The successfully synthesized steroids and suitable cyclopropanated intermediates will be handed over to cooperation partner Professor Annika Guse.[1] They will be used for biological studies on corals and their symbionts to elucidate the molecular mechanisms of coral symbiosis and the biological activities of involved steroids. In addition, all substances are transferred to the KIT Compound Platform, where they will be available for extensive screening to uncover previously unknown biological activities.

---

[1]Dr. ANNIKA GUSE, *Centre for Organismal Studies (COS)*, Universität Heidelberg.

3   Results and discussion

3.1   Towards a new semisynthesis of demethylgorgosterol and gorgosterol

In the following chapter, a new route for a formal semisynthesis of demethylgorgosterol is described. It utilizes a transition metal-catalyzed intermolecular cyclopropanation of a steroidal alkene. The transformation of the cyclopropanation product into a known intermediate completed the formal semisynthesis. These results have already been published by myself.[26] Further work was dedicated to completing the semisyntheses of demethylgorgosterol and gorgosterol.

Preliminary work for this chapter was carried out in my master thesis.[11]

3.1.1   Synthesis of the steroidal alkene

The starting point for the formal semisynthesis was the inexpensive and commercially available stigmasterol (**2**). For the transformation of this phytosterol into the steroidal alkene **67**, it was necessary first to protect the steroidal A- and B-rings in the form of the *i*-steroid methyl ether **66**. This intermediate was synthesized *via* a general two-step procedure.[71] In the first step, the 3β-alcohol was reacted with tosyl chloride to afford the tosylate **71** in a quantitative matter (Scheme 11).

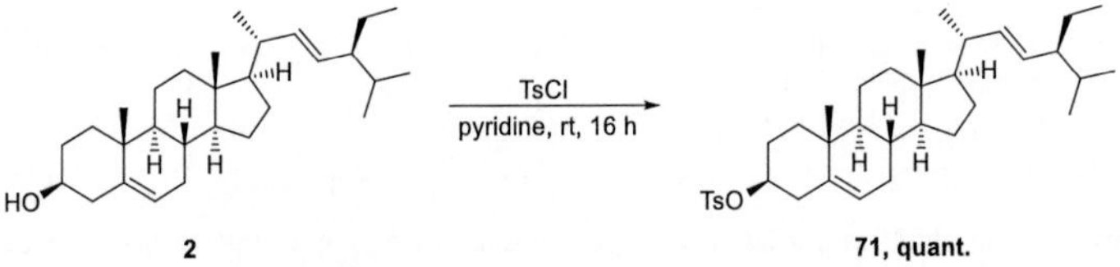

Scheme 11: Synthesis of the tosylate **71** from the commercially available stigmasterol (**2**).

A single crystal suitable for X-ray analysis was obtained by slow evaporation of an acetonitrile solution of the tosylate **71**. The structure is shown below in Figure 7.

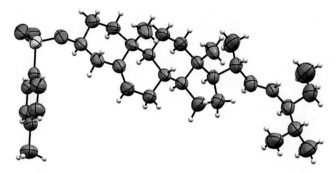

Figure 7: Molecular structure of the tosylate **71**, displacement parameters are drawn at 50% probability level.

The second step of the protection procedure was the solvolysis of the tosylate **71** with methanol. This reaction produced the *i*-steroid methyl ether **66** in a yield of 78%. Mechanistically, the reaction is a homoallyl-cyclopropyl-rearrangement. When applied to sterols, it is also known as the *i*-steroid rearrangement.[13]

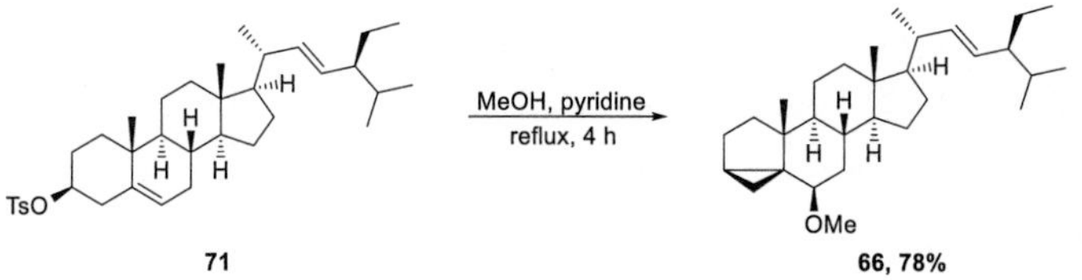

TsO — **71**   → MeOH, pyridine reflux, 4 h → OMe — **66, 78%**

Scheme 12: Solvolysis of the tosylate **71** with methanol.

Several side products were observed in this reaction. The major one was the isomeric stigmasteryl methyl ether (**72**). Additionally, a mixture of the elimination products **73** was obtained (Figure 8).

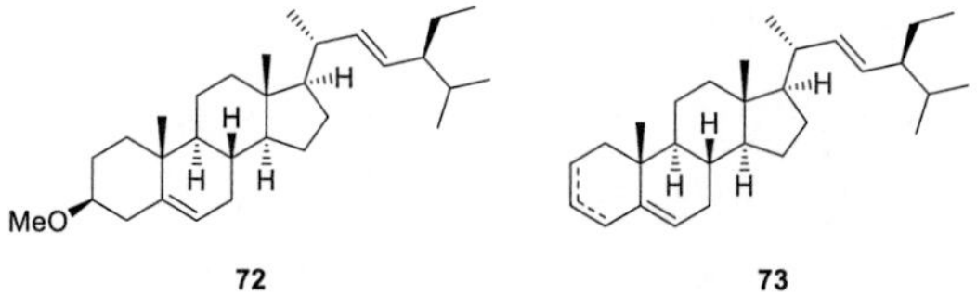

MeO — **72**   **73**

Figure 8: Side products of the solvolysis of the tosylate **71**.

23

The next step was the cleavage of the side chain. The cleavage was done by ozonolysis, according to a protocol by ANDERSON et al.[63] Mild reductive workup with zinc and acetic acid provided the aldehyde **28** in a good yield of 80% (Scheme 13).

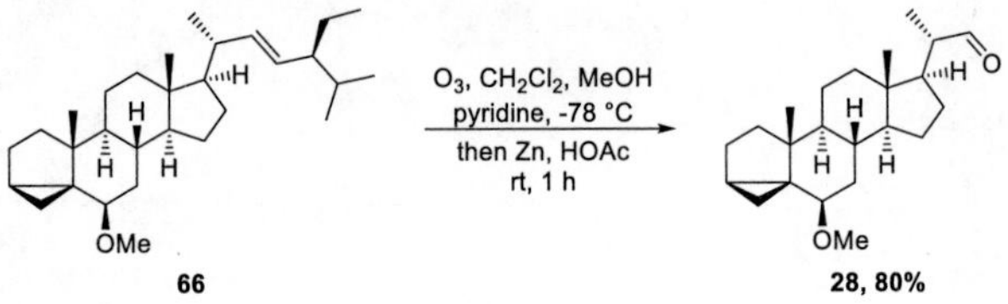

Scheme 13: Ozonolysis of the protected steroid **66** to obtain the aldehyde **28**.

For the synthesis of the alkene **67**, various reaction conditions have been screened, as the initially used WITTIG reaction did not provide a satisfying yield (*vide infra*).

For the finally successful JULIA-KOCIENSKI-like olefination, it was necessary to transform the aldehyde **28** into the corresponding tosyl hydrazone **74** first.[72] The procedure described by KUREK-TYRLIK et al. was modified, as initial tests did only afford moderate yields. Molecular sieve 3 Å was added to remove the water formed in the condensation reaction, and the mixture was slightly heated. This procedure provided the desired tosyl hydrazone **74** in a yield of 95% (Scheme 14).

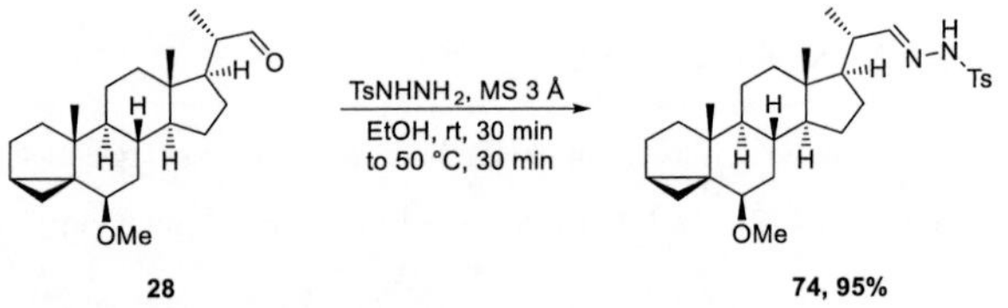

Scheme 14: Synthesis of tosyl hydrazone **74**.

Single crystals suitable for X-ray analysis were obtained by recrystallization in acetone/water. No epimerization of the C-20 stereocenter was observed (Figure 9).

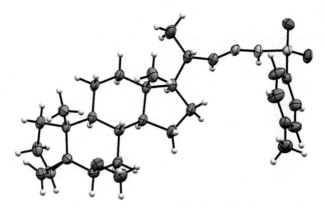

Figure 9: Molecular structure of the tosyl hydrazone **74**, displacement parameters are drawn at 50% probability level.

All reaction conditions screened for the methylenation of the aldehyde **28** and its corresponding tosyl hydrazone **74** are shown in Table 2. Initially, classic WITTIG reaction conditions were tested (Entries 1 and 2). While the combination of *n*-BuLi and TMEDA provided close to 50% yield, both WITTIG reactions produced side products. In the case of *n*-BuLi/TMEDA, the products contained a minor amount of the internal alkene **75**. With NaH/DMSO, a significant amount of the epimerized aldehyde **76** was recovered (Figure 10).

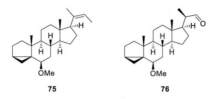

Figure 10: Side products of the WITTIG methylenation of aldehyde **28**.

Next, the PETERSON olefination was employed. Again, a yield of around 50% was achieved, but with the added complexity of a two-step procedure (Entry 3). The JULIA-KOCIENSKI olefination and the PETASIS reagent did not improve the yield of the reaction (Entries 4 and 5). The JULIA-KOCIENSKI-type olefination of the tosyl hydrazone **74** finally provided the desired alkene **67** in a very good yield of 88% (Entry 6). This reaction was also used for the synthesis of demethylgorgosterol analogs in Chapter 3.2. Overall, the alkene **67** was obtained from stigmasterol (**2**) in a five-step procedure in up to 52% yield on a multi-gram scale.

Table 2: Screening of olefination reactions for the synthesis of **67**.

X = O, **28**
= NNHTs, **74**

Entry	Starting material	Conditions	Literature	Yield [%]
1	28	P(Ph)$_3$Me$^+$Br$^-$, n-BuLi, TMEDA, Et$_2$O, 0 °C to rt, 16 h	[73]	49[a]
2	28	P(Ph)$_3$Me$^+$Br$^-$, NaH, DMSO, THF, 50 °C 16 h	[74]	15[b]
3	28	1) TMSCH$_2$MgCl, CeCl$_3$ THF, 0 °C, 4 h 2) KH, THF, rt, 16 h	[75]	51
4	28	PTSO$_2$Me, KHMDS, THF, –29 °C to rt, 1 h	[76]	38
5	28	Dimethyltitanocene, THF/toluene, 65 °C, 18 h	[77]	52
6	74	DMSO$_2$, n-BuLi, THF, 0 °C to rt, 16 h	[72]	88

[a] Isomerization to the internal double bond was observed. [b] Epimerization of the starting material was observed.

3.1.2   Stereoselective cyclopropanation[26]

Since rhodium-based catalysts often show poor selectivity and yields for the cyclopropanation of aliphatic alkenes,[78-79] and asymmetric COREY-CHAYKOVSKY- and SIMMONS-SMITH-type reactions were chemically not applicable to the alkene **67**, the ruthenium-based procedure developed by IWASA *et al.* was chosen.[80] Based on their model for the chiral induction in this Ru-pheox catalyzed cyclopropanation it was deduced that the (*R*)-configured catalyst would produce the desired stereochemistry. The ligand (*R*)-pheox **78** and the catalyst (*R*)-Ru-pheox **79** were synthesized according to literature from (*R*)-2-phenylglycinol (**77**) in yields of 73% and 88%, respectively (Scheme 15).[81]

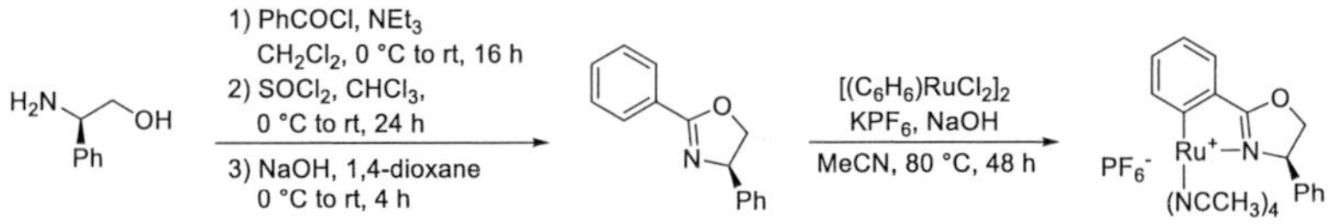

Scheme 15: Synthesis of (*R*)-Ru-pheox **79** from (*R*)-2-phenylglycinol (**77**).

The (*S*)-configured catalyst was synthesized in the same way starting from (*S*)-2-phenylglycinol, with similar yields of 57% and 79% for the first and second step.

IWASA's original reaction conditions were designed to maximize the diazo ester conversion using an excess of alkene. In this case, since the steroidal alkene was the limiting factor, this was not favorable. Therefore, an optimization study was conducted with reversed stoichiometry, employing a significant excess of ethyl diazoacetate (EDA). In all experiments, the unreacted alkene could be recovered, leading to yields of >90% brsm, up to the point that the remainder can be attributed to handling losses. The only observed by-products were maleic and fumaric esters arising from the dimerization of EDA. As summarized in Table 3, a catalyst load of 6 mol% was chosen, although the monomeric form of the catalyst was used instead of the polymer-supported one for the initial conditions.[80] Together with the usage of 20 equivalents of EDA, this was done to counter the expected lower reactivity of the steroidal alkene compared to styrenes (Entry 1). A low yield of 30% was achieved.

Table 3: Optimization of reaction conditions for the cyclopropanation of alkene **67**.

Entry	Initial concentration of 67 [M]	Catalyst load [mol%]	Equivalents of EDA	Addition time [h][a]	Yield [%]
1[b]	0.048	6	20	_[c]	30
2[b]	0.048	6	20	4	36
3[b]	0.003	6	20	4	21
4[b]	0.143	6	20	4	76
5[d]	0.867	6	20	4	73
6[d]	2.27	1.5	5.0	4	40
7[d]	0.685	2.5	5.0	4	28
8[d]	0.140	6	10	4	63
9[d]	**0.737**	**6**	**10**	**8**	**82**
10[e]	4.38	6	10	8	77
11[e]	3.23	6	10	8	75

[a] Added with the help of a syringe pump. [b] Reactions were conducted on 50 mg scales. [c] Slow manual addition. [d] Reactions were conducted on sub-gram scales. [e] Reactions were conducted on multi-gram scales.

The addition mode was then changed from slow manual addition of EDA to a more controllable addition *via* a syringe pump. A slight increase in the yield to 36% was observed (Entry 2). Next, the initial concentration of the alkene **67** was varied (Entry 3 and 4). As a result, more concentrated solutions greatly benefit the cyclopropanation, leading to a good yield of 76%, while high dilution lowered the yield even further. For the following reactions, the scale of the reactions was increased from 50 mg to several hundred milligrams (Entries 5 – 9). As seen in entry 5, a scaled-up and further concentrated repetition of entry 4 lead to a comparable yield of 73%. Variations of the catalyst load and the stoichiometry (Entries 6 – 8) resulted in an optimum of 10 equivalents of EDA and the continued use of a catalyst load of 6 mol%. The addition time was doubled to offset the lower yield, achieving a very good yield of 82% (Entry 9). These conditions also performed well on a multi-gram scale, leading to 77% and 75% yield for the cyclopropanations using three grams and nine grams of the alkene **67**, respectively (Entries 10 and 11).

Scheme 16 shows the cyclopropanation carried out under optimized reaction conditions. A yield of 82% was achieved, factoring in the recovered starting material, it rose to a quantitative yield of 99%. Key optimization steps from IWASA's procedure were a prolonged addition time and an increased alkene concentration, as discussed above.

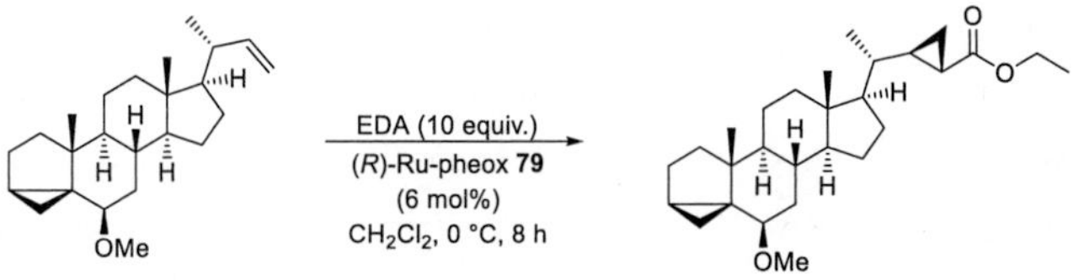

Scheme 16: Cyclopropanation of **67** using optimized reaction conditions.

Single-crystal X-ray analysis revealed that the main diastereomer had the desired ($22R,23S$) configuration at the newly constructed cyclopropane unit (Figure 11). The stereoselectivity of the reaction was further investigated using GC/MS. The *trans/cis* ratio was found to be 89:11 with a diastereomeric ratio for the two trans-diastereomers of >99:1. Only one of the two possible *cis*-diastereomers was detected, for which a ($22S,23S$) configuration was deduced in agreement with the chiral induction model of the catalyst system. Separation of the minor diastereomers is possible but quite tedious. Therefore, it was decided to do so at a later stage of the synthesis.

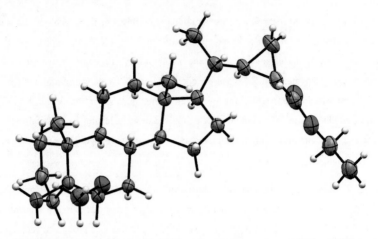

Figure 11: Molecular structure of the ester **80**, displacement parameters are drawn at 50% probability level.

With the optimized reaction conditions at hand, the cyclopropanation was also conducted with benzyl (BnDA) and *tert*-butyl diazoacetate (*t*-BuDA) as diazo compounds. Both reactions have been successful, and their ¹H NMR spectra indicate diastereomeric ratios comparable or better than those achieved with EDA. However, the separation of the diazo dimer side products was much more challenging. Therefore, no yields were given for the steroidal esters **81a** and **81b** (Scheme 7) as no clean products could be obtained. Due to this result, combined with the fact that benzyl and *tert*-butyl diazoacetate are much more expensive than EDA, these cyclopropanations were not perused further.

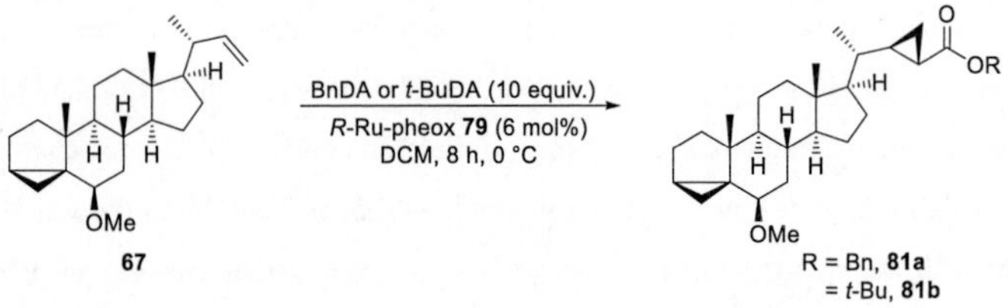

Scheme 17: Cyclopropanation of the alkene **67** with benzyl and *tert*-butyl diazoacetate.

The cyclopropanation with the diazo WEINREB amide **84** was investigated next. It would simplify further reactions with the corresponding cyclopropanation product due to eliminating non-ideal redox reactions. The synthesis of the diazo WEINREB amide **84** and its use for cyclopropanation reactions was already described by IWASA et al.[82] Bromoacetyl bromide

(**82**) was treated with *N,O*-dimethylhydroxylamine, and then *N,N'*-ditosylhydrazine to afford the diazo WEINREB amide **84** in a combined yield of 32% over two steps (Scheme 18).

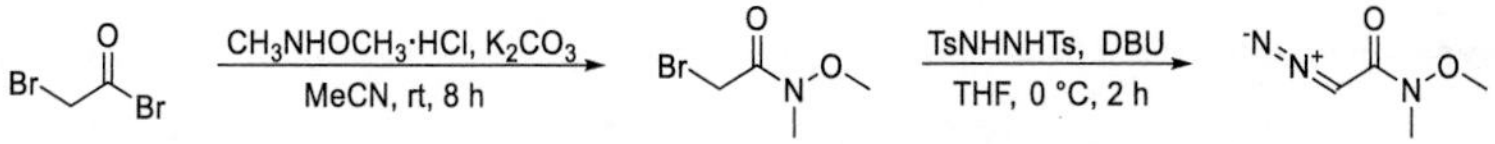

82 **83** **84, 32% from 82**

Scheme 18: Synthesis of diazo WEINREB amide **84**.

For this cyclopropanation, the optimized reaction conditions from the literature were used, as in this case, the diazoamide **84** was in limited supply.[82] An excess of five equivalents of alkene **67** was used, yield and catalyst load are given in relation to the diazoamide **84**. A yield of 10% was obtained of the cyclopropanated steroid **85** (Scheme 19). ^{1}H NMR spectroscopy showed two diastereomers in a ratio of 1:1. Due to the low yield and selectivity and the challenging supply of diazoamide **84**, this cyclopropanation was not investigated further.

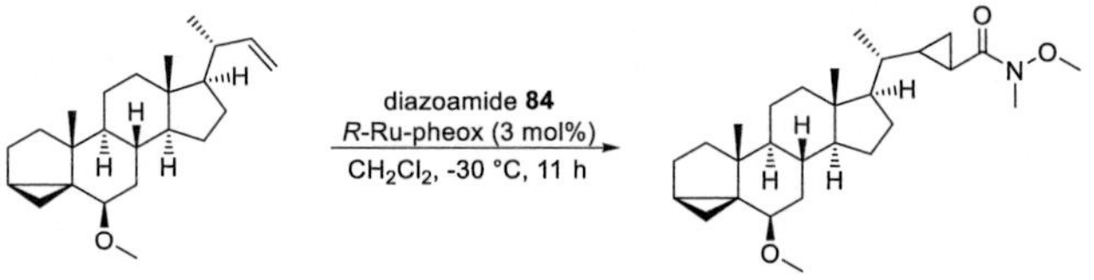

67 **85, 10%, 2 diastereomers 1:1**

Scheme 19: Cyclopropanation of alkene **67** using the diazo WEINREB amide **84**.

3.1.3 Formal semisynthesis of demethylgorgosterol[26]

Four more steps were needed to complete the formal semisynthesis, which would have been combined in one step if the cyclopropanation with the diazo WEINREB amide **84** targeted above was successful. The four required steps were the redox transformation of the ester **80** into the aldehyde **87**, follow by a GRIGNARD reaction and final oxidation to afford the known ketone **40**.[64]

In the first step, the ester **80** was reduced with LiAlH₄ in THF, providing the alcohol **86** in a quantitative yield (Scheme 20).

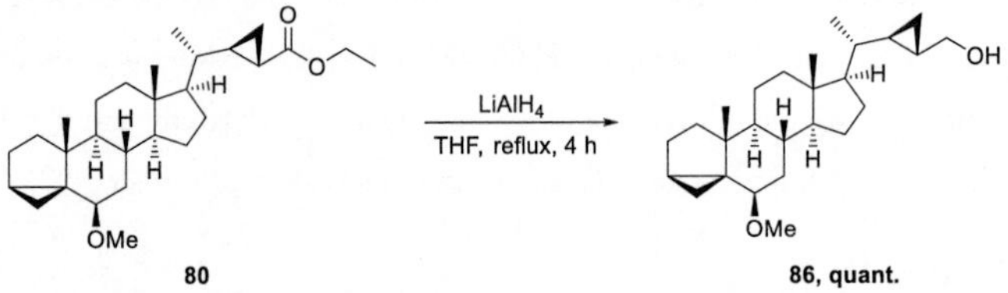

Scheme 20: Reduction of ester **80** with lithium aluminum hydride.

A single crystal suitable for X-ray analysis was obtained by recrystallization from acetone/water. Proofing that, in combination with the ¹H NMR data, no epimerization occurred during the reduction (Figure 12).

Figure 12: Molecular structure of the alcohol **86**, displacement parameters are drawn at 50% probability level.

The next step was the oxidation of the alcohol **86** to the corresponding aldehyde **87**. This was achieved using 2-iodoxybenzoic acid (IBX) as an oxidant. The aldehyde **87** was obtained in a very good yield of 92% (Scheme 21).

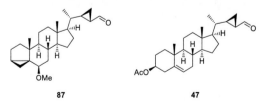

Scheme 21: Oxidation of alcohol **86** with IBX in DMSO.

The direct reduction of the ester **80** to the aldehyde **87** was also tested, following a protocol by AN *et al.*[83] Unfortunately, despite multiple repetitions, mixtures of the desired aldehyde **87**, along with unreacted ester **80** and alcohol **86** were obtained (Scheme 22).

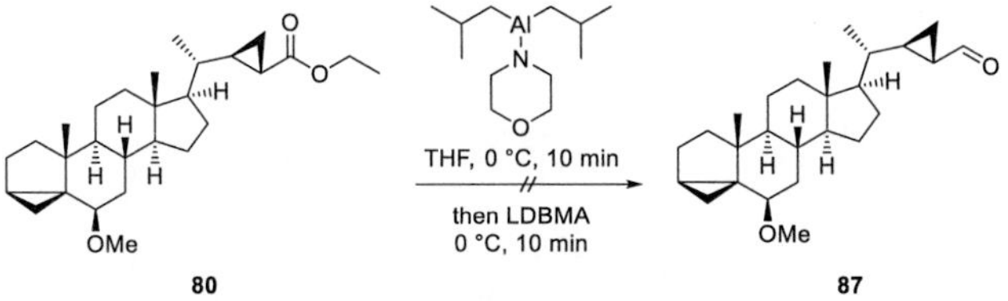

Scheme 22: Tested unsuccessful direct reduction of the ester **80** to the aldehyde **87**.

Since very good yields were achieved with the two-step procedure, this was not pursued further. As for the ester, it was possible to separate the minor diastereomers on both stages that followed, but more efficiently for the alcohol. However, the separation was still tedious; therefore, the diastereomeric mix was used and separated after the next step. The aldehyde **87** was very similar to the known aldehyde **47**, used by IKEKAWA *et al.* in their semisynthesis, the only difference being the protective group for the A/B-ring (Figure 13).[65] Therefore, the same procedures were used to synthesize the ketone **40** from the aldehyde **87**.

Figure 13: Structures of the aldehyde **87** and the known aldehyde **47**.

In the third step, the aldehyde **87** was subjected to a GRIGNARD reaction with *i*-PrMgBr. Due to the newly formed stereo center at C24, this resulted in three pairs of epimers. Nevertheless, separation of this mixture was easily achieved by flash column chromatography, affording the alcohol **88** in a yield of 83% (Scheme 23).

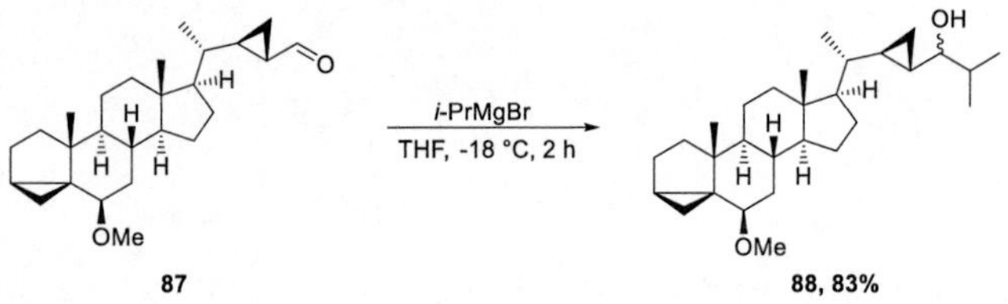

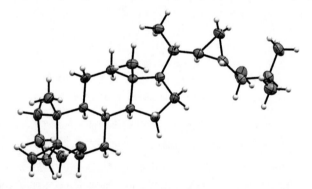

Scheme 23: GRIGNARD reaction of the aldehyde **87**.

The diastereomeric ratio determined by ^{1}H-NMR was found to be 4.9:1, with the primary epimer showing (24*S*) configuration, as evidenced by single-crystal X-ray analysis. Single crystals suitable for X-ray analysis were obtained by recrystallization from isopropanol/water.

Figure 14: Molecular structure of the main epimer of the alcohol **88**, displacement parameters are drawn at 50% probability level.

Finally, the alcohol **88** was oxidized using pyridinium chlorochromate (PCC) to provide the known ketone **40** in a yield of 84% (Scheme 24). The overall yield for the conversion of ester **80** to ketone **40** was 64% over four steps.

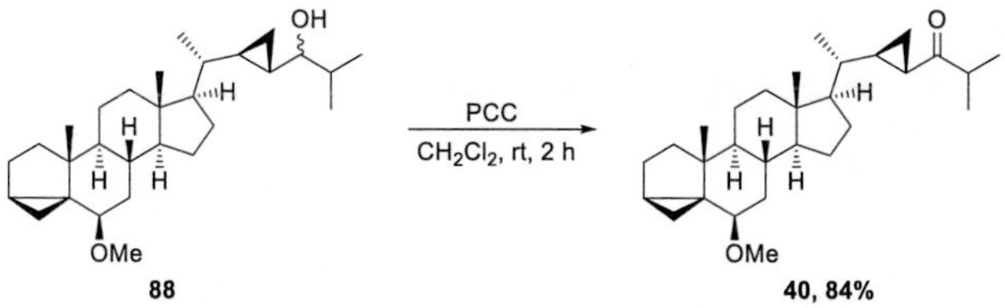

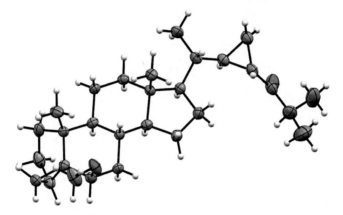

Scheme 24: Oxidation of the epimeric alcohol **88** to the known ketone **40**.

The melting point of 104–106 °C (Lit. 106–106.5 °C) and optical rotation value of $[\alpha]_D^{20} = +115.7°$ (Lit. +116.7°) match those reported by DJERASSI *et al.*[64] Additionally, the desired configuration was again proven by single-crystal X-ray analysis (Figure 15).

Figure 15: Molecular structure of the ketone **40**, displacement parameters are drawn at 50% probability level.

The possibility of the direct conversion of ester **80** to ketone **40** by adding one equivalent of GRIGNARD reagent was also explored. Various reaction conditions have been tested, but no conversion was observed. WEINREB ketone synthesis was not tried, as it reportedly does not work with secondary alkyl GRIGNARD reagents.[84]

Table 4: Tested reaction conditions for the direct conversion of the ester **80** to the ketone **40**.

Entry	Conditions	Yield [%]
1	*i*-PrMgCl, THF, reflux, 4 h, rt, 16 h	_[a]
2	*i*-PrMgCl, TMEDA, THF, rt, 16 h	_[a]
3	*i*-PrMgCl, CuI, THF, rt, 16 h	_[a]
4	*i*-PrLi, THF, 0 °C, 4 h to rt, 16 h	_[b]

[a] Complex mixture. [b] Epimerization of the ester **80**.

3.1.4 Comparison to previous syntheses[26]

In total, the synthesis of the intermediary ketone **40** consists of ten steps in a linear sequence starting from the commercially available stigmasterol **2** (Table 2, entry 1). The key step, the cyclopropanation of the alkene **67**, proceeds with good stereocontrol and exceptional yield. For the complete sequence, a yield of 27.4% and 33.1% brsm was achieved. In contrast, DJERASSI's route achieved the synthesis of ketone **40** in just nine steps, starting from **2** (Entry 2). However, the achieved yield was an order of magnitude lower at only 3.7% and 5.1% brsm, partly since the stereodefining step proceeded with very low selectivity.[64] IKEKAWA *et al.* presented three different syntheses, with two differing only in the first two steps. These two routes consist of fourteen steps each. However, the route starting from **44** produces about twice as much ketone **40** as the route starting from **42**, with a yield of 21.9% (Entries 3 and 4). The third synthetic route again starts with **42** but reaches **40** in just ten steps with a yield of 15.1% (Entry 5). The starting materials **42** and **44** used by IKEKAWA *et al.* are not commercially available and potentially require a multi-step synthesis themselves, which was not factored into the yields given in Table 5.[65-66]

Table 5: Comparison of synthetic routes for the synthesis of the intermediary ketone **8**.

Entry	Route	No. of steps	Starting material	Yield of 8 [%]
1	This work	10	**2**	27.4/33.1[a]
2	DJERASSI et al.[64]	9	**2**	3.7/5.1[a]
3	IKEKAWA *et al.*[65-66]	14+[b]	**42**	11.0
4	IKEKAWA *et al.*[66]	14+[b]	**44**	21.9
5	IKEKAWA *et al.*[65-66]	9+[b]	**42**	15.2

[a] Based on recovered starting material. [b] Starting material not commercially available.

3.1.5 Further work on demethylgorgosterol and gorgosterol

In this chapter, synthetic efforts to complete the semisynthesis of demethylgorgosterol **21b** and develop a semisynthesis of gorgosterol **21a** are described. As all reported semisyntheses of demethylgorgosterol **21b** converged on the ketone **40** and continued in a racemic fashion from there on, it was decided to develop a new route based on the molecules described in the previous chapters.[63-66] Ideally, this new route should also apply in a new semisynthesis of gorgosterol **21a**. In contrast, in the semisynthesis of gorgosterol **21a** by IKEKAWA *et al.*, the C-24 chiral center was synthesized stereoselectively, but the synthesis was quite lengthy and low yielding same time (see chapter 1.2.2).[67]

The first new route developed was based around a MICHAEL addition of a cuprate to the cyclopropylacrylate **90**. Scheme 25 shows the retrosynthesis of demethylgorgosterol **21b** with this new route. Here, demethylgorgosterol **21b** is obtained by defunctionalization and deprotection of the ester **89**, which itself is the product of the MICHAEL addition of a methyl cuprate to the cyclopropylacrylate **90**. The cyclopropylacrylate is accessible through a WITTIG reaction with the aldehyde **87**.

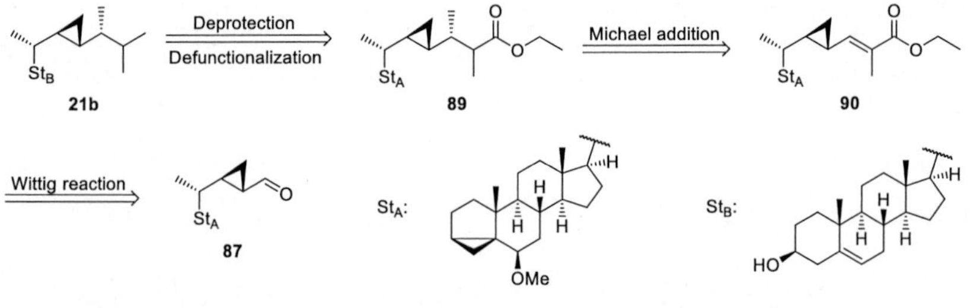

Scheme 25: Retrosynthesis of demethylgorgosterol **21b** in a new route based upon the MICHAEL addition of a cuprate to the cyclopropylacrylate **90**.

The cyclopropylacrylate **90** was synthesized as envisioned by the reaction of the aldehyde **87** with (carbethoxyethylidene)triphenylphosphorane (Scheme 26). The desired steroid was obtained in a yield of 84%, with an *E/Z* ratio of 9:1 as determined by ^{1}H NMR spectroscopy.

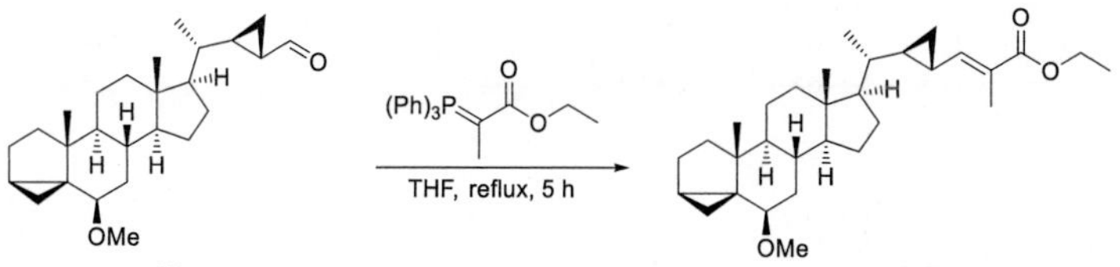

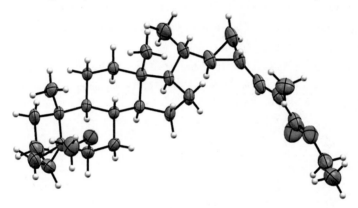

Scheme 26: Synthesis of the cyclopropylacrylate **90** through a WITTIG reaction.

Furthermore, the obtained oily compound slowly crystallized, affording single crystals suitable for X-ray analysis. The molecular structure is shown in Figure 16, proving the assignment of the double bond geometry.

Figure 16: Molecular structure of the cyclopropylacrylate **90**, displacement parameters are drawn at 50% probability level.

Next, a test reaction was conducted. No chiral catalyst was added to determine if the reaction was showing substrate-controlled diastereoselectivity already. The cyclopropylacrylate **90** was treated with a NORMANT cuprate preformed from copper iodide and methylmagnesium bromide at –20 °C in diethyl ether (Scheme 27). Disappointingly, no 1,4-addition was observed, and the cyclopropylacrylate **90** was recovered in a yield of 83%. Additionally, trace amounts of the regular GRIGNARD product **91** were isolated. Due to this undesirable result, work on this route was halted.

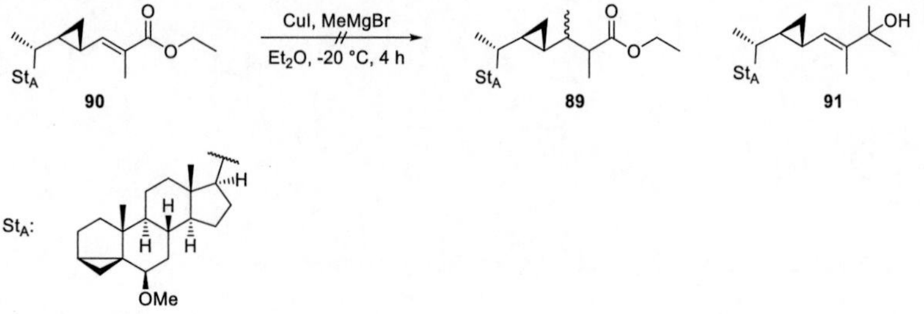

Scheme 27: Attempted synthesis of the ester **89**.

A second and even shorter route was envisioned based on the decarboxylative coupling of a redox-active ester **93** with an alkylzinc reagent, as reported by BARAN *et al.*[85] Here, demethylgorgosterol **21b** would be synthesized by a decarboxylative coupling followed by the usual deprotection (Scheme 28). The coupling can be done either with the active ester **93** or one generated *in situ* from acid **92**. The active ester **93** can be prepared in two steps from the ester **80** or as an alternative direct from the alkene **67**. Cyclopropanations with diazo active esters have recently been described by MENDOZA *et al.*[86]

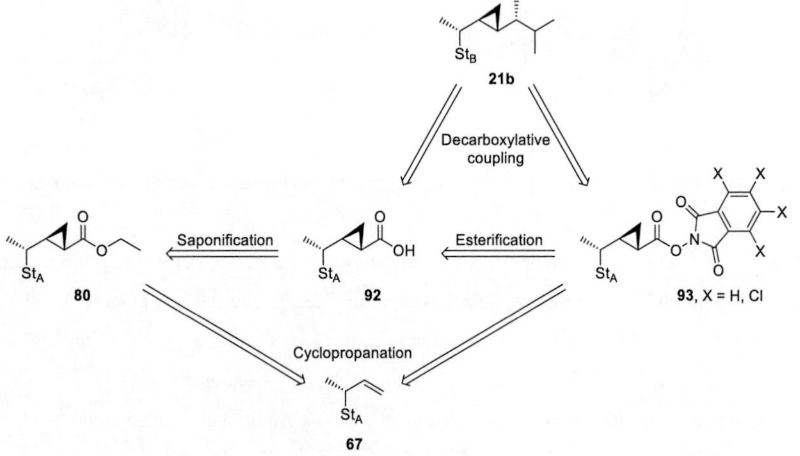

Scheme 28: Retrosynthesis of demethylgorgosterol **21b** based on the decarboxylative coupling of a redox-active ester **93**.

One major concern with this route was the stereochemical outcome of the decarboxylative coupling. The reaction proceeds *via* radical intermediates; thus, a loss of enantio- or diastereopurity is expected. However, in the case of cyclopropanecarboxylic acids, the *trans* substituted coupling products are highly favored.[87] Applied to the steroids **92** and **93**, this would mean that the C-23 stereocenter is retained. If a similar selectivity can be achieved for the newly formed C-24 stereocenter is unknown. Still, even if the coupling would produce both epimers equally, this route would be superior due to its shortness.

To test the viability of the proposed route, two test reactions were conducted. *Trans*-2-phenylcyclopropanecarboxylic acid was used as the substrate and *in situ* activated with HATU. The alkylzinc reagents were prepared beforehand from zinc chloride and the respective GRIGNARD reagent. Both reactions were successful. In the case of isopropylzinc chloride, the volatile alkane **95a** was obtained in a yield of 20%. Furthermore, the *trans* geometry of the cyclopropane was confirmed *via* ^{1}H NMR spectroscopy. The cyclohexyl coupling product **95b** was isolated as an impure fraction, but its successful formation was shown by GC/MS analysis.

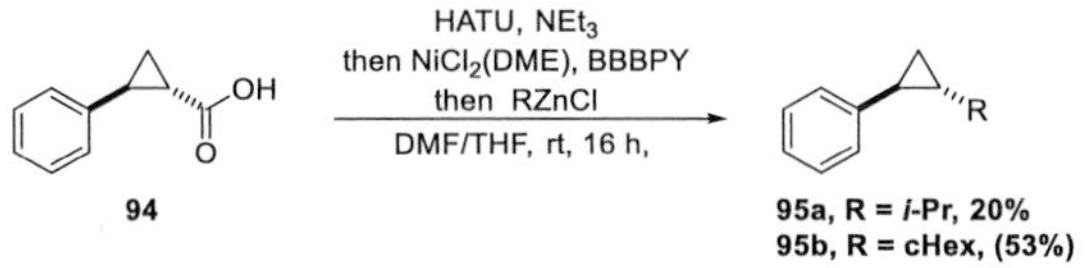

Scheme 29: Test reaction for the decarboxylative coupling.

With these promising first results at hand, it was decided to pursue the more direct cyclopropanation with diazo active esters. MENDOZA *et al.* reported the cyclopropanation with *N*-hydroxyphthalimidoyl diazoacetate.[86] While these active esters can be used for decarboxylative couplings, tetrachloro-*N*-hydroxyphthalimidoyl esters are more effective. Therefore, the diazo active ester **101** was synthesized (Scheme 30). The necessary starting materials **97** and **100** were synthesized according to known procedures. Tetrachlorophthalic anhydride (**96**) was treated with hydroxylamine in pyridine to afford the desired tetrachloro-*N*-hydroxyphthalimide (**97**) in a yield of 97%.[88] Similarly, glyoxylic acid monohydrate (**98**) was treated with tosylhydrazide in aqueous hydrochloric acid, and a yield of 82% was achieved.[89] A first reaction to synthesize the diazo active ester **101** was performed using known conditions.[88] Unfortunately, the diazo ester was only isolated in a meager yield of 11%. As this low yield is insufficient for further reactions, alternative conditions should be explored. One possibility would be the procedure used by MENDOZA *et al.*[86]

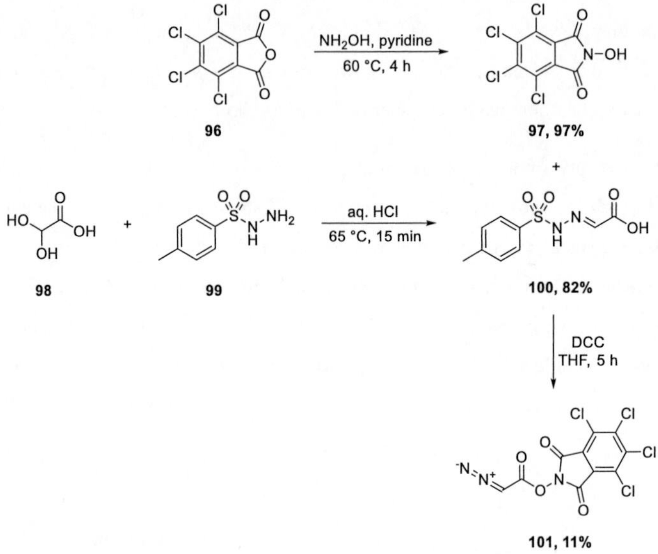

Scheme 30: Synthesis of the diazo active ester **101**.

Besides the completion of the semisynthesis of demethylgorgosterol, further experiments were dedicated to access gorgosterol-type steroids. Two basic strategies were pursued. Firstly, cyclopropanation of the alkene **67** with a suitable diazopropionate. Secondly, α-methylation of the ester **80**. However, both strategies have so far been unsuccessful.

Cyclopropanation of the alkene **67** was attempted using benzyl diazopropionate (**102**), which was available in the group. The optimized reaction conditions from chapter 3.1.2 were applied, and the reaction was continued for two days after complete addition (Scheme 31). No product formation was observed. Furthermore, no nitrogen formation was observed, indicating rapid deactivation of the catalyst. A probable explanation is the tendency of α-alkyl-α-diazo esters to undergo a fast β-hydride shift.[90]

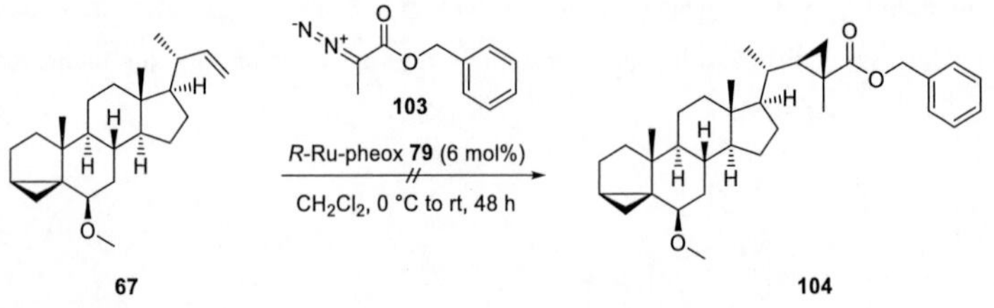

Scheme 31: Attempted cyclopropanation of alkene **67** with benzyl diazopropionate (**103**).

Rhodium-catalyzed cyclopropanations that prevent the undesirable β-hydride shift are known.[78,91] However, these systems show low yields or low stereoselectivities even with simple aliphatic alkenes and have not been explored for this reason.

The second strategy, the α-methylation of cyclopropanecarboxylates was also known in the literature.[92] LDA was used as the base in the first attempt, but no formation of the methylated ester **105** was observed, and the starting material was recovered. Therefore, *n*-BuLi was used in the second attempt, but no conversion was observed (Scheme 32). Further attempts were not undertaken.

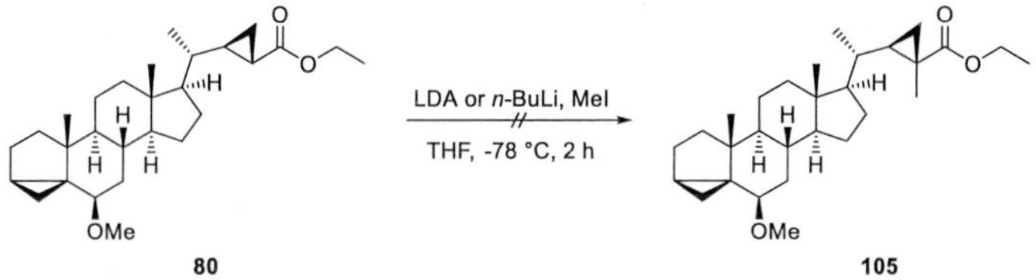

Scheme 32: Attempted methylation of the ester **80**.

3.2 Synthesis of demethylgorgosterol analogs

In the following chapters, a wide array of demethylgorgosterol analogs were synthesized. These include simple hydrocarbon analogs, similar to natural demethylgorgosterol **21b**, functionalized analogs allowing further derivatization, and double cyclopropanated analogs. Finally, fluorophore-steroid conjugates were synthesized to facilitate biological imaging and tracking.

Our cooperation partner, Professor Annika Guse[2] at the University of Heidelberg, will use all of these analogs to elucidate the molecular mechanisms of coral symbiosis and the biological activities of involved steroids.

3.2.1 Hydrocarbon analogs

The starting point for the synthesis of all hydrocarbon analogs was the steroidal alcohol **86** and the steroidal aldehyde **87**, which have already been described in Chapter 3.1.3. The retrosynthesis for all hydrocarbon analogs **108** is shown in Scheme 33. All analogs were synthesized in their protected form, the *i*-steroid methyl ethers **107**, which yielded the desired analogs **108** upon deprotection. The methyl analog (R = H) **108a** was prepared by defunctionalization of steroidal alcohol **86**. The remaining analogs were either prepared directly from the aldehyde **87** or *via* the corresponding tosyl hydrazone **106**. SEYFERTH-GILBERT homologation transforms the aldehyde **87** into the ethynyl analog **108b**. The JULIA-KOCIENSKI-type olefination previously used to prepare the alkene **67** can also be used to synthesize various alkenyl analogs **108c–f**.[72] A subsequent diimide reduction would provide the alkyl analogs **108g–j**.

Syntheses of some of the analogs in this chapter were carried out under my supervision and direction in previous work, but most of the molecules reported here have also been prepared by myself.[93-95]

---

[2]Dr. ANNIKA GUSE, *Centre for Organismal Studies (COS)*, Universität Heidelberg.

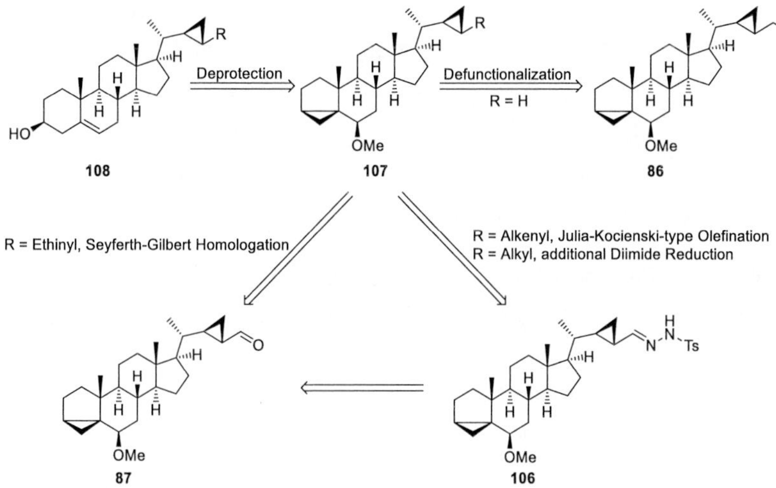

Scheme 33: Retrosynthesis of hydrocarbon analogs **108** starting from alcohol **86** and aldehyde **87**.

The BARTON-MCCOMBIE reaction was not considered for the defunctionalization due to its radical nature. A radical in α-position to the cyclopropane would likely have resulted in a ring-opening of the cyclopropane. Therefore, mesylation of the alcohol **86** followed by reductive defunctionalization was the method of choice. The mesylate **109** was prepared according to a known protocol (Scheme 34).[96] However, despite several tries, only a moderate yield of 35% was achieved, probably due to its high reactivity.

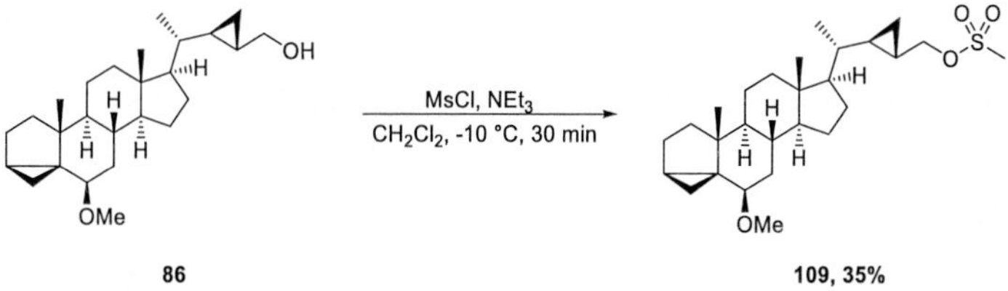

Scheme 34: Synthesis of the mesylate **109** from the alcohol **86**.

The reductive defunctionalization of the mesylate **109** was performed with lithium aluminum hydride as a reductant in THF at room temperature (Scheme 35). This reaction led to a complex mixture of steroids, which was not analyzed further.

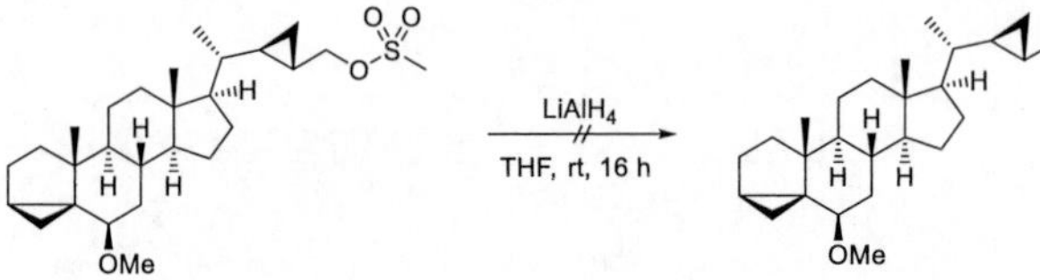

109 **107a**

Scheme 35: Attempted reductive defunctionalization of the mesylate **109**.

Since the mesylate **109** was only obtained in low yield, and its reduction did not produce the desired methyl analog **107a**, this route was not investigated further. As an alternative, reductive dehalogenation of the bromide **110** was pursued. Additionally, bromide **110** was needed for the synthesis of functionalized analogs (Chapter 3.2.2). This reaction was known for similar α-bromo methylcyclopropanes and usually proceeded in high yields.[97-98]

The bromide **110** was synthesized by an APPEL reaction according to a known protocol.[99] A good yield of 85% was achieved, and several minor steroidal side products were observed. One of these was identified as the dibromide **111** (Scheme 36).

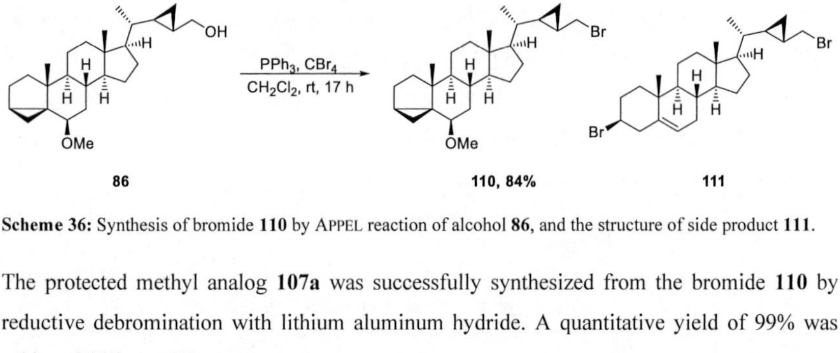

86 **110, 84%** **111**

Scheme 36: Synthesis of bromide **110** by APPEL reaction of alcohol **86**, and the structure of side product **111**.

The protected methyl analog **107a** was successfully synthesized from the bromide **110** by reductive debromination with lithium aluminum hydride. A quantitative yield of 99% was achieved (Scheme 37).

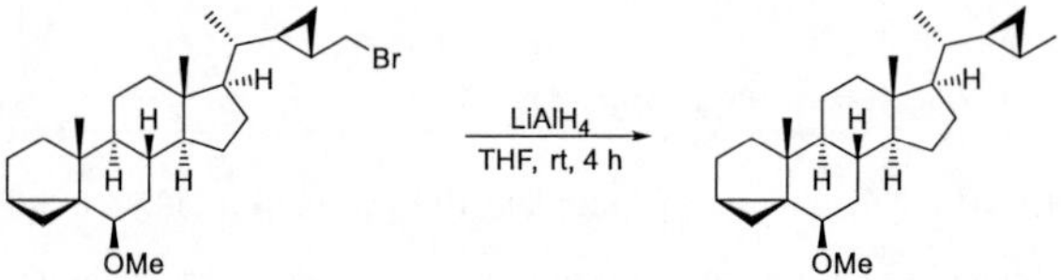

110 **107a, 99%**

Scheme 37: Reductive debromination of bromide **110** to yield the methyl analog **107a**.

Next, the protected ethynyl analog **107b** was synthesized by SEYFERTH-GILBERT homologation of the aldehyde **87**. The synthesis was performed under very mild conditions utilizing the OHIRA-BESTMANN reagent **112** according to a known protocol.[100] The desired alkyne **107b** was obtained in a yield of 79% (Scheme 38).

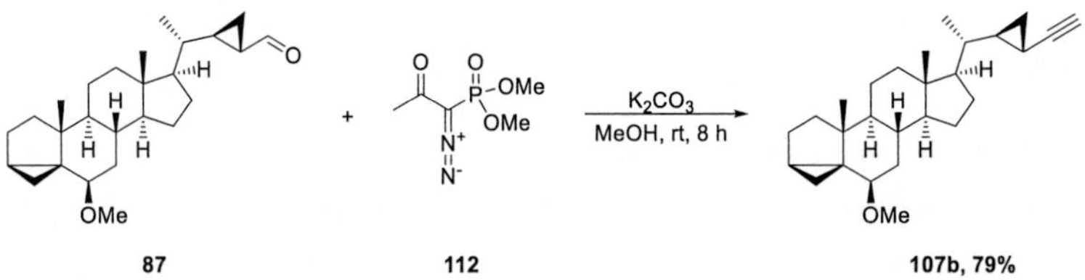

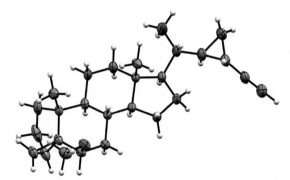

| 87 | 112 | 107b, 79% |

Scheme 38: Synthesis of the protected ethynyl analog **107b** by SEYFERTH-GILBERT homologation of aldehyde **87**.

The absolute configuration of the protected ethynyl analog **107b** could also be verified by single-crystal X-ray analysis, showing the desired (1*S*,2*R*) stereochemistry at the side chain cyclopropane (Figure 17).

Figure 17: Molecular structure of the protected ethynyl analog **107b**, displacement parameters are drawn at 50% probability level.

For the synthesis of the alkyl and alkenyl analogs, the aldehyde **87** was first transformed into the tosyl hydrazone **106**. The same reaction conditions as for the synthesis of the tosyl hydrazone **74** were applied, resulting in a nearly quantitative yield of 96%.

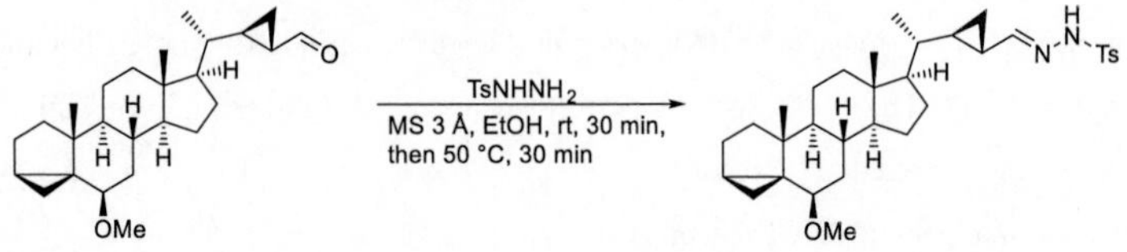

87 **106, 96%**

Scheme 39: Synthesis of the tosylhydrazone **106** from the aldehyde **87**.

Four different alkenyl analogs were synthesized, but the necessary sulfones were commercially available only for two of them. Phenyl propyl sulfone (**115a**) and pentyl phenyl sulfone (**115b**) were synthesized from thiophenol (**113**) in very good yields *via* the corresponding sulfides **114** according to known procedures (Scheme 40).[101-102]

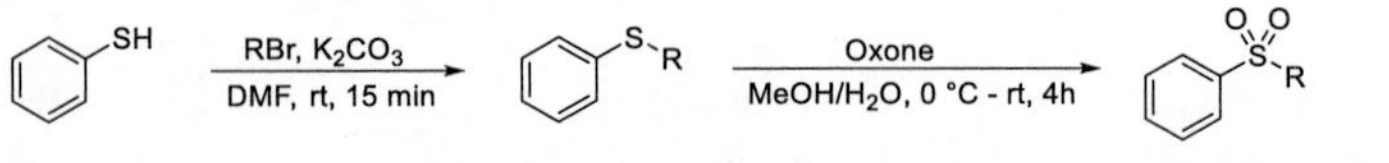

113

R = C_3H_7, 96%, **114a**
C_5H_{11}, 92%, **114b**

R = C_3H_7, 94%, **115a**
C_5H_{11}, 99%, **115b**

Scheme 40: Synthesis of the sulfones **115** from thiophenol (**113**) *via* the sulfides **114**.

The same JULIA-KOCIENSKI-type olefination that was previously used was also employed to synthesize the alkenyl analogs **107c–f**.[72] The desired analogs were obtained in good to very good yields. Two general trends were observed. First, the yield decreased with increasing chain length. Second, while the formation of the *Z*-alkene was preferred in all cases, the *E*/*Z* ratio also decreased with increasing chain length, from 1:2.8 for the propenyl analog **107d** down to 1:1.5 for the hexenyl analog **107f**.

Table 6: Synthesis of protected alkenyl analogs **107c–f**.

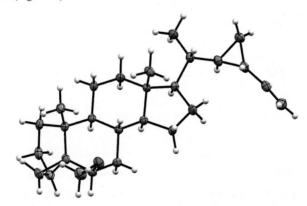

Entry	Sulfone		Alkene	Yield [%]	*E/Z* ratio
1			R = H, **107c**	90	-
2			R = Me, **107d**	89	1:2.8
3		**115a**	R = Et, **107e**	80	1:1.7
4		**115b**	R = *n*-Bu, **107f**	75	1:1.5

The absolute configuration of the protected vinyl analog **107c** could also be verified by single-crystal X-ray analysis, showing the desired (1*R*,2*R*) stereochemistry at the side chain cyclopropane (Figure 18).

Figure 18: Molecular structure of the protected vinyl analog **107c**, displacement parameters are drawn at 50% probability level.

For the reduction of the vinyl analogs, diimide-based protocols were preferred. Transition metal-catalyzed hydrogenations were not applicable as the proximity of the cyclopropane moiety would very likely have resulted in ring-opening.

49

The reaction was carried out according to a one-pot procedure developed by MARSH *et al.*[103] No full conversion was achieved, so the reaction was repeated with triethylamine as an additive. This yielded the ethyl analog **107g** in a yield of 81% (Scheme 41).

Scheme 41: Reduction of the vinyl analog **107c** to the ethyl analog **107g**.

The absolute configuration of the protected ethyl analog **107g** could also be verified by single-crystal X-ray analysis, showing the desired (1*S*,2*S*) stereochemistry at the side chain cyclopropane (Figure **19**).

Figure 19: Molecular structure of the protected ethyl analog **107g**, displacement parameters are drawn at 50% probability level.

However, the one-pot procedure failed for the other alkenyl analogs **107d–f**; no conversion was observed (Table 7, Entry 1). Alternative reaction conditions were screened using the propenyl analog **107d**. Next, a protocol generating diimide with the help of copper sulfate was tested. Only incomplete conversion was observed, and even doubling the reaction time to 10 days did not drive it to completion (Entry 2). Finally, the treatment with tosylhydrazide and sodium acetate under reflux for 24 hours was successful. The desired propyl analog **107h** was obtained in a yield of 92% (Entry 3).

Table 7: Screening of reaction conditions for the diimide reduction of propenyl analog **107d**.

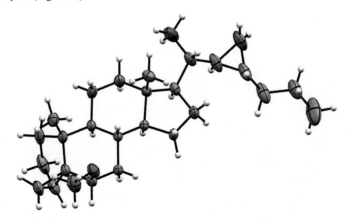

Entry	Conditions	Reference	Yield [%]
1	Sulfonyl chloride **116**, N$_2$H$_4$·H$_2$O, NEt$_3$ MeCN, 0 °C – rt, 18 h	[103]	-
2	N$_2$H$_4$·H$_2$O, CuSO$_4$ EtOH, rt, 5 d	[104]	_[a]
3	TsNHNH$_2$, NaOAc THF/H$_2$O 1:1, reflux, 24 h	[105]	92

[a] Incomplete conversion.

The absolute configuration of the protected propyl analog **107h** could also be verified by single-crystal X-ray analysis, showing the desired (1*S*,2*S*) stereochemistry at the side chain cyclopropane (Figure 20).

Figure 20: Molecular structure of the protected propyl analog **107h**, displacement parameters are drawn at 50% probability level.

The tosylhydrazone procedure was also successful in the reduction of the remaining two alkenyl analogs **107i,j**. The butyl analog **107i** was obtained in 78% yield, and the hexyl analog **107j** in 83% (Scheme 42).

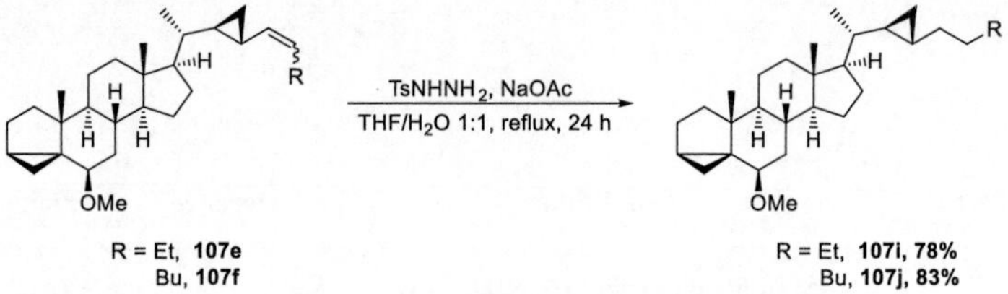

R = Et, **107e**
   Bu, **107f**

TsNHNH$_2$, NaOAc
THF/H$_2$O 1:1, reflux, 24 h

R = Et, **107i, 78%**
   Bu, **107j, 83%**

Scheme 42: Diimide reduction of the alkenyl analogs **107i,j**.

All hydrocarbon analogs **107** were deprotected using the same known protocol (Table 8).[106] Yields ranging from 64% up to near quantitative were achieved. No side reactions or loss of diastereo purity were observed.

Table 8: Deprotection of hydrocarbon analogs **107**.

Entry	Starting material	R group	Product	Yield [%]
1	**107a**	Me	**108a**	99
2	**107b**		**108b**	77
3	**107c**		**108c**	82
4	**107d**		**108d**	93
5	**107e**		**108e**	98
6	**107f**		**108f**	75
7	**107g**		**108g**	64
8	**107h**		**108h**	90
9	**107i**		**108i**	82
10	**107j**		**108j**	80

From a total of four deprotected analogs, single crystals suitable for X-ray analysis were obtained. The absolute configuration of all these analogs **108** was identical with natural demethylgorgosterol (**21b**).

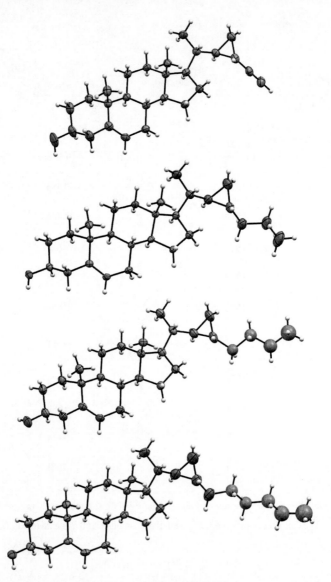

Figure 21: Molecular structures of the deprotected analogs **108b,h–j**, displacement parameters drawn at 50% probability level, minor disordered parts omitted for clarity for **108j**.

3.2.2 Functionalized analogs

Scheme 43 shows the retrosynthesis for all analogs in this chapter. The analogs **119** and **120** are accessible by azide-alkyne click reaction from the previously synthesized alkyne **107b** or the azide **118**, respectively. The azide, as well as analog **117**, were synthesized by S_N2 reaction of the bromide **110**. The amino acid coupled analog **121** was synthesized from acid **92**, which can be obtained from the saponification of ester **80**.

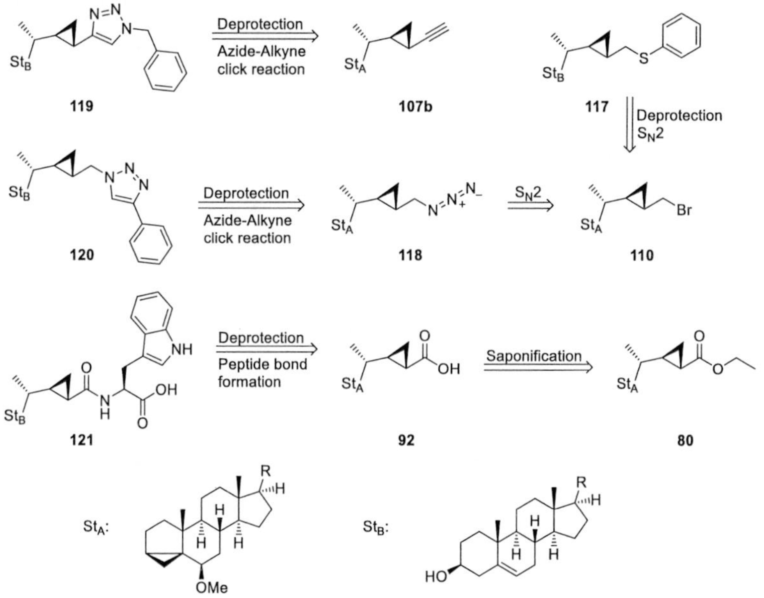

Scheme 43: Retrosynthesis of functionalized analogs prepared from alkyne **107b**, bromide **110**, and the ester **80**.

The protected thio analog **122** was synthesized from the bromide **110** in an S_N2 reaction with thiophenol. The reaction conditions employed were similar to those used to synthesize the sulfides **114** in the previous chapter. An almost quantitative yield of 97% was reached (Scheme 44).

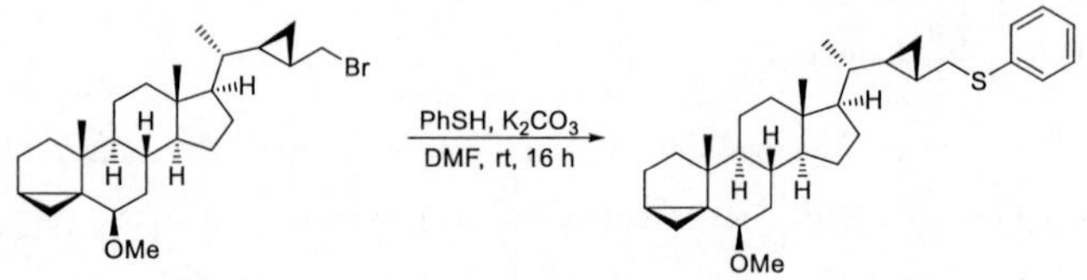

110 122, 97%

Scheme 44: Synthesis of the protected thio analog **122** from the bromide **110**.

The azide **118** was synthesized in a similar matter. Tetra-*n*-butylammonium iodide was used as a phase-transfer catalyst according to a known procedure.[107] Again, an excellent yield of 98% was achieved.

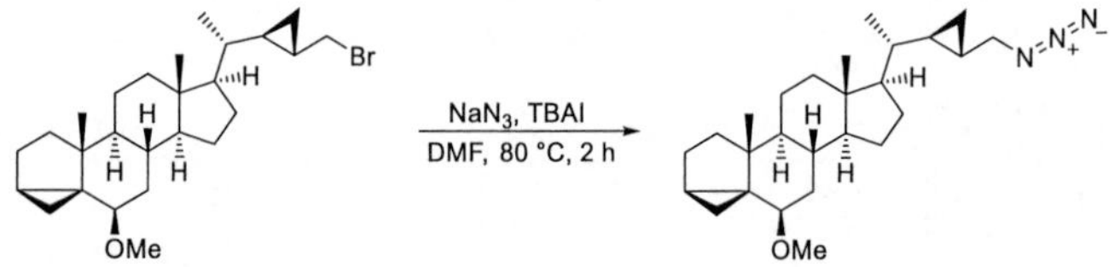

110 118, 98%

Scheme 45: Synthesis of the azide **118** from the bromide **110**.

For the azide-alkyne click reaction, a procedure by VIDAL *et al.* was tested first.[108] However, probably due to solubility issues of the steroidal alkyne **107b**, only partial conversion was observed. Next, a protocol by ROSTOVTSEV *et al.* was used, but again poor solubility of the steroid in the reaction mixture was observed.[109] Therefore, 1,4-dioxane was added to improve the solubility, affording the desired triazole **123** in 92% yield (Scheme 46).

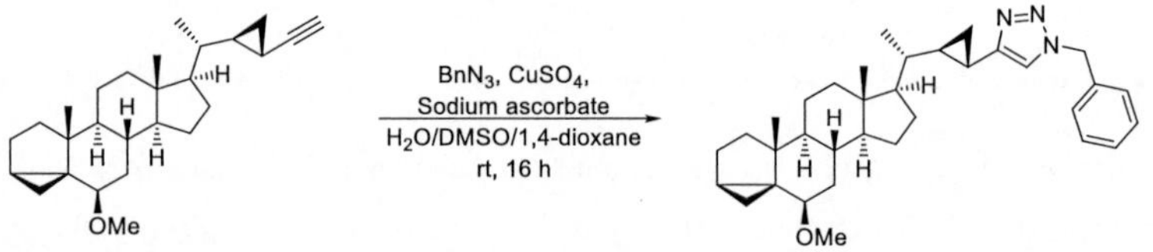

107b 123, 92%

Scheme 46: Azide-alkyne click reaction of the steroidal alkyne **107b** and benzyl azide.

The azide **118** was subjected to the same conditions together with phenylacetylene. The triazole **124** was obtained in a good yield of 73% (Scheme 47), demonstrating that both the alkyne **107b** and the azide **118** are clickable.

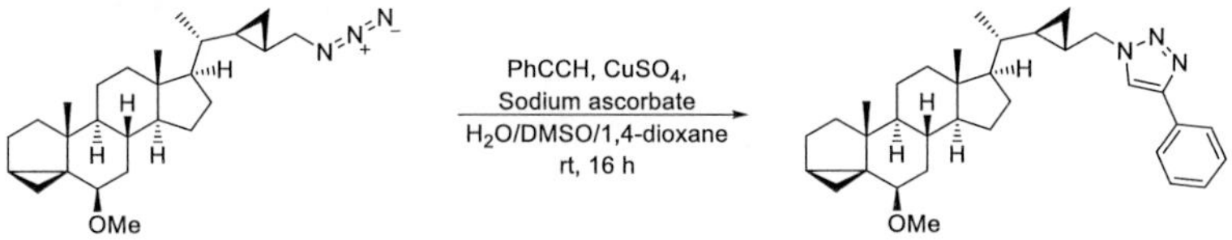

118 **124, 92%**

Scheme 47: Azide-alkyne click reaction of the steroidal azide **118** and phenylacetylene.

The functionalized analogs **122, 123**, and **124** were deprotected using the protocol used for the hydrocarbon analogs (Table 9). The deprotected thio analog **117** was obtained in an excellent yield similar to the hydrocarbon analogs (Entry 1). However, the two triazoles **123** and **124** afforded the corresponding deprotected ones **119** and **120** only in poor yields of 28% and 36%. This result was presumably due to the presence of the basic triazole moiety (Entries 2 and 3).

Table 9: Deprotection of functionalized analogs **122, 123**, and **124**.

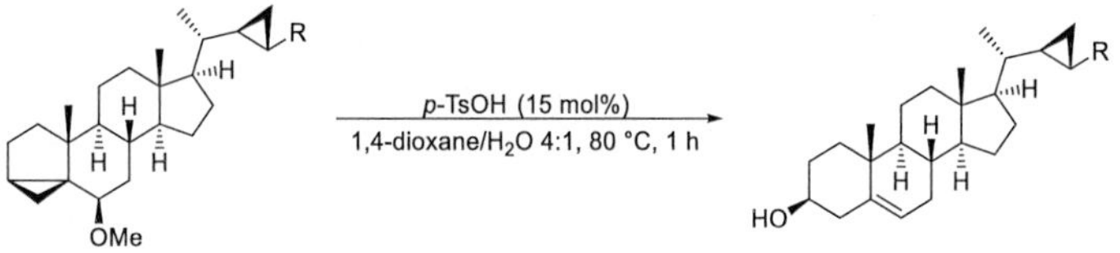

122,123,124 **117,119,120**

Entry	Starting material	R group	Product	Yield [%]
1	**122**	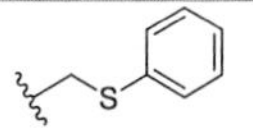	**117**	86
2	**123**	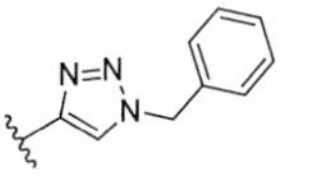	**119**	28
3	**124**	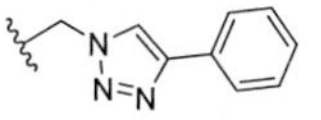	**120**	36

The first step for the synthesis of the steroid-amino acid-conjugate **121** was the saponification of the ester **80**. As it turned out, the ester **80** was quite hard to hydrolyze, but applying harsher conditions also carries the risk of racemization of the chiral α-position. Table 10 shows an overview of the screened conditions. Treatment with sodium hydroxide and lithium hydroxide alone did not result in any product formation (Entries 1 and 2). The combination of lithium hydroxide and an excess of hydrogen peroxide for a prolonged amount of time was able to hydrolyze the ester, but no complete conversion was achieved (Entry 3). With an excess of potassium hydroxide in methanol for an hour refluxing, the acid was provided a yield of 90% without significant epimerization (Entry 4).

Table 10: Screening of reaction conditions for the saponification of the ester **80**.

Entry	Conditions	Yield [%]
1	NaOH (1.1 equiv.) 1,4-dioxane/H$_2$O 9:1, rt, 12 h	-
2	LiOH (4 equiv.) MeOH, rt, 12 h	-
3	LiOH (4 equiv.), H$_2$O$_2$ MeOH, rt, 3 d	-[a]
4	KOH (15 equiv.) MeOH, reflux, 1 h	90

[a] Incomplete conversion.

Next, the tryptophan derivative **126**, needed for the peptide bond formation, was synthesized from commercially available **125**. The carboxylic acid was protected in the form of its *t*-butyl ester; then, the Fmoc protective group was removed. After reversed-phase HPLC purification, the amino acid was obtained as the corresponding trifluoroacetate salt **126** (Scheme 48).

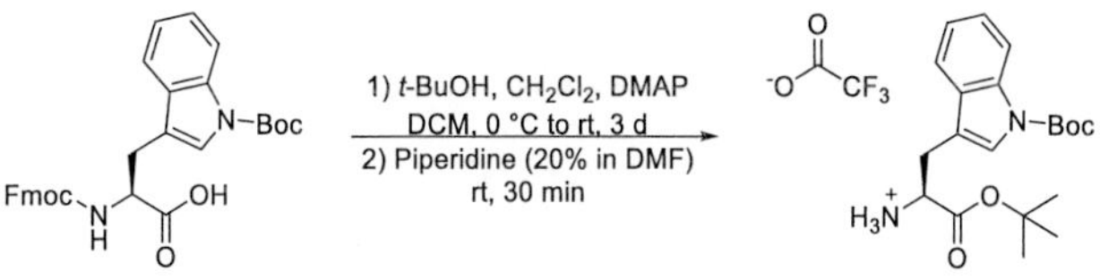

Scheme 48: Synthesis of the tryptophan derivative **126** from commercially available **125**.

With both necessary starting materials at hand, the steroid-amino acid-conjugate **127** was synthesized using standard peptide coupling conditions (Scheme 49). The steroid-amino acid-conjugate **127** was isolated in a poor yield of 22% and used in the subsequent reaction without further purification. The poor yield can probably be attributed to the steric bulk of both coupling partners.

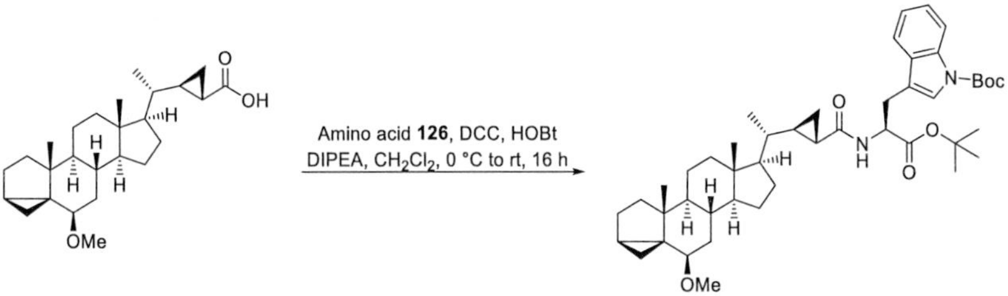

Scheme 49: Synthesis of the steroid-amino acid-conjugate **127**.

The A/B-ring deprotection of **127** was done according to the general procedure, followed by removing the Boc protective group and the *tert*-butyl ester with trifluoroacetic acid (Scheme 50). After purification by column chromatography, an off-white solid was obtained in a yield of 59%. However, ^{1}H NMR revealed a complex mixture, showing signs of epimerization, indicating that the reaction conditions for the deprotection may have been too harsh. Due to these problems, the synthesis was not attempted again so far.

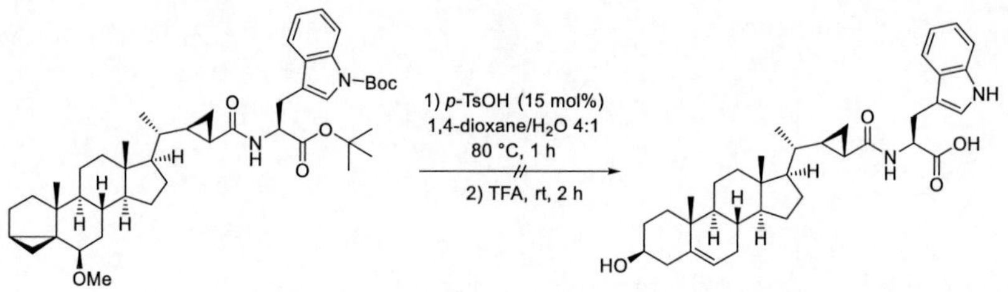

127

121

Scheme 50: Attempted deprotection of the steroid-amino acid-conjugate **127**.

3.2.3   Double cyclopropanated analogs

The retrosynthesis for the double cyclopropanated analogs **132** is shown in Scheme 51. Starting material for all analogs was the vinyl analog **107c**. The two deprotected analogs **132a** and **132b** can be accessed using the same synthetic route used for the corresponding hydrocarbon analogs **108c** and **108g**. The required ester **129** was cyclopropanated utilizing the conditions previously used in Chapter 3.1.2. Furthermore, the ester **128** was synthesized to help assign the stereochemistry of the cyclopropanation reactions.

Syntheses of some of the analogs in this chapter were carried out under my supervision and direction in previous work, but most of the molecules reported here have also been prepared by myself.[93]

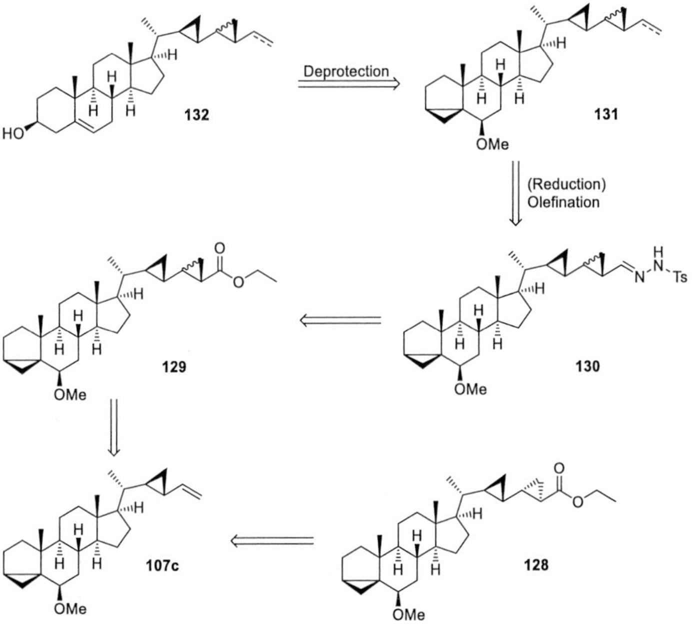

Scheme 51: Retrosynthesis for the double cyclopropanated analogs **132** in this chapter.

The cyclopropanation of vinyl analog **107c** was carried out using the optimized reaction conditions described in chapter 3.1.2 based upon the protocol by IWASA *et al.*[80] An excellent yield of 92% was achieved, and 7% of unreacted alkene **107c** was recovered, resulting in a quantitative yield brsm (Scheme 52). The ester **129** was obtained as a mixture of four diastereomers, two major ones and two in trace amounts, in a ratio of 61.5:33.1:3.1:2.3, as determined by GC/MS.

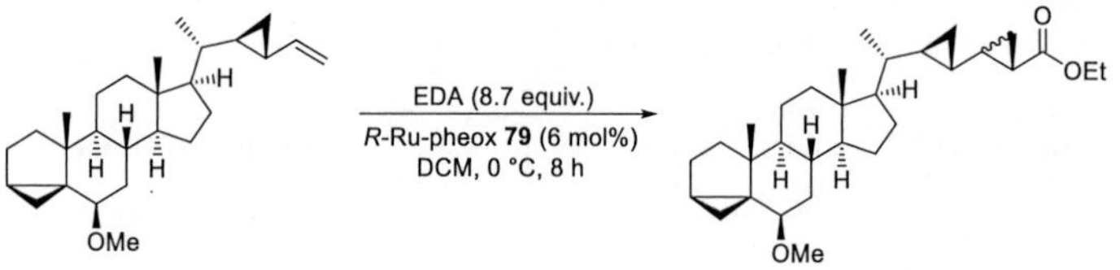

107c

129
92%, 99% brsm
d.r. 61.5:33.1:3.1:2.3

Scheme 52: Cyclopropanation of vinyl analog **107c** to yield the ester **129**.

To assign the stereochemistry of the mixture, the alkene **107c** was also cyclopropanated using the enantiomeric catalyst (*S*)-Ru-pheox **79**. The reaction afforded the ester **128** in a quantitative yield (Scheme 53). This time, only three diastereomers were detected, and the major one was obtained in a higher ratio of 13.6:2.9:83.5, again determined by GC/MS.

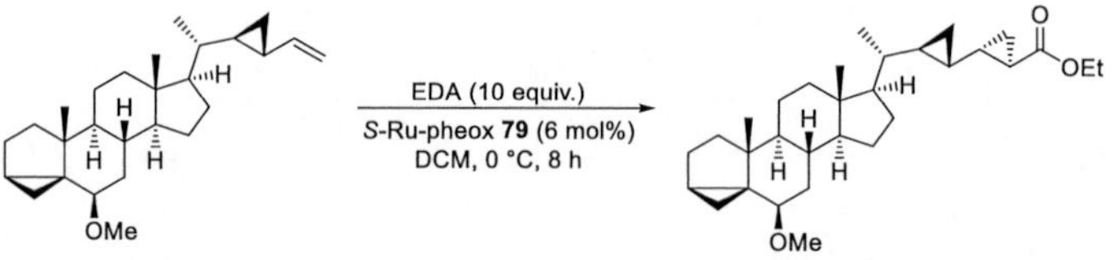

107c

128, 99%
d.r. 13.6:2.9:83.5

Scheme 53: Cyclopropanation of the alkene **107c** using the enantiomeric catalyst *S*-Ru-pheox **79**.

The generally higher yield of the second cyclopropanation, compared to the first one (Chapter 3.1.2), can be explained by the electron-donating effect of the cyclopropyl moiety.[110] Due to this effect, the vinyl analog **107c** resembles styrene in its reactivity, rather than an aliphatic alkene like **67**. Furthermore, the higher diastereoselectivity observed for the cyclopropanation with (*S*)-Ru-pheox **79** suggests a mismatched pair for the cyclopropanation of vinyl analog **107c** with (*R*)-Ru-pheox **79**.

To aid the stereochemical assignment, the ester **128** was reduced to the alcohol **133** with the help of lithium aluminum hydride. The desired alcohol **133** was produced in a quantitative yield. Stereochemical analysis of the alcohol **133** was performed based on the ^{1}H NMR spectrum of the diastereomeric mixture. Both cyclopropane rings of the main diastereomer were shown to be configured *trans*. In combination with the known stereoinduction model of the catalyst, the stereochemistry of **128** and **129** was assigned, as shown in Scheme 54.

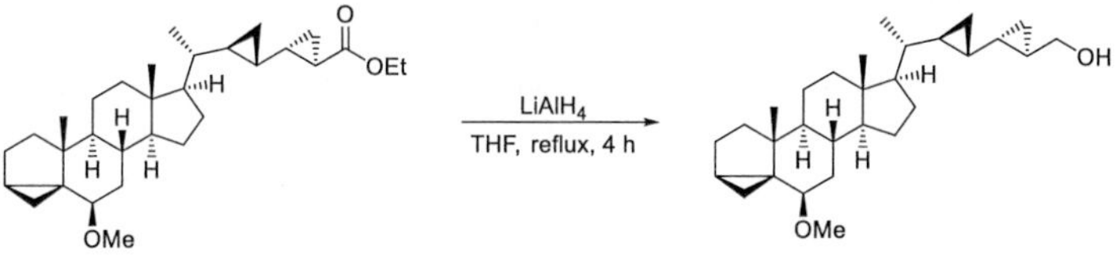

Scheme 54: Reduction of the ester **128** to the alcohol **133**.

Table 11 shows the overall stereochemical outcome of the two cyclopropanations, as determined by GC/MS and ^{1}H NMR analysis, indicating a situation more complex than just a simple match/mismatch. The use of the (*R*)-enantiomer of the catalyst resulted in high diastereomeric ratios for the *trans* and *cis*-isomers. The *cis/trans* ratio, on the other hand, was relatively poor. The configuration of the two major diastereomers **129a** and **129b** is shown below. *Vice versa*, when the (*S*)-enantiomer of the catalyst was used, a very high *cis/trans* ratio was achieved. But the diastereomeric ratio of the *trans* –isomers was reduced, although less pronounced than in the case of (*R*)-Ru-pheox. Furthermore, only one of the two *cis*-isomers was detected. The major diastereomer **128** is again shown below.

Table 11: Stereochemical outcome of the cyclopropanation reaction in dependence of the employed catalyst.

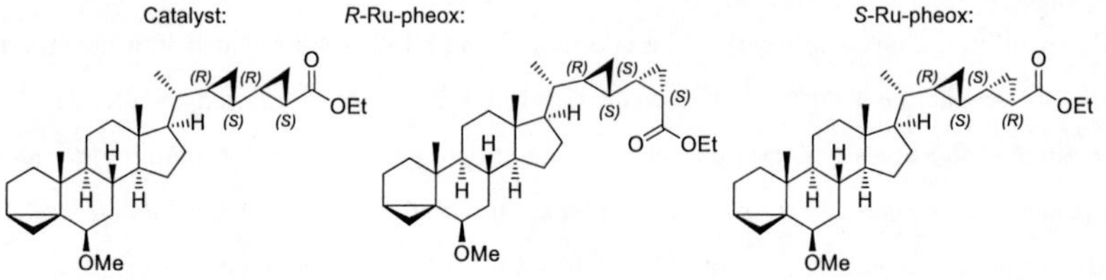

Entry	Catalyst	*Cis/trans ratio*	D.r. *trans*	D.r. *cis*
1	(*R*)-Ru-pheox **79**	35:65	95:5	93:7
2	(*S*)-Ru-pheox **79**	3:97	86:14	_[a]

[a] Only one *cis* diastereomer was detected.

After the configuration of the double cyclopropanated steroids was elucidated, the ester **129** was used to synthesize other analogs akin to the hydrocarbon analogs. A three-step procedure was used, similar to the one used in chapter 3.2.1. The procedure consisted of lithium aluminum hydride reduction of the ester to the alcohol, IBX oxidation back to the aldehyde, and reaction with tosylhydrazide to afford the corresponding tosylhydrazone **130**. A satisfactory yield of 72% was achieved (Scheme 55).

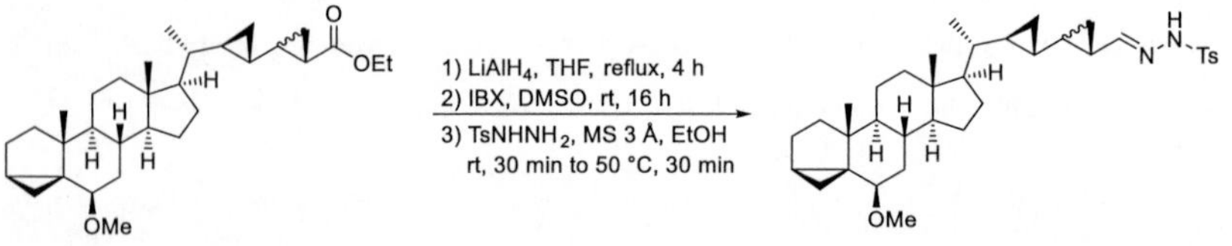

Scheme 55: Transformation of the ester **129** into the tosylhydrazone **130**.

Next, the tosylhydrazone **130** was used for another JULIA-KOCIENSKI-type olefination with dimethyl sulfone. The desired protected vinyl analog **131a** was obtained in a yield of 71 % (Scheme 56).

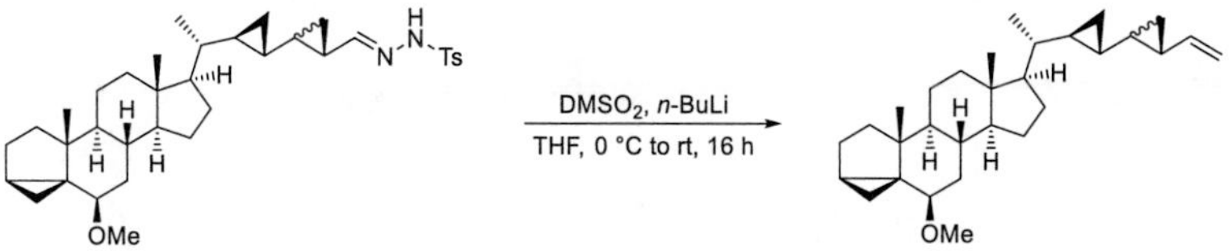

130 **131a, 71%**

Scheme 56: JULIA-KOCIENSKI-type olefination of the tosylhydrazone **130**.

Vinyl analog **131a** was reduced using the tosylhydrazide/sodium acetate procedure for the diimide reduction.[105] The desired protected ethyl analog **131b** was isolated in a yield of 90% (Scheme 57).

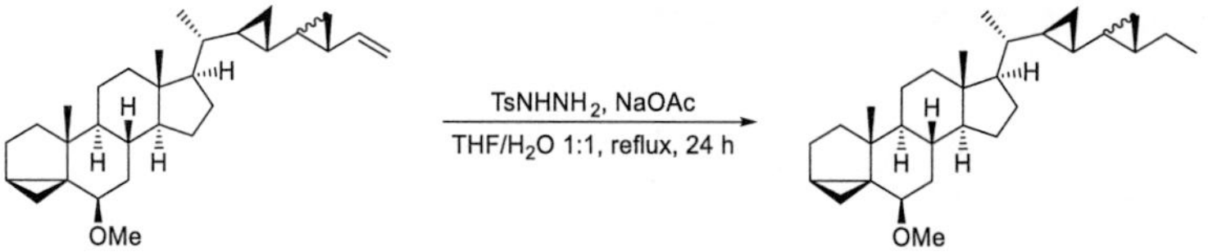

131a **131b, 90%**

Scheme 57: Diimide reduction of the vinyl analog **131a**.

Both the analogs **131a** and **131b** were deprotected using the general procedure (Table 12). The resulting deprotected analogs **132a** and **132b** were obtained in good yields of 84% and 87%, respectively.

Table 12: Deprotection of double cyclopropanated analogs **131**.

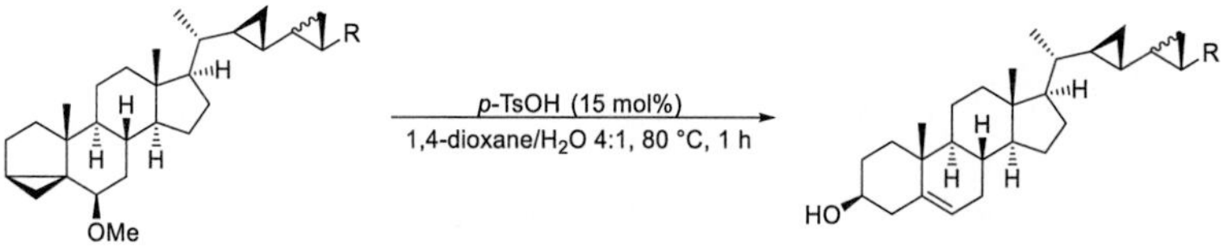

131 **132**

Entry	Starting material	R group	Product	Yield [%]
1	**131a**	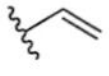	**132a**	84
2	**131b**	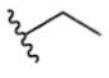	**132b**	87

A single crystal was grown from the diastereomeric mixture of the deprotected ethyl analog **132b**. As seen in Figure 22, the *cis*-isomer crystalized preferentially.

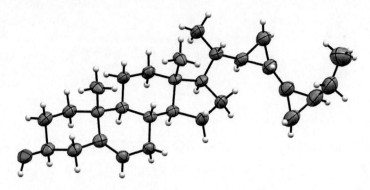

Figure 22: Molecular structure of the *cis*-isomer of the deprotected double cyclopropanated analog **132b**, displacement parameters are drawn at 50% probability level.

3.2.4 Fluorophore-steroid conjugates

The final group of analogs prepared in this work were fluorophore-steroid conjugates. Their purpose was the localization and tracking of steroids in biological experiments to unveil the molecular mechanisms of coral symbiosis conducted by our cooperation partner, Professor Guse.

For the fluorophore, imidazo[1,2-*a*]pyridines were chosen. These fluorophores were already used in our group and can easily be accessed through a GROEBKE-BLACKBURN-BIENAYMÉ (GBB) reaction. In this acid-catalyzed three-component-reaction, an aldehyde, an isocyanide, and an amidine form the imidazo[1,2-*a*]pyridines mentioned above. As the GBB reaction has a very good functional group tolerance, the fluorophores were synthesized *de novo* using steroidal aldehydes, suitable isocyanides, and amidines.

To avoid product mixtures due to the acidic conditions of the GBB reaction, the steroidal aldehyde **87** was deprotected beforehand, using the general procedure. The GBB reaction well tolerates the alcohol moiety. The desired aldehyde **134** was obtained in a yield of 88%; furthermore, no epimerization of the *α*-position of the aldehyde was observed (Scheme 58).

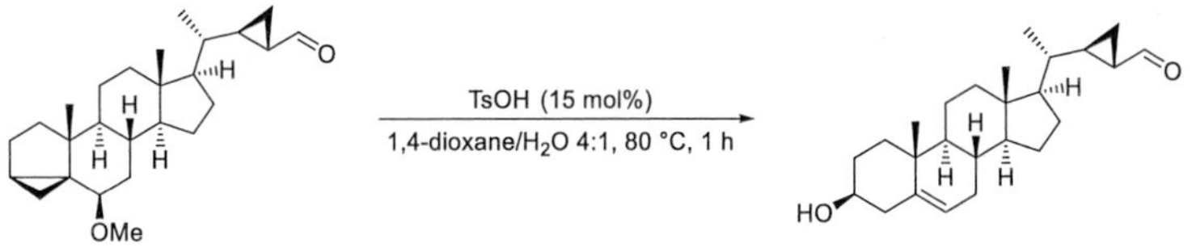

Scheme 58: Deprotection of aldehyde **87** using the general procedure.

In the GBB reaction, two equivalents of the isocyanide and the nitrogen heterocycle were employed to maximize the conversion of the steroidal aldehyde. A 1 M solution of perchloric acid in methanol was used as the catalyst, and dichloromethane was added to the reaction mixture to increase the solubility of the steroidal aldehyde **134**. All successfully synthesized conjugates were recrystallized from *iso*-propanol/water after column chromatography. Table 13 shows the reaction conditions and an overview of all sidechain fluorophore-conjugated steroids **135**. Again, no epimerization of the cyclopropane ring was observed.

Table 13: Synthesis of sidechain fluorophore-conjugated steroids **135**.

Entry	Isocyanide	Amidine	Fluorophore		Yield [%]
1				**135a**	51
2				**135b**	72
3				**135c**	-
4				**135d**	-
5				**135e**	22

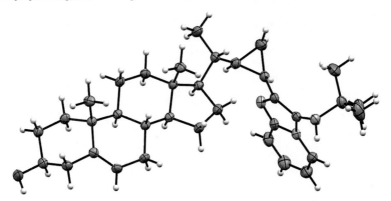

6   **135f**   47

In the synthesis of the fluorophores, the nature and substituents of the nitrogen heterocycle were the main focus, as they have the biggest influence on the ultraviolet-visible (UV/Vis) spectroscopic properties of the fluorophores. Various nitrogen heterocycles have been employed (Entries 1–5). Of these, 2-aminoquinoline and 2-aminothiazole did not afford the desired fluorophores for unknown reasons (Entries 3 and 4). For the successfully synthesized fluorophore-steroid conjugates **135**, the yields range from 22% up to 72%. Beyond benzyl isocyanide, two other isocyanides were used (Entries 5 and 6).

Single crystals suitable for X-ray analysis were obtained for the *tert*-butyl fluorophore **135f**. It shows the correct structure for the fluorophore and confirms the stereo configuration of the cyclopropane ring, as seen in Figure 23.

Figure 23: Molecular structure of the fluorophore-steroid conjugate **135f**, displacement parameters are drawn at 50% probability level.

All the fluorophores synthesized up to this point were sidechain fluorophore-conjugated steroids. Therefore, to test the influence of the substitution pattern of the steroid on the biological properties of the fluorophore-steroid conjugates, an "inverse" fluorophore-steroid conjugate **139** was designed. In this conjugate **139**, the fluorophore was attached to the 3β-hydroxy group of the deprotected propyl analog **108h**.

The synthesis was done in a four-step procedure. First, a linker was attached to the sterol **108h**. The reaction conditions are shown in Scheme 59. *Tert*-butyl bromoacetate **136** was chosen as the linker, sodium hydride was used as a base, and 15-crown-5 was employed as an additive. A yield of 39% was reached, and 41% of the starting material was recovered. The reaction was repeated, this time with a yield of 33% and 64% of recovered starting material.

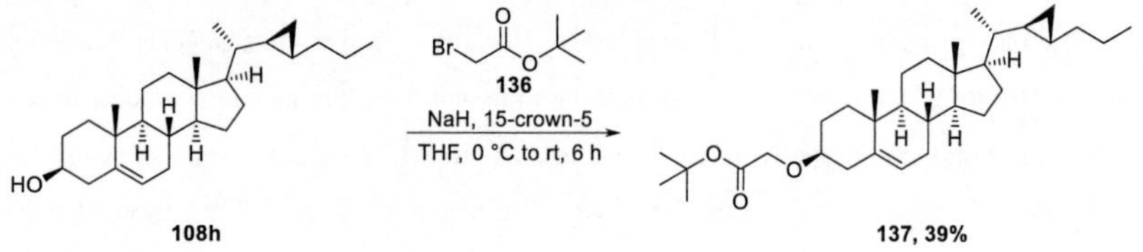

Scheme 59: Attachment of the linker to the sterol **108h**.

In the next two steps, the ester moiety of the linker was transformed into the aldehyde **138** needed for the synthesis of the fluorophore **139**. This was done using the previously established reaction conditions to reduce steroidal esters with lithium aluminum hydride and subsequent oxidation to the aldehyde with IBX. A yield of 52% was achieved for this two-step procedure (Scheme 60).

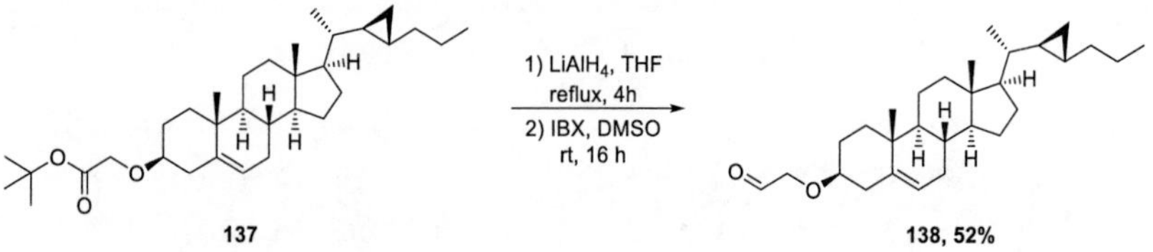

Scheme 60: Transformation of the ester moiety into the aldehyde needed for the fluorophore synthesis.

The final step, the synthesis of the fluorophore, was done using the same reaction conditions as for the previous fluorophore syntheses. Cyclohexyl isocyanide and 2-aminopyridine were employed. A very good yield of 89% was reached, partially because no recrystallization was needed to obtain pure **139** (Scheme 61).

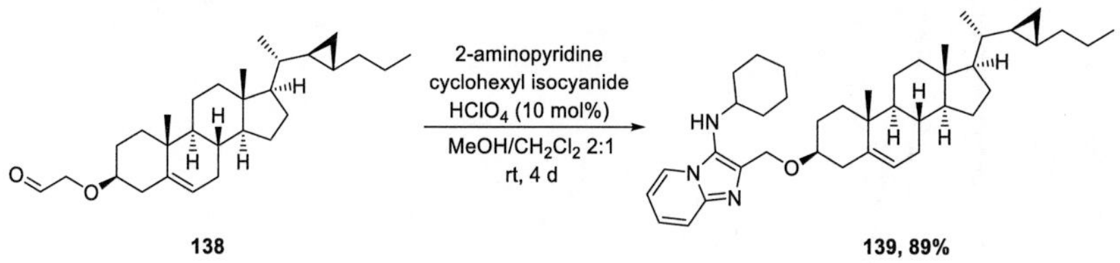

Scheme 61: Synthesis of the "inverse" fluorophore-steroid conjugate **139**.

The UV/Vis absorption spectra of all the fluorophore-steroid conjugates are shown in Figure 24. Absorption, as well as emission, was measured as solutions in chloroform at room temperature. The absorption is shown in the region from 225 nm up to 525 nm. At the lower end of the absorption spectrum, all sidechain-conjugated fluorophores **135** show a double peak, while the "inverse" fluorophore **139** only shows one peak. Therefore, the second peak can likely be attributed to the presence of the cyclopropyl group as a substituent at the fluorophore. The ester moiety causes the bathochromic shift and peak broadening in the case of fluorophore **135b**.

All fluorophores show a small peak, respectively, a small shoulder at around 280 to 290 nm. For the fluorophore **135b**, this shoulder is shifted to approximately 310 nm. The absorption peak that was responsible for the fluorescence has its maximum at around 330 nm for all fluorophores except again **135b**. The maximum was found at 400 nm, but the peak was relatively flat and reached from 350 nm up to 425 nm. The bathochromic shift due to the electron-withdrawing effect of the ester moiety amounts to 170 nm. For the fluorophores **135a** and **135e**, another small peak was found with a maximum of 420 nm.

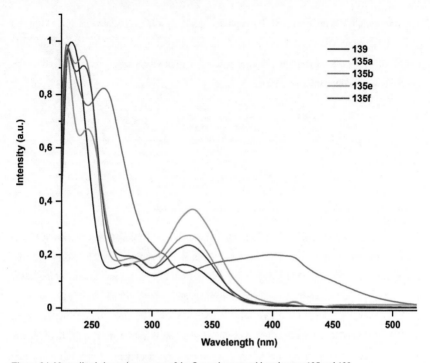

Figure 24: Normalized absorption spectra of the fluorophore-steroid conjugates **135** and **139**.

The emission spectra of all the fluorophore-steroid conjugates are shown in Figure 25. The emission is shown in the region from 375 nm up to 625 nm. All emission peaks are similar in shape and exhibit maxima between 435 and around 500 nm. Fluorophore **135b** shows a distinct second emission peak with a maximum of 474 nm. The *tert*-butyl fluorophore **135f** has its emission maximum at 435 nm, a significant hypsochromic shift compared to the 460–480 nm observed for the fluorophores **135a,b,e,** and **139**. The hypsochromic shift was attributed to the electron-donating effect of the *tert*-butyl moiety. Similar to its absorption spectrum, a bathochromic shift was also observed in the emission spectrum of the fluorophore **135b**.

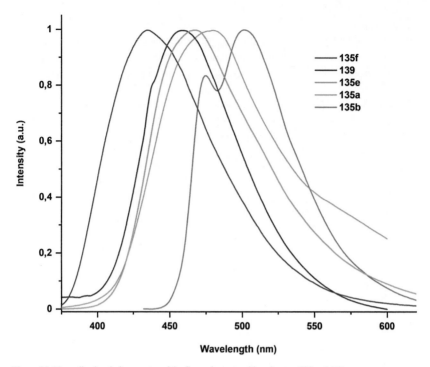

Figure 25: Normalized emission spectra of the fluorophore-steroid conjugates **135** and **139**.

Table 14 shows an overview of the absorption and the emission maxima and the STOKES shift for all the fluorophore-steroid conjugates **135a,b,e,f,** and **139**. All fluorophores generally show large STOKES shifts, reaching from 74–150 nm. With hypsochromic and bathochromic effects, the fluorophores **135f** and **135b** have the smallest observed STOKES shifts (Entries 2 and 4). The conjugate **135a** has the largest STOKES shifts of 150 nm (Entry 1).

The fluorophores **135e** and **135f** were shown to be unstable upon prolonged irradiation at their respective absorption maximum, as evidenced by the yellowing of their solutions in chloroform.

Results and discussion

Table 14: Overview of the absorption and emission maxima and the STOKES shift of the fluorophore-steroid conjugates **135** and **139**.

Entry	Fluorophore	Absorption λ_{max} [nm]	Emission λ_{max} [nm]	STOKES shift [nm]
1	**135a**	330	480	150
2	**135b**	400	474, 502	74, 102
3	**135e**	333	467	134
4	**135f**	332	435	103
5	**139**	327	458	131

3.3 3-Cyclopropylacrylates by cyclopropanation using a vinylogous diazoester

3.3.1 Introduction

To further reduce the number of steps needed to complete the semisynthesis of demethylgorgosterol and gorgosterol, a short and convenient route to access substituted 3-cyclopropylacrylates **147** was needed.

Existing strategies to access cyclopropylacrylates **147** can be subdivided into five categories. Most commonly, multi-step procedures are employed (Scheme 62). These consist of cyclopropanation of a suitable starting material **140–142**, followed by transformation into the corresponding cyclopropyl aldehyde **146** and a final WITTIG or HORNER-WADSWORTH-EMMONS (HWE) reaction. For the construction of the initial cyclopropane, SIMMONS-SMITH[111-114] and COREY-CHAYKOVSKY cyclopropanations[115-116] have been used, as well as transition metal-catalyzed reactions, as described in this work (Chapter 3.1.5).

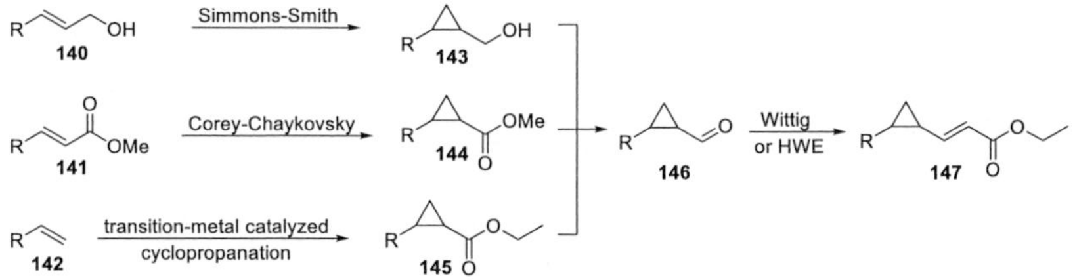

Scheme 62: Synthesis of cyclopropylacrylates **147** by multi-step procedures.

A second strategy is the cyclopropanation of dienes **148** (Scheme 63). This has been realized by COREY-CHAYKOVSKY cyclopropanation to yield aryl and vinyl substituted cyclopropylacrylates **147**.[117] Furthermore, a cobalt-catalyzed SIMMONS-SMITH-type dimethylcyclopropanation has been developed recently.[118]

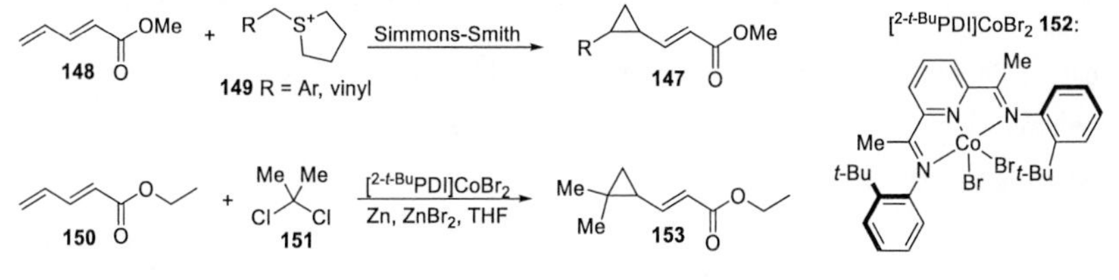

Scheme 63: Cyclopropanation of dienes to yield cyclopropylacrylates **147** and **153**.

The third category, cross-coupling reactions (Scheme 64), includes a series of reactions developed by DENG et al.[119-121] They utilized the SUZUKI-MIYAURA reaction to couple borylated cyclopropanes 154 with alkenyl bromides and triflates 155. Another recent example is the cobalt catalyzed hydroalkenylation of cyclopropenes 156 with alkenylboronic acids 157 by MENG et al.[122]

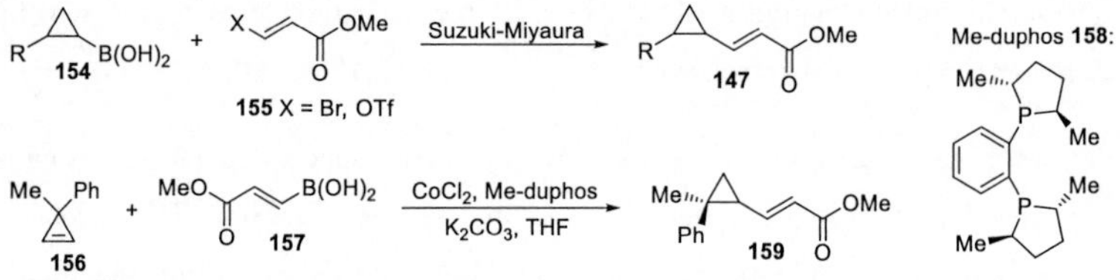

Scheme 64: Cross-coupling reactions leading to cyclopropylacrylates 147 and 159.

Rearrangements constitute the fourth strategy to access cyclopropylacrylates 162 and 166 (Scheme 65). Oxa-di-π-methane rearrangement of a suitable precursor 160 yields the desired cyclopropylacrylates 162.[123] Finally, the MICHAEL addition of cyclopropyl zinc reagents 165 derived from gem-bismetallics 164 also fits this category.[124]

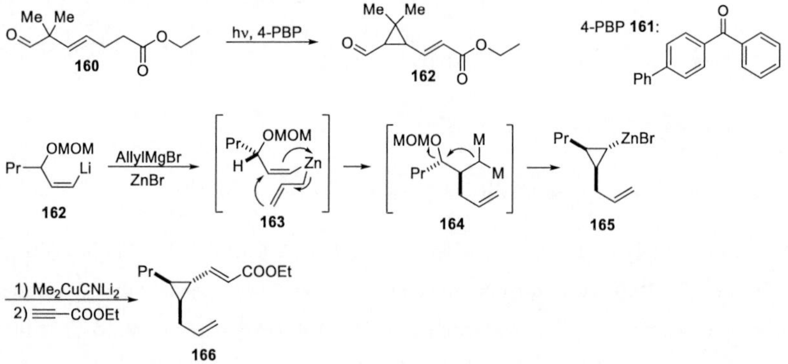

Scheme 65: Synthesis of cyclopropylacrylates 162 and 166 through rearrangement reactions.

Finally, rhodium-catalyzed cyclopropanations with vinyldiazoacetates 167 also yield cyclopropylacrylates 168 (Scheme 66).[79,125-126] The cyclopropanes generated in these reactions are usually *cis*-configured.

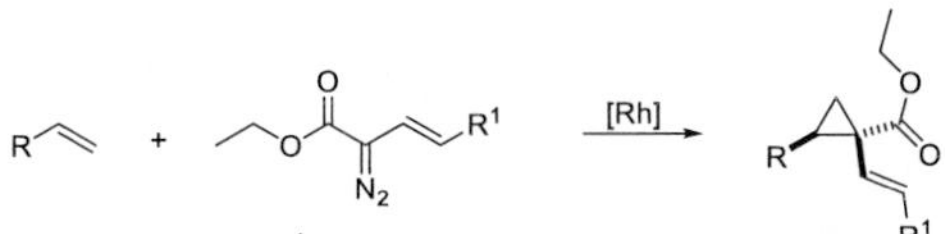

Scheme 66: Rhodium catalyzed cyclopropanations yielding cyclopropylacrylates **168**.

However, existing strategies suffer from several drawbacks, especially when applied to the synthesis of demethylgorgosterol **21b**. The rearrangements represent special cases limited to a small range of substrates. The cross-coupling reactions, also desirable, do not significantly reduce the complexity of the starting materials. The same holds true for the cyclopropanation of dienes, as a steroidal sulfur ylide would be needed. This leaves the rhodium-catalyzed cyclopropanation with vinyldiazoacetates, which could seamlessly apply to the established steroidal alkene **67**. Still, the observed *cis*-selectivity would yield only undesired diastereomers of demethylgorgosterol **21b**.

Scheme 67 shows the retrosynthetic analysis for steroidal cyclopropylacrylates **169** based on cyclopropanation of the alkene **67**. It was reasoned that the use of (*E*)-4-diazobut-2-enoates **172a**, rather than the known vinyldiazoacetates **167**, could lead to the desired *trans*-selectivity due to the lack of the ester moiety in the α-position of the diazo group.

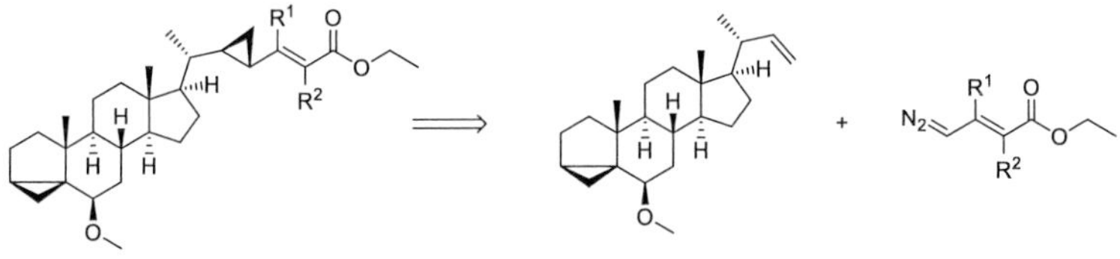

169 R^1, R^2 = H, Me   **67**   **170** R^1, R^2 = H, Me

Scheme 67: Retrosynthetic analysis for the synthesis of steroidal cyclopropylacrylates **169**.

The diazobutenoates needed for this transformation are known (Scheme 68a) but have not been used for cyclopropanations to date. In 2013, BILLEDEAU *et al.* first synthesized ethyl (*E*)-4-diazobut-2-enoate ("vinylogous EDA", **172a**), as well as (*E*)-4-diazo-3-methylbut-2-enoate (**172b**) and applied them in a new pyrrole synthesis.[127] At room temperature, the diazobutenoates slowly rearrange to the corresponding pyrazoles **173** but are stable for weeks when stored below –10 °C (Scheme 68b).

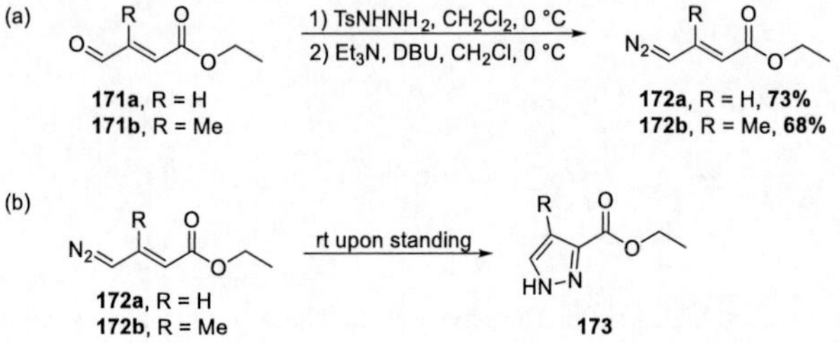

Results and discussion

(a)

1) TsNHNH$_2$, CH$_2$Cl$_2$, 0 °C
2) Et$_3$N, DBU, CH$_2$Cl, 0 °C

171a, R = H
171b, R = Me

172a, R = H, **73%**
172b, R = Me, **68%**

(b)

rt upon standing

172a, R = H
172b, R = Me

173

Scheme 68: Synthesis of diazobutenoates **172** (a) and rearrangement to the corresponding pyrazoles **173** (b).

3.3.2 Optimization of the reaction conditions

To optimize the reaction conditions, 2-vinylnaphthalene **174** was chosen as a model system due to the decreased volatility of the reaction products. (*R*)-Ru-pheox **79** was employed as a catalyst, which was already used successfully in the cyclopropanation of steroidal alkene **67** (Chapter 3.1.2). Furthermore, rhodium acetate and Rh$_2$(PCP)$_4$ **177**, recently developed by Zippel *et al.*, were used.[91] Diazobutenoate **172a** was used as a solution in dry CH$_2$Cl$_2$ of the indicated concentration and slowly added to the reaction mixture over a period of 4 h *via* a syringe pump. The reaction was carried out under an argon atmosphere. The optimization was performed under my supervision and direction in previous work.[128]

Initially, 6 mol% of (*R*)-Ru-pheox **79** and a 0.2 M solution of diazobutenoate **172a** were used. At 0 °C only traces of the cyclopropanation products **175/176** were found, while at –78 °C, no product formation was observed (Table 15, entries 1 and 2). Only when diazobutenoate **172a** was used at a higher concentration, a yield of 19% was achieved, but with a low *cis/trans*-ratio of 1.4:1 (Entry 3). Thus, (*R*)-Ru-pheox **79** was abandoned, and rhodium-based catalysts were used for further optimization.

Already with the low concentrated diazobutenoate **172a** racemic catalyst, Rh$_2$(PCP)$_4$ **177** performed much better. Despite the still low yield of 10%, a *cis/trans*-ratio of 3.9:1 was reached. When increasing the concentration to 1.1 M, the yield rose to 55%, with a *cis/trans*-ratio of 3.4:1, demonstrating the importance of high reactant concentrations for this cyclopropanation (Entries 4 and 5).

Next, the reaction temperature was increased, from room temperature to 40 °C and 50 °C, respectively (Entries 6 and 7). At 40 °C, the isolated yield increased to 60%, while the *cis/trans*-ratio remained unchanged. At 50 °C, realized with a change of solvent from diethyl ether to THF, the yield and *cis/trans*-ratio slightly decreased again, despite using a 1.7 M solution of the diazo compound, to 58% and 3.0:1. Even though the yield increased, elevated reaction temperatures caused practical problems due to the thermal instability of the diazobutenoates **172**. Namely, the increased rate of rearrangement leads to buildup and precipitation of the pyrazole **173**, causing blockages in the cannula used to add the diazo compound. All other reactions were consequently conducted at room temperature.

Table 15: Optimization of reaction conditions for the cyclopropanation of 2-vinylnaphthalene **174** with diazobutenoate **172a**.

Entry	Catalyst	Solvent[a]	Temperature [°C]	Concentration of 172a [M]	Yield [%][b]	Ratio 175/176[c]
1	79[d]	CH_2Cl_2	0	0.2	Traces	-
2	79[d]	CH_2Cl_2	−78	0.2	-	-
3	79[d]	CH_2Cl_2	0	1.1	19	1.4:1
4	rac-177	Et_2O	rt	0.2	10	3.7:1
5	rac-177	Et_2O	rt	1.1	55	3.4:1
6	rac-177	Et_2O	40	1.1	60	3.4:1
7	rac-177	THF	50	1.7	58	3.0:1
8	S_P-177	Et_2O	rt	1.7	45	3.2:1
9	$Rh_2(OAc)_4$	Et_2O	rt	1.7	25	3.9:1

[a] 0.3 M **172a**. [b] Isolated yield. [c] Determined by ^{1}H NMR. [d] 6 mol%.

Use of the S_P-enantiomer of $Rh_2(PCP)_4$ **177** did not produce a measurable enantiomeric excess and gave a reduced yield and lower *cis/trans*-ratio compared with the racemic catalyst (Entry 8). Finally, rhodium acetate was used as a benchmark catalyst at room temperature and with high concentrated diazobutenoate **172a**. A poor yield of 25% was achieved but paired with a *cis/trans*-ratio of 3.9:1 (Entry 9).

Stereochemical analysis of the cyclopropylacrylates was performed based on the ^{1}H NMR spectrum of the diastereomeric mixture. Cyclopropanes show significant differences in chemical shifts and coupling constants in their ^{1}H and ^{13}C spectra compared to other cycloalkanes. This is due to their unique conformation and bonding situation. $^3J_{cis}$-coupling constant values range from 5–12 Hz, while $^3J_{trans}$-couplings range from 3–9 Hz. For a given molecule, $^3J_{cis}$ is always larger than $^3J_{trans}$.[129] Table 16 shows the relevant coupling constants of both diastereomers **175** and **176**.

Table 16: Selected chemical shifts and coupling constants for the diastereomers **175** and **176**.

175, cis   176, trans

Proton	Shift [ppm]	Coupling constants [Hz][a]	Shift [ppm]	Coupling constants [Hz][a]
1-H	2.08	$^3J_{1\text{-H-2-H}} = 8.3$	1.93	$^3J_{1\text{-H-2-H}} = 4.0$
2-H	2.73	$^3J_{1\text{-H-3-H}cis} = 8.3$ $^3J_{2\text{-H-3-H}cis} = 8.3$	2.36	$^3J_{1\text{-H-3-H}cis} = 5.3$ $^3J_{2\text{-H-3-H}cis} = 8.9$
3-H$_{cis}$	1.54	$^3J_{1\text{-H-3-H}trans} = 5.3$	1.38	$^3J_{1\text{-H-3-H}trans} = 8.3$
3-H$_{trans}$	1.44	$^3J_{2\text{-H-3-H}trans} = 6.8$ $^2J_{3\text{-CHH}} = 5.3$	1.58	$^3J_{2\text{-H-3-H}trans} = 6.2$ $^2J_{3\text{-CHH}} = 5.3$
3'-H	6.28	$^3J_{3'\text{-H-1-H}} = 10.6$	6.67	$^3J_{3'\text{-H-1-H}} = 9.6$

[a] averaged and rounded.

The major isomer shows a coupling constant of 8.3 Hz for the 1-H and the 2-H, in contrast to 4.0 Hz for the minor isomer. In conclusion, the major isomer is configured *cis,* and the minor one is configured, *trans*. For many of the cyclopropylacrylates in this chapter, this criterion was sufficient to determine the stereochemistry. If necessary, the full array of coupling constants was examined to determine the stereochemistry. In the *cis*-diastereomer, three *cis*-couplings are found, while only two are present in the *trans* isomer.

The observed *cis*-selectivity holds for all cyclopropylacrylates synthesized in the next chapter, albeit to a varying extent. Unfortunately, this *cis*-selectivity is detrimental to the application of this reaction in the semisynthesis of demethylgorgosterol **21b**. But it begs the question of the responsible reaction mechanism.

As an unwanted byproduct, diethyl (2*E*,6*E*)-octa-2,4,6-trienedioate (**178**) was formed. It was obtained as a 1:1 mixture of *E*/*Z*-isomers of the central double bond. The side product arises from the dimerization of the vinylogous diazoester **172a** (Scheme 69).

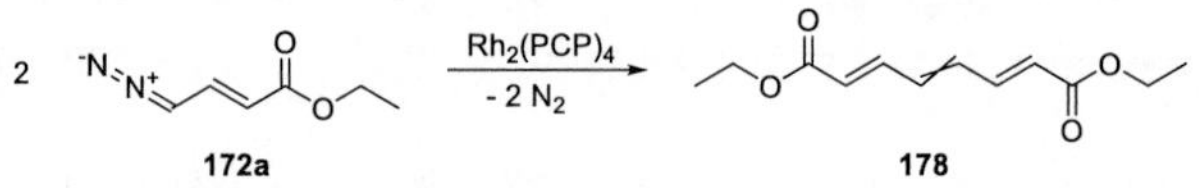

Scheme 69: Formation of the side product **178** by dimerization of the vinylogous diazoacetate **172a**.

3.3.3 Scope and limitations of the cyclopropanation and a plausible mechanism

To identify the scope and limitations of the cyclopropanation with diazobutenoate **172a**, various aromatic alkenes, aliphatic alkenes, and heteroatom substituted alkenes were employed. The optimized conditions used for the scope consisted of slow addition of three equivalents of a 1.7 to 2.0 M solution of the diazobutenoate **172a** in dry CH_2Cl_2 to a solution of the alkene and 1 mol% of the catalyst in dry diethyl ether under an atmosphere of argon. After complete addition, the reactions were stirred overnight at room temperature. Parts of the scope were carried out under my supervision and direction in previous work.[130]

Overall, electron-rich aromatic alkenes generated higher yields and better *cis/trans*-ratios than electron-deficient ones (Table 17 entries 1–6 vs. entries 7–14). Of the tested electron-deficient alkenes, **179n** and **179m** failed to produce the corresponding cyclopropylacrylates **180n** and **180m**, while the cyclopropylacrylate **180k** was only obtained in 7% yield. (Entries 11, 13,14). Another trend was observed for the 2,6-substituted styrenes **179c** and **179l**. Despite the low yields, high diastereomeric ratios were achieved (Entries 3 and 12). Two disubstituted alkenes were employed. *α*-Methylstyrene **179o** was cyclopropanated in the highest overall yield, but with the lowest d.r. of all tested styrenes, at only 1.3:1 (entry 15). On the other hand, in the case of *β*-bromostyrene **179p**, no product formation was observed at all (Entry 16). Three heteroatom substituted alkenes were used, vinylether **179q**, vinylacetate (**179r**), and vinylpyrrolidone (**179s**). Of these, only **179q** and **179r** did produce the desired cyclopropylacrylates **180q** and **180r**, albeit with low yields and high d.r., similar to the 2,6-substituted styrenes **179c** and **179l** (Entries 17–19). Aliphatic alkenes were cyclopropanated in low yields and also with low d.r. (Entries 20–22).

Table 17: Overview of the reaction scope and the optimized reaction conditions for the vinylogous cyclopropanation.

Entry	Alkene		Product	Yield [%][a]	Cis/trans-ratio[b]
1		179a	180a	69	3:1
2		179b	180b	80	2.7:1
3		179c	180c	17	5.4:1
4		179d	180d	62	4.3:1
5		179e	180e	82	3.1:1
6		179f	180f	60	2:1
7		179g	180g	77	2.8:1
8		179h	180h	45	2.2:1
9		179i	180i	43	2.8:1
10		179j	180j	43	2:1
11		179k	180k	7	3:1
12		179l	180l	28	6:1

13	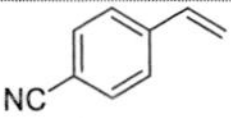 NC-C₆H₄-CH=CH₂	179m	180m	-	-
14	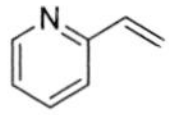	179n	180n	-	-
15	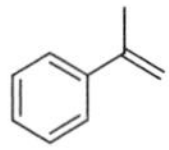	179o	180o	92	1.3:1
16	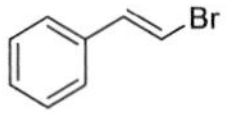 (Br)	179p	180p	-	-
17	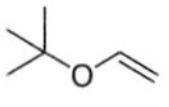	179q	180q	21	4.3:1
18	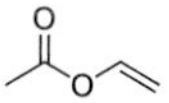	179r	180r	26	6:1
19	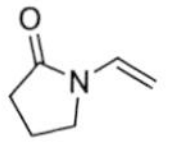	179s	180s	-	-
20	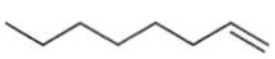	179t	180t	24	1.6:1
21	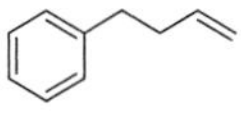	179u	180u	22	1.4:1
22	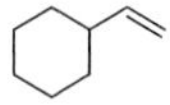	179v	180v	14	1:1

[a] isolated yield. [b] determined by ^{1}H NMR.

The scalability of the reaction was tested with styrene **179d**. The optimization and scope were carried out on a 50–100 mg scale. For the scale-up experiment, 1.00 g of the styrene **179d** were used, and the addition time of diazobutenoate **172a** was doubled to 8 hours, while the other conditions were maintained similar to the optimization. A yield of 65% with a d.r. of 3.4:1 was achieved, compared to 62% with a d.r. of 4.3:1, proofing the good scalability of this cyclopropanation reaction (Scheme 70).

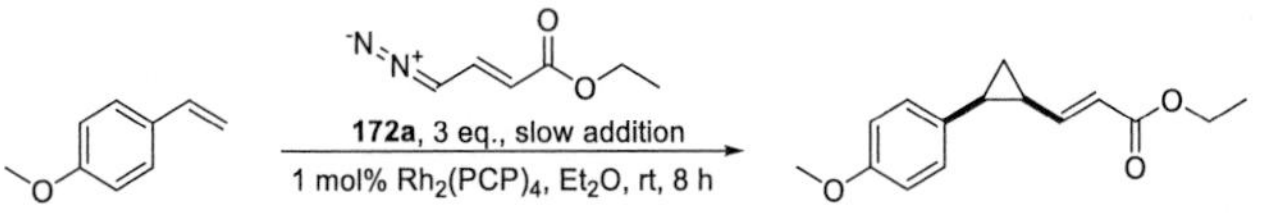

Scheme 70: Scale-up cyclopropanation of alkene **179d**.

Despite the undesired stereochemical outcome of the cyclopropanation reaction, it was attempted to apply the cyclopropanation to the steroidal alkene **67**. First, the optimized reaction conditions were used, but no product formation was observed, and the starting material was recovered in >90% yield. In a second attempt, ruthenium catalyst **79** was employed, together with five equivalents of vinylogous diazoacetate **172a**. Other conditions were identical to the previous successful cyclopropanation with EDA. But again, only starting material was recovered, and no further attempts have been made (Scheme 71).

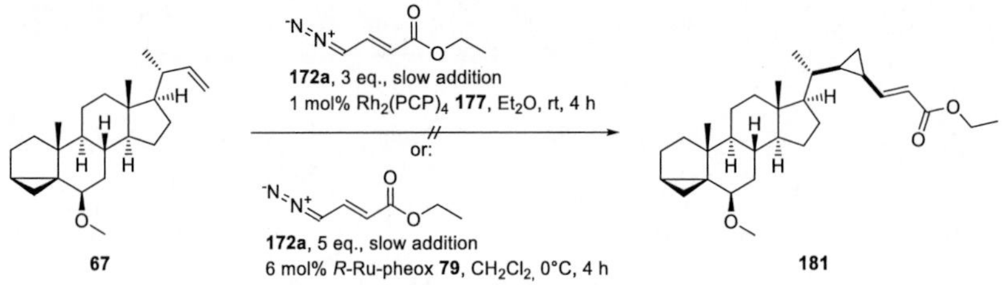

Scheme 71: Attempted vinylogous cyclopropanation of steroidal alkene **67**.

Although other *cis*-selective cyclopropanations are known, cyclopropanation with diazoacetates and derived compounds catalyzed by a dirhodium tetracarboxylate catalyst usually show high diastereoselectivity for the *trans*-substituted cyclopropanes.[131-135] In the generally accepted mechanism, the steric bulk of the electron-withdrawing group of the diazo compound causes high diastereoselectivity. It avoids the destabilization of the electrophilic carbene species by rotating out of the plane of the rhodium-carbon π-bond. Attack of the alkene thus occurs from the opposite side, forming a *trans*-substituted cyclopropane **183** (Scheme 72).[135]

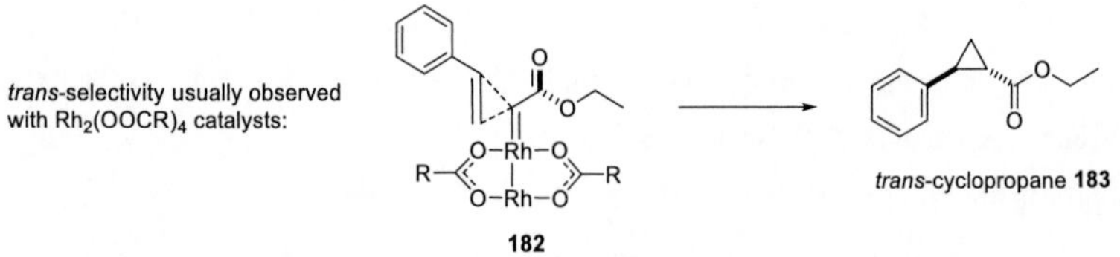

Scheme 72: Transition state of the cyclopropanation catalyzed by dirhodium tetracarboxylates (two carboxylate ligands omitted for clarity).

The cyclopropanations mentioned above using vinyldiazoacetates adhere to this mechanism, as the carboxylate is situated *trans* to the substituent of the former alkene in the resulting cyclopropanes as shown in Scheme 66.

A plausible mechanism for the observed *cis*-selectivity is shown in Scheme 73. Here, the extended π-system of the diazobutenoate-derived carbenoid **184** interacts with the π-system of the attacking aromatic alkene. Due to this π-stacking-like interaction, the alkene orients collinear to the carbenoid, leading to *cis*-substituted cyclopropylacrylates **185**. The carboxylate likely rotates out of the plane of the rhodium-carbon π-bond in this case too, but computational studies on this matter and the mechanism in total have to be the subject of future investigations.

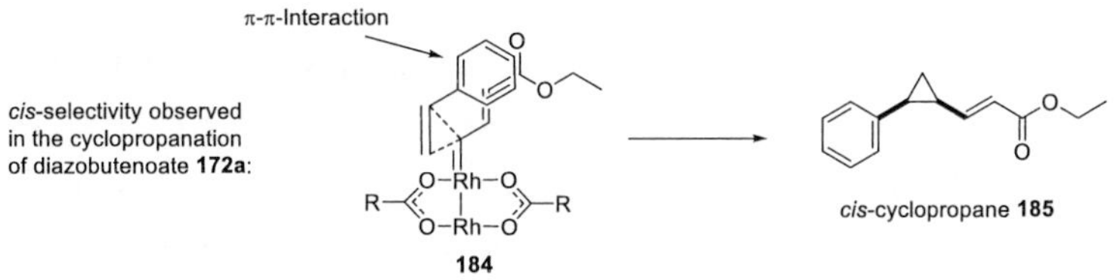

Scheme 73: Transition state of the cyclopropanation with diazobutenoate **172a** leading to *cis*-cyclopropanes **185** (two carboxylate ligands omitted for clarity).

The proposed mechanism explains the observed *cis*-selectivity for the aromatic alkenes despite the absence of a carboxylate in the α-position of the diazo compound **172a**. The lack of π-π-interactions also neatly explains the diminished selectivity for aliphatic alkenes, for which steric repulsion increases in influence. The steric bulk of the out-of-plane carboxylate in vinyldiazoacetates **167** works cooperatively with the π-π-interactions also present in this system, as evidenced by higher *cis*/*trans*-ratios compared to the ones achieved in this work.[125]

3.3.4 Follow-up chemistry of the cyclopropylacrylates

Structurally, the cyclopropylacrylates **180** are substituted vinyl cyclopropanes, and as such, they are prone to the same reactions. Especially the vinylcyclopropane-cyclopentene rearrangement comes to mind. This rearrangement can be achieved either thermally, transition-metal-catalyzed, or Lewis-acid-catalyzed.[136-137] Furthermore, it was of interest if the cyclopropylacrylates **180** could act as donor-acceptor-cyclopropanes.[138]

To accomplish the vinylcyclopropane-cyclopentene rearrangement, scandium triflate was used as the Lewis acid in the first attempt (Scheme 74). However, after 24 hours at 70 °C, the crude ^{1}H NMR showed only traces of the cyclopentene **187a**. Instead, the diastereomeric ratio of the cyclopropane **180d** was found to have reversed. After column chromatography, *trans*-cyclopropylacrylate **186** was isolated in a yield of 51% with a d.r. of 6.8:1. A cause for the mediocre yield was not found, as no other fractions were isolated from the column, and no obvious signals were found in the crude ^{1}H NMR.

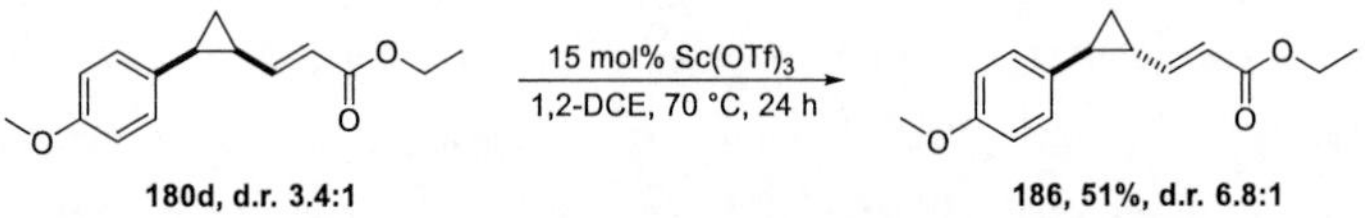

Scheme 74: *Cis/trans*-isomerization of cyclopropylacrylate **180d** catalyzed by scandium triflate.

The finally successful reaction conditions for the rearrangement consisted of the treatment of cyclopropylacrylate **180d** with one equivalent of titanium tetrachloride at −78 °C. After one hour, the mixture was allowed to reach room temperature overnight slowly. This facilitated the rearrangement in a combined yield of 82% (Scheme 75). In contrast to the cyclopropylacrylates **180d**, the two diastereomers could be separated by column chromatography. The *trans*-isomer **187a** was obtained in 58% yield and the *cis*-isomer **187b** in 24%.

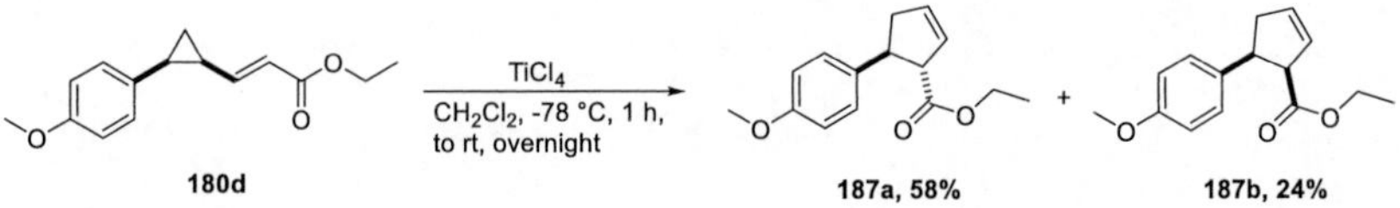

Scheme 75: Lewis-acid-catalyzed vinylcyclopropane-cyclopentene rearrangement of cyclopropylacrylate **180d**.

Whether *trans*-**180d** or *cis*-**186** was used for the rearrangement, the stereochemical outcome was the same. Very similar yields were reached when the *trans*-cyclopropylacrylate **186** was used, 50% for the *trans*-isomer **187a** and 17% for the *cis*-isomer **187b**. This finding suggests that the rearrangement takes place stepwise rather than concerted.[137] The reaction sequence of cyclopropanation and vinylcyclopropane-cyclopentene-rearrangement can be interpreted as a formal [3+2]-cycloaddition between an alkene and an all-carbon 1,3-dipole.

With this promising result in mind, the use of cyclopropylacrylate **180d** as a donor-acceptor-cyclopropane was attempted. For this, the insertion of isocyanides was chosen.[139] However, no reaction was observed in either case (Scheme 76). Instead, only *cis/trans*-isomerization and the rearrangement were observed. A likely explanation is that the rate of the targeted intermolecular reaction was much lower compared to the intramolecular pathways.

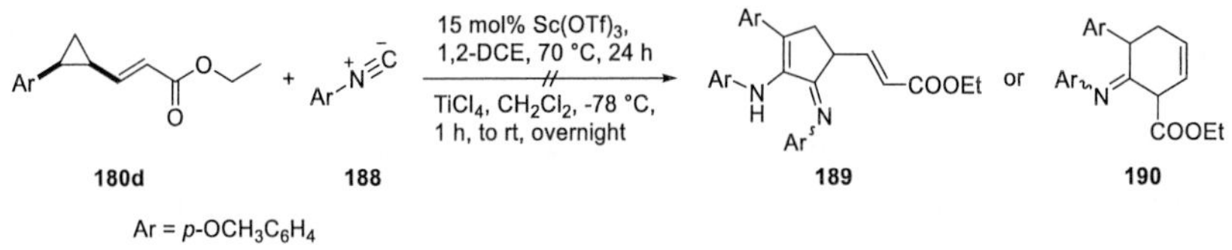

Scheme 76: Attempted utilization of cyclopropylacrylate **180d** as a donor-acceptor-cyclopropane.

3.3.5 Unexpected selectivity with 9-vinylanthracene

An unexpected selectivity was observed in the cyclopropanation of 9-vinylanthracene. Instead of the corresponding cyclopropylacrylate, the bicyclo[2.2.1]heptane **192** and the bicyclo[3.2.2]nonane **193** were obtained as an inseparable mixture in a yield of 79% with a regioisomeric ratio (r.r.) of 2.1:1 (Scheme 77).

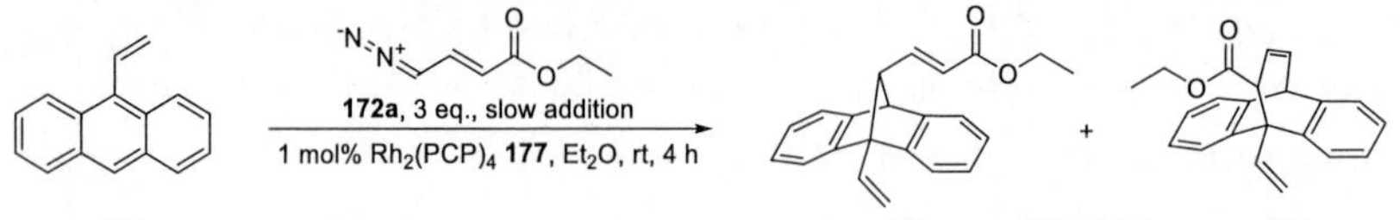

Scheme 77: Cyclopropanation of 9-vinylanthracene leads to the unexpected [4+1]- and [4+3]-products **192** and **193**.

Examples of successful cyclopropanations of 9-vinylanthracene are known.[91,140] Furthermore, formal [4+3]-cycloadditions of the vinyldiazoacetates **167** mentioned in chapter 3.3.1 with suitable dienes have been described.[141-144] However, to the best of my knowledge, this is the first example of cyclopropanation occurring at the aromatic system rather than at the vinyl moiety.

Therefore, the reason for the observed selectivity was probably again related to the diazo ester **172a** used in the cyclopropanation. A plausible mechanism for the formation of these two products is shown in Scheme 78. Presumably, in a first step, 9-vinylanthracene is pre-oriented so that the cyclopropanation occurs exclusively on the 4a,10 double bonds, leading to cyclopropane **194**. This pre-orientation is governed by the steric bulk and π-π-interactions, as found in the catalytic model developed in chapter 3.3.3.

The cyclopropane **194** now has two possible pathways for rearrangements. In contrast to all other cyclopropylacrylates **180**, which have been stable under the reaction conditions, cyclopropane **194** readily undergoes thermal rearrangements at room temperature. This can be attributed to **194** having strain release of the cyclopropane and rearomatization as driving forces. In the major pathway, the cyclopropane **194** follows the aforementioned vinylcyclopropane-cyclopentene rearrangement to yield the bicyclo[2.2.1]heptane **192**. The minor pathway, leading to the bicyclo[3.2.2]nonane **193**, is a divinylcyclopropane-cycloheptadiene rearrangement, a subclass of the cope rearrangement.

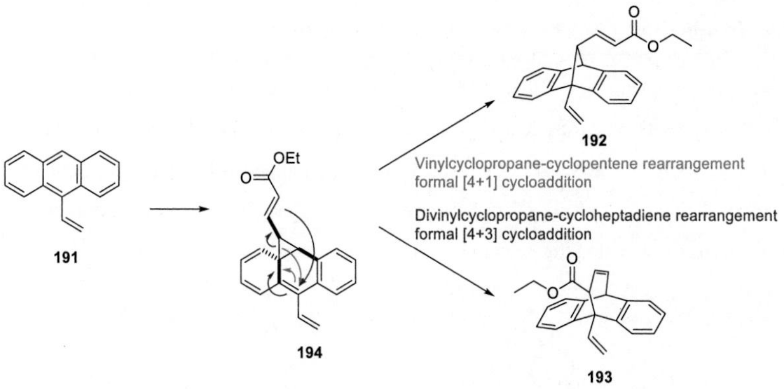

Scheme 78: Mechanistic pathways for forming the formal [4+1]- and [4+3]-products **192** and **193**.

3.3.6 Synthesis of a new paracyclophane-based ligand

A new paracyclophane-based ligand **195** was designed to improve the cyclopropanation about cis/trans-selectivity, enantioselectivity, and overall reactivity. This ligand bears similarity to the commercially available BTPCP-ligand **196** but is equipped with a paracyclophane moiety instead of the two phenyl rings. Furthermore, the new ligand **195** features central chirality at the cyclopropane ring and the planar chirality of the paracyclophane (Figure 26).[79]

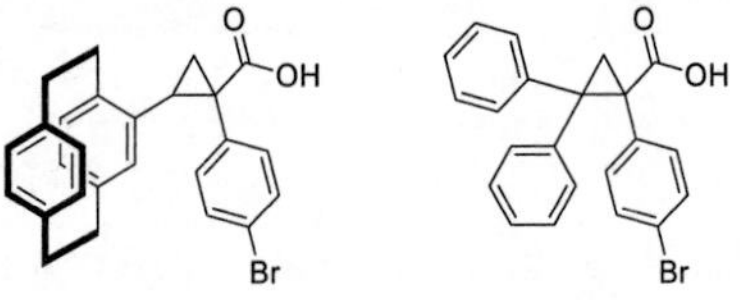

195   **196**

Figure 26: The newly designed paracyclophane-based ligand **195** and the commercially available ligand BTPCP (**196**).

According to a known protocol, in preparation for synthesizing the new ligand **195**, diazoacetate **198** was synthesized from 4-bromophenylacetic acid (**197**).[145] The diazo ester **198** was obtained in a very good yield of 93% (Scheme 79).

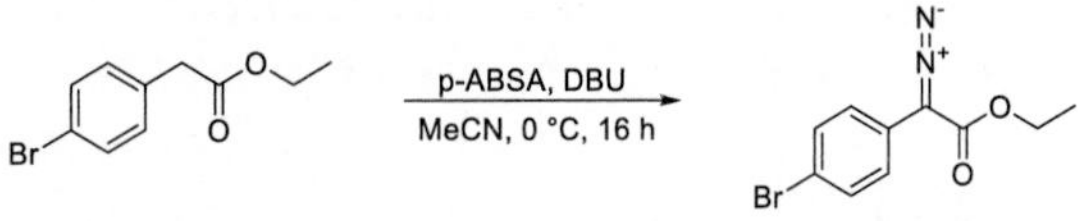

197   **198, 93%**

Scheme 79: Synthesis of the known diazoacetate **198**.

At the time, vinylparacyclophane **199** was only available in the group in racemic form. The synthesis was carried out using (*R*)-Ru-pheox **79** as a catalyst. However, in contrast to previous cyclopropanations, an excess of four equivalents of the alkene was employed. The desired cyclopropylparacyclophane **200** was isolated in a yield of 70% (Scheme 80). Additionally, unreacted vinylparacyclophane (**199**) was recovered in a yield of 93%.

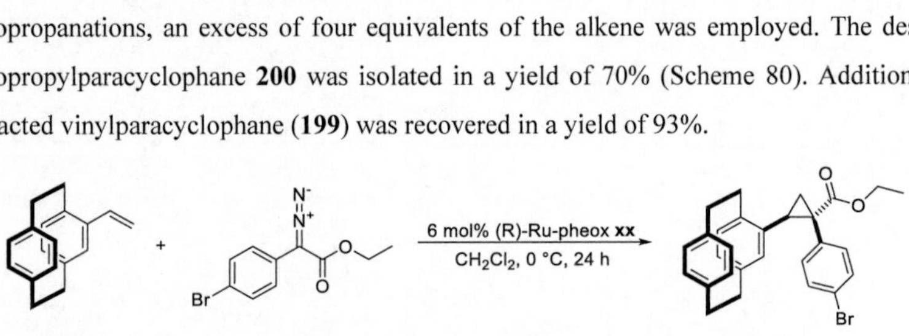

199   **198**   **200, 70%**

Scheme 80: Synthesis of cyclopropyl[2.2]paracyclophane **200**.

Saponification of the cyclopropylparacyclophane **200** was performed with potassium hydroxide in methanol, affording the new ligand **195** in a yield of 65% (Scheme 81)

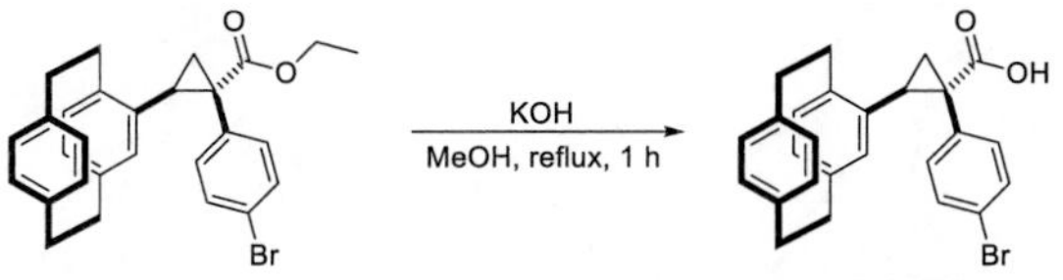

Scheme 81: Saponification of cyclopropylparacyclophane **200** to yield the new ligand **195**.

Due to the racemic nature of the employed vinylparacyclophane (**199**), the ester **200** was obtained as a mixture of several isomers. The ^{1}H NMR spectrum showed only one major set of signals, with traces of a second one barely visible. Chiral HPLC measurements show four distinct stereoisomers in a ratio of 63:32:4:1. Combined with the ^{1}H NMR results, this would mean two sets of enantiomers, with a d.r. of 95:5. Due to the nature of the cyclopropanation reaction and the chiral induction model of the catalyst **79**, it is safe to assume that the major diastereomers are configured *trans*.[80] Consequently, the enantiomeric ratio (e.r.) for the *trans*-diastereomers is 2:1, and 4:1 for the *cis*-diastereomers. Moreover, four of the eight possible stereoisomers were not detected. A single crystal was grown to aid the stereochemical assignment. The crystal structure is shown in Figure 27; ligand **195** adopts a dimeric structure supported by two hydrogen bonds formed by the acid moieties. More importantly, the two molecules making up the dimeric structure are configured *trans*, and they are enantiomers. The absolute configuration was (1*R*,2*S*,*R*$_P$) and (1*S*,2*R*,*S*$_P$). No crystal structure was obtained for the *cis*-diastereomers, but their stereo configuration can be deduced to be (1*R*,2*R*,*R*$_P$) and (1*S*,2*S*,*S*$_P$). However, in neither case was it possible to assign which was the major enantiomer.

Results and discussion

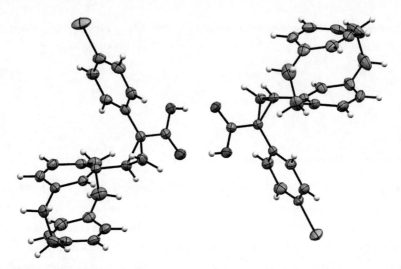

Figure 27: Molecular structure of the new paracyclophane-based ligand **195**, displacement parameters are drawn at 50% probability level.

With ligand **195** at hand, a first try to synthesize the corresponding dirhodium complex **201** was undertaken, despite the low enantiopurity of ligand **195**. Not surprisingly, the reaction did not yield any usable products (Scheme 82).

Recently, a method for the multi-gram-scale kinetic resolution of various paracyclophane derivatives was developed by our group.[146] This new method also allows the synthesis of enantiopure vinylparacyclophane (**199**), allowing the enantioselective synthesis of the ligand **195**.

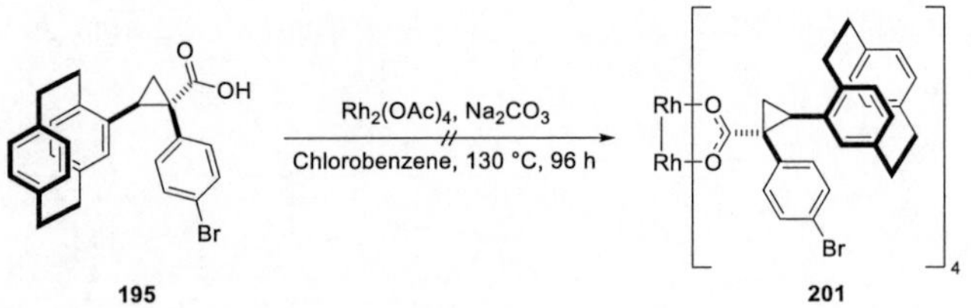

Rh$_2$(OAc)$_4$, Na$_2$CO$_3$

Chlorobenzene, 130 °C, 96 h

195

201

Scheme 82: Tested synthesis of the dirhodium complex **201**.

4 Summary and outlook

A novel short and high yielding formal semisynthesis for the marine steroid demethylgorgosterol was developed in this work. It was centered on stereoselective cyclopropanation. A known ketone intermediate **40** was synthesized in ten steps in a linear sequence with an overall yield of 27% and excellent stereocontrol. Further steps were taken to complete the semisynthesis, with the most promising approach being the decarboxylative coupling of active esters of cyclopropanecarboxylic acids.

A variety of demethylgorgosterol analogs were synthesized for biological applications. These include hydrocarbon analogs, diversely functionalized analogs which could also be derivatized even further, and fluorophore-steroid conjugates to track and visualize steroids *in vivo*.

Finally, a new method for the synthesis of 3-cyclopropylacrylates was developed. Here, a vinylogous diazoester was utilized to cyclopropanate alkenes. The observed *cis*-selectivity was explained with π-π-interactions in the transition state.

4.1 Development of a new semisynthesis of demethylgorgosterol and gorgosterol[26]

The starting point for the formal semisynthesis of demethylgorgosterol **21b** was the commercially available stigmasterol (**2**). According to known procedures in five steps, it was transformed into the alkene **67**, needed for the enantio- and diastereoselective intermolecular cyclopropanation. The first two steps were necessary to protect the steroidal A- and B-rings in the form of the *i*-steroid methyl ether **66**. This was followed by the cleavage of the side chain by ozonolysis and subsequent transformation of the resulting aldehyde **28**. A JULIA-KOCIENSKI-like, two-step alkene synthesis was employed, rather than one-step procedures like the Wittig reaction since this resulted in a higher yield. The alkene **67** was obtained from stigmasterol (**2**) in five steps in up to 52% yield on a multigram scale (Scheme 83).

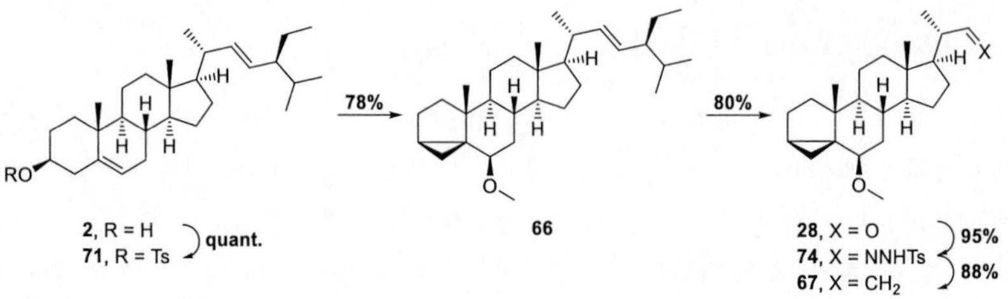

Scheme 83: Synthesis of the alkene **67** starting from commercially available stigmasterol (**2**).

A known ruthenium-based catalyst was used for cyclopropanation. After optimization, a yield of 82% was achieved, factoring in the recovered starting material, it rose to a nearly quantitative yield of 99%. Key optimization steps from IWASA's procedure were a prolonged addition time and an increased alkene concentration. The ester **80** was then transformed in four steps into the known ketone **40** (Scheme 84). Ester **80** was reduced to alcohol **86**, then oxidized back to the aldehyde **87**. This was followed by a GRIGNARD reaction, yielding the alcohol **88**. Finally, the alcohol **88** was oxidized, providing the known ketone **40**. The melting point of 104–106 °C (Lit. 106–106.5 °C) and optical rotation value of $[\alpha]_D^{20} = +115.7°$ (Lit. +116.7°) matched those reported by DJERASSI et al.[64] Additionally, the desired configuration was proven by single-crystal X-ray analysis.

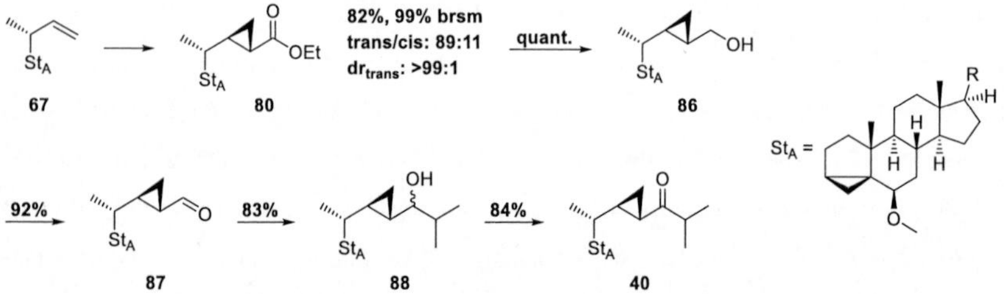

Scheme 84: Cyclopropanation of alkene **67** and subsequent transformation of ester **80** into the known ketone **40**.

In conclusion, a short formal semisynthesis of demethylgorgosterol was achieved by synthesizing the advanced ketone intermediate **40**, following a novel route, and using only easily available starting materials and reagents. The key step of this novel route was the stereoselective cyclopropanation of steroidal alkene **67** in a high yield and stereoselectivity. Compared to previous syntheses, this work represents a new optimum in the number of steps and yield, with 10 steps and 27%/33% (brsm) yield for the synthesis of ketone **40**.

Various routes have been tested to finish the semisynthesis of demethylgorgosterol **21b** and gorgosterol. However, none of these have been successful, but the most promising approach was the decarboxylative coupling. Two test reactions have been conducted successfully. To apply this approach to demethylgorgosterol, the diazo active ester **101** synthesis needs to be improved and subsequently used for the cyclopropanation of alkene **67** (Scheme 85).

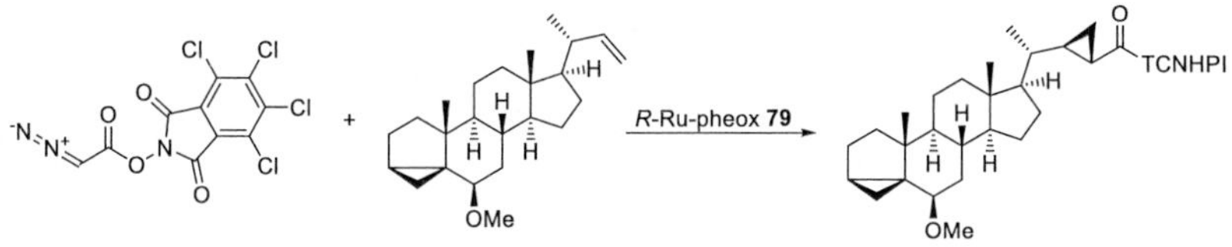

Scheme 85: Cyclopropanation of alkene **67** with TCNHPI-DA **101**.

Several coupling partners are conceivable for realizing the decarboxylative coupling (Scheme 86). The most obvious one is the use of alkyl bromide **202** since this would allow the completion of the demethylgorgosterol side chain in just one step. However, the stereochemical outcome of the reaction will be problematic, as the newly formed bond connects two stereocenters. While the coupling at the cyclopropane leads to the *trans*-diastereomer with high selectivity, it is unknown if the C-24 stereocenter could be controlled likewise.[87] Alternatively, the C-24 stereocenter could be introduced in a second step. Alkenyl bromide **203** represents the simplest method for this purpose. Another possibility would be the α,β-unsaturated ester **204**. Methods for the asymmetric hydrogenation of both systems are known in the literature.[147-148]

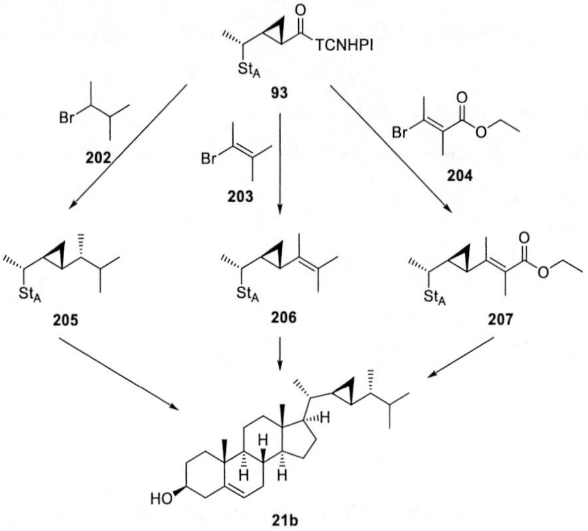

Scheme 86: Possible decarboxylative coupling products en route to demethylgorgosterol **21b**.

As the synthetic approaches tested so far failed, a conceptually different route for synthesizing gorgosterol (**21a**) is needed. A possible route is shown in Scheme 87. The idea here is to use the additional methyl group of gorgosterol (**21a**) as an advantage to enable a highly convergent semisynthesis. The cyclopropanation would need to be *cis*-selective, and promising catalyst systems that show *cis*-selectivity are known.[149]

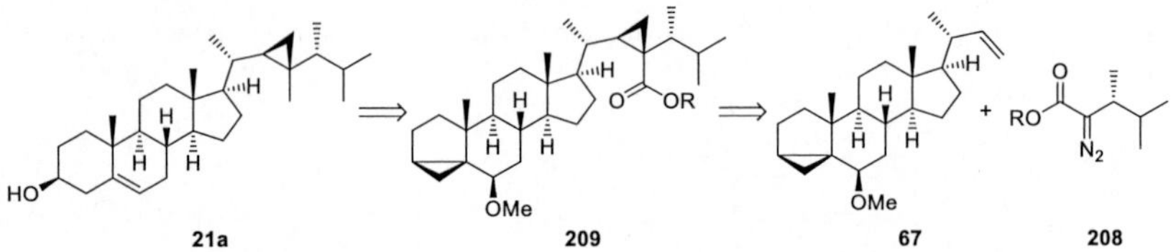

Scheme 87: A possible route to gorgosterol (**21a**) using an *α*-alkyl-*α*-diazo ester **208**.

4.2   Synthesis of demethylgorgosterol analogs

A wide array of demethylgorgosterol analogs have been synthesized in this work. For these, the molecules prepared during the formal semisynthesis were used as a platform for all analogs, most notably the aldehyde **87** and the alcohol **86**.

Figure 28 shows all hydrocarbon analogs synthesized in this work. The methyl analog **108a** was synthesized from the alcohol **86** in two steps via an APPEL reaction followed by reduction of the resulting bromide. The acetylene **108b** was synthesized directly from the aldehyde **87** by SEYFERTH-GILBERT homologation. The remaining analogs **180c–f** and **108g–j** were all synthesized in a sequence again starting from the aldehyde **87**. The latter was first transformed into the corresponding tosylhydrazone and treated with a lithiated sulfone in a JULIA-KOCIENSKI-type olefination to yield the alkenyl analogs **108c–f** after deprotection. Finally, the alkyl

analogs **108g–j** were obtained from the double-bonded ones through diimide reduction since transition metal-catalyzed reductions were not applicable due to the proximity of the cyclopropane moiety.

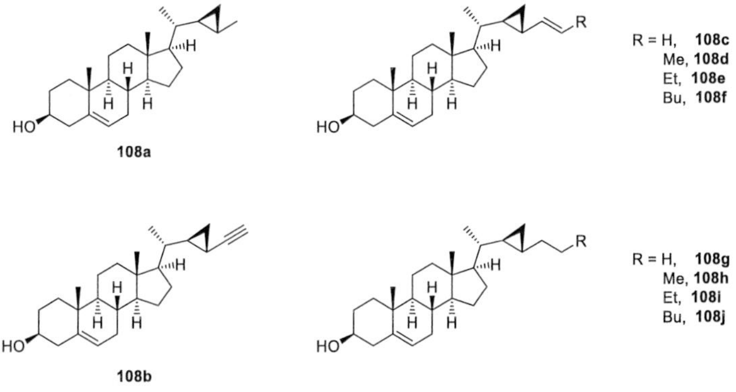

Figure 28: Overview of all hydrocarbon analogs.

For the double cyclopropanated analogs, vinylcyclopropane **107c** was cyclopropanated using the optimized reaction conditions. The ester **129** was obtained in a yield of 92% and 99% brsm. Compared to the first cyclopropanation, a much lower *trans/cis* ratio of 65:35 was achieved. The two double cyclopropanated analogs **132a** and **132a** were synthesized using the same procedures as for the hydrocarbon analogs (Scheme 88).

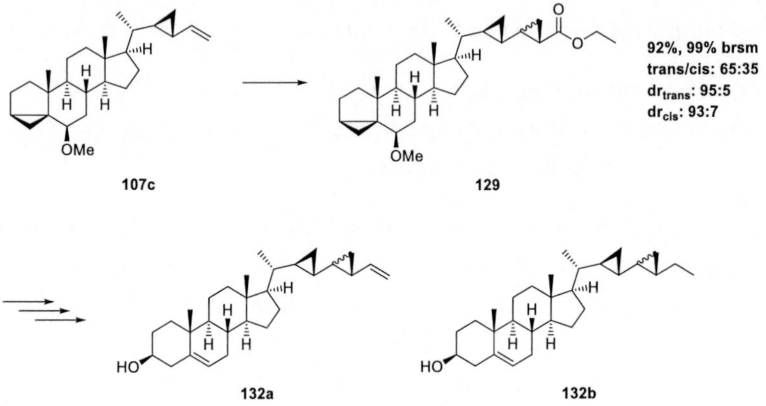

Summary and outlook

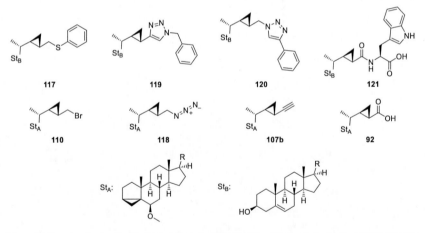

Scheme 88: Cyclopropanation of alkene **107c** and the double cyclopropanated analogs **132a** and **132b**.

The functionalized analogs synthesized in this work are shown in Figure 29. The sulfide **117** and the azide **118** were synthesized from the bromide **110** by nucleophilic substitution. The acetylene **107b** and the azide **118** were then used to synthesize the two triazoles **119** and **120** *via* an azide-alkyne click reaction.

Figure 29: Functionalized analogs for biological testing **117,119–121** and further derivatization **92,107b,110,118**.

The acid **92** was obtained by saponification of the ester **80** and subsequently used in the attempted synthesis of the amino acid conjugate **121**. However, the deprotection that would have produced **121** failed, making this the only analog that was not successfully synthesized in this work.

100

Finally, a small library of fluorophore-steroid conjugates **135** and **139** was synthesized. The fluorophores were based upon the imidazo[1,2-*a*]pyridine scaffold that was already used in our group. They can be accessed by a GROEBKE-BLACKBURN-BIENAYMÉ (GBB) reaction. In total, five conjugates were synthesized successfully. In four of them, the fluorophore was attached to the sidechain. In the remaining one, the fluorophore was connected *via* the 3*β*-hydroxyl group (Figure 30). This was done to test the influence of the attachment point on the biological properties.

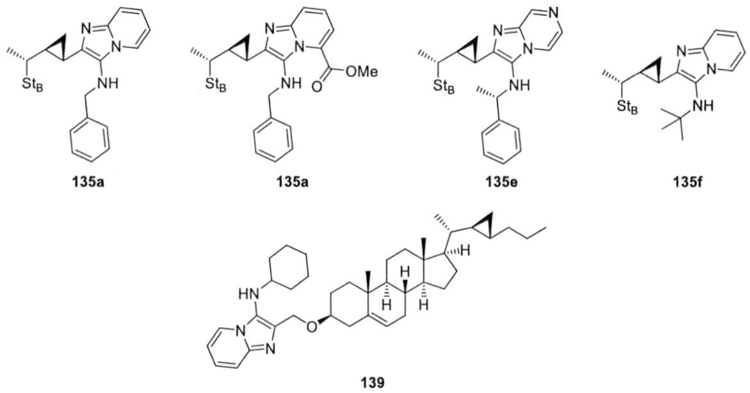

Figure 30: Fluorophore-steroid conjugates synthesized in this work.

The absorption and emission spectra of all conjugates were measured. The absorption maxima are at around 330 nm, with the notable exception of fluorophore **135b**, which showed a bathochromic shift up to 400 nm. On the other hand, the emission maxima are in the range of 435 nm for **135f** to 500 nm again for **135b**. All fluorophores showed a large STOKES shift of 100 to 150 nm. However, the fluorophores **135e** and **135f** were found to be unstable upon prolonged irradiation.

The work on the synthesis of demethylgorgosterol analogs is at this point completed. Any further syntheses should be guided by the results of biological studies of the existing analogs. If the tether-lessness of the fluorophore-steroid conjugates **135** would turn out to be problematic for their intended purpose, a new set of conjugates could be synthesized with an appropriate spacer.

4.3 3-Cyclopropylacrylates by cyclopropanation using a vinylogous diazo ester

In the third chapter of this work, a new and simple synthetic access to 3-cyclopropylacrylates was developed. The method consists of the cyclopropanation of alkenes **179** with the known vinylogous diazoester **172a**. Scheme 89 gives a detailed view of the optimized reaction conditions. $Rh_2(PCP)_4$, which was available in the group, became an effective catalyst for the cyclopropanation and was used at a load of one mol%. Three equivalents of the vinylogous diazoester were employed, slowly added over a period of four hours. The reaction was conducted in diethyl ether at 0 °C.

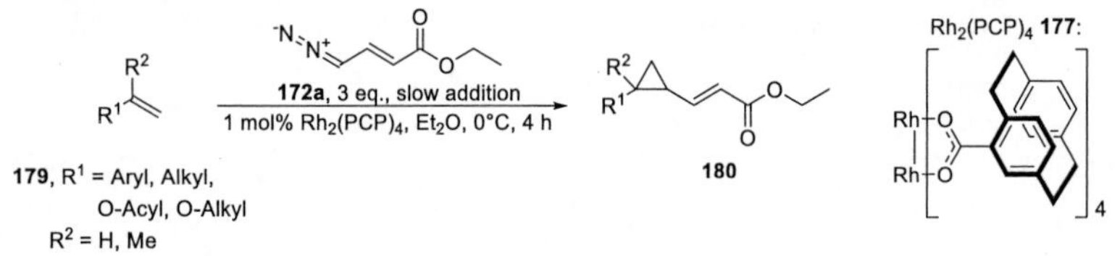

Scheme 89: Detailed view of the optimized reaction conditions.

Stereochemical analysis of the cyclopropylacrylates concludes that the major isomers were configured *cis*, which was confirmed for all molecules of the scope. Nineteen derivatives in total have been prepared successfully for the reaction scope; they are shown in Figure 31. Yields of up to 92% were achieved, and *cis/trans*-ratios of up to 6:1. An upscale experiment was performed with **179d**, proving the reaction can be done on the gram scale without significant changes in yield or diastereoselectivity. On the other hand, not successful so far was the transfer of the reaction to the cyclopropanation of the steroidal alkene **67**. No product formation was observed neither using the optimized reaction condition described here nor the condition from the formal semisynthesis. To realize this reaction, further research is needed.

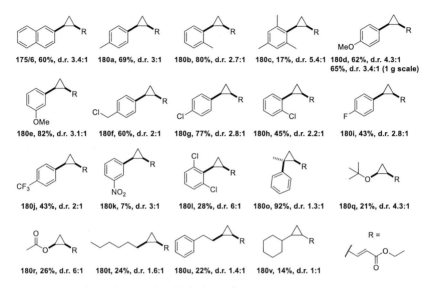

175/6, 60%, d.r. 3.4:1 **180a, 69%, d.r. 3:1** **180b, 80%, d.r. 2.7:1** **180c, 17%, d.r. 5.4:1** **180d, 62%, d.r. 4.3:1**
65%, d.r. 3.4:1 (1 g scale)

180e, 82%, d.r. 3.1:1 **180f, 60%, d.r. 2:1** **180g, 77%, d.r. 2.8:1** **180h, 45%, d.r. 2.2:1** **180i, 43%, d.r. 2.8:1**

180j, 43%, d.r. 2:1 **180k, 7%, d.r. 3:1** **180l, 28%, d.r. 6:1** **180o, 92%, d.r. 1.3:1** **180q, 21%, d.r. 4.3:1**

180r, 26%, d.r. 6:1 **180t, 24%, d.r. 1.6:1** **180u, 22%, d.r. 1.4:1** **180v, 14%, d.r. 1:1** R =

Figure 31: Scope of the cyclopropanation with vinylogous diazoester **172a**

A plausible reaction mechanism to explain the observed *cis*-selectivity of the cyclopropanation was proposed. Here, the attack of the alkene is governed by π-π-interactions between the extended π-system of the diazobutenoate-derived carbenoid and the π-system of the alkene. This also neatly explains the higher observed *cis*-selectivity in the case of the styrenes.

However, further investigation into the mechanism is necessary. Besides computational studies, the diastereoselectivity of cyclopropanation reactions with the known phenylogous diazoester **211** could give additional insight (Scheme 90).[150]

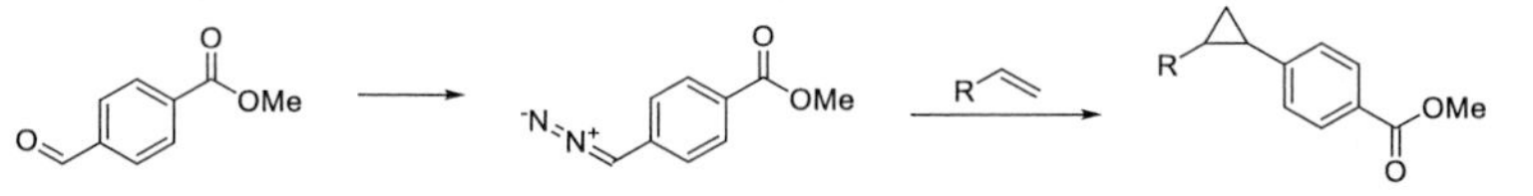

Scheme 90: Synthesis of and proposed cyclopropanation with the known phenylogous diazoester **211**.

Similarly, an unexpected selectivity was observed in the cyclopropanation of 9-vinylanthracene **191**. Instead of the corresponding cyclopropylacrylate, the bicyclo[2.2.1]heptane **192** and the bicyclo[3.2.2]nonane **193** were obtained as an inseparable mixture with a regioisomeric ratio (r.r.) of 2.1:1. It was suspected that the observed selectivity was related to the mechanism of the cyclopropanation, again warranting further investigation of the mechanism.

Next, the chemistry of the 3-cyclopropylacrylates was examined. Especially the vinylcyclopropane-cyclopentene rearrangement and their potential as donor-acceptor cyclopropanes was of interest (Scheme 91). The ester **180d** was used for these investigations. Treatment with scandium triflate did not facilitate the rearrangement; instead, a reversal of the diastereomeric ratio was observed. With the stronger LEWIS-acid titanium tetrachloride, the vinylcyclopropane-cyclopentene rearrangement was achieved.

Interestingly, the stereochemical outcome of this reaction was not dependent on the configuration of the cyclopropane. The cyclopentene **187** was obtained from both cyclopropanes **180d** and **186**, suggesting that the rearrangement occurs stepwise rather than concerted. An attempt to use the cyclopropane **180d** as a donor-acceptor cyclopropane was undertaken but not successful. Further research into the chemistry of the 3-cyclopropylacrylates is necessary.

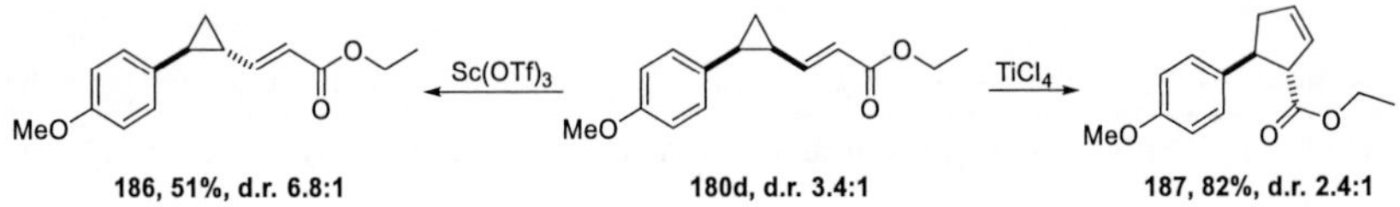

186, 51%, d.r. 6.8:1   **180d, d.r. 3.4:1**   **187, 82%, d.r. 2.4:1**

Scheme 91: LEWIS-acid-catalyzed reaction of the 3-cyclopropylacrylate **180d**.

Finally, the synthesis of a new paracyclophane-based ligand and the corresponding rhodium catalyst, incorporating both planar and central chirality, was attempted. While the ligand **195** was synthesized successfully and its structure was proven by X-ray analysis, the catalyst **201** was not obtained (Figure 32). Since, at the time, the paracyclophane **199** was not available in an enantiopure form, the ligand **195** was obtained as a mixture of several stereoisomers. However, a method allowing the enantioselective synthesis of **199** was developed in our lab recently.[146] In future research, the synthesis should be repeated. If successful, this would be a step towards an enantioselective method for the synthesis of 3-cyclopropylacrylates.

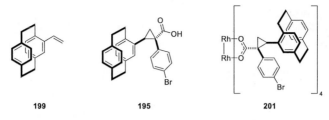

Figure 32: Paracyclophane-based ligand **195** and rhodium complex **201**.

5 Experimental

5.1 General information

5.1.1 Solvents, reagents, and methods

Solvents and Chemicals

The starting materials, solvents, and reagents were purchased from commercial sources and used without further purification unless otherwise stated. Dry solvents were purchased from *Carl Roth*, *Acros,* or *Sigma Aldrich* (< 50 ppm H2O over molecular sieves). For solvent mixtures, each solvent was measured volumetrically. Iodoxybenzoic acid (IBX) was synthesized according to known procedures.[151]

Experimental Procedure

All reactions containing air- and moisture-sensitive compounds were performed under an argon atmosphere using oven-dried or flame-dried glassware applying standard Schlenk-techniques. Liquids were added using plastic syringes and steel cannulas. Solids were added directly in powdered shape.

For cooled reactions, flat Dewar flasks with ice/H_2O (0 °C), ice/sodium chloride (–20 °C), or isopropanol/dry ice mixtures (–78 °C) were used.

Solvents were evaporated under reduced pressure at 40 °C using a rotary evaporator.

Thin-Layer Chromatography (TLC)

Analytical thin-layer chromatography (TLC) was performed using silica gel-coated aluminum plates (*Merck*, silica gel 60, F_{254}). The detection was performed with UV light (254 nm) or by staining with Seebach staining solution (mixture of phosphomolybdic acid hydrate, cerium(IV) sulfate tetrahydrate, sulfuric acid, and H_2O).[152]

Product Purification

Crude products were purified by flash column chromatography using *Merck* silica gel 60 (0.040 × 0.063 mm, 230–400 mesh ASTM) and quartz sand (glowed and purified with hydrochloric acid).[153] The solvents used for chromatography were distilled before use or used directly in *p.a.* quality.

Ozone generator

Ozone was produced using an *Erwin Sander Elektroapparatebau GmbH* model Labor-Ozonisator 300.5 ozone generator. The generator was operated with pure oxygen and a volume flow of 40 L/h.

Syringe Pumps

Slow addition of reagents was done with a *Landgraf Laborsysteme* model LA100 syringe pump or a *Sage instruments* model 341B syringe pump.

Weight Scale

For the weightings of solids and liquids, a *Sartorius* model LA310S was used.

5.1.2 Analytical devices and instruments

Nuclear Magnetic Resonance Spectroscopy (NMR)

NMR spectra were recorded on a *Bruker* Avance 300, a *Bruker* Avance NEO 400 or a *Bruker* Avance DRX 500 as solutions at room temperature. Chemical shifts are expressed in parts per million (δ, ppm), downfield from tetramethylsilane (TMS). References for ^{1}H NMR and ^{13}C NMR were the residual solvent peaks of chloroform-d_1 (^{1}H: $\delta = 7.26$ ppm, ^{13}C: $\delta = 77.16$ ppm), dichloromethane-d_2 (^{1}H: $\delta = 5.32$ ppm, ^{13}C: $\delta = 53.84$ ppm), acetonitrile-d_3 (^{1}H: $\delta = 1.94$ ppm, ^{13}C: $\delta = 1.32$ ppm), or dimethyl sulfoxide-d_6 (^{1}H: $\delta = 2.50$ ppm, ^{13}C: $\delta = 39.52$ ppm). For the characterization of centrosymmetric signals, the signal's median point was chosen, for multiplets the signal range. All coupling constants J are absolute values and expressed in Hertz (Hz). The spectra were analyzed according to first-order and the descriptions of signals include: s = singlet, d = doublet, dd = doublet of doublets, t = triplet, q = quartet, m = multiplet, etc. The ^{13}C signal structure was analyzed by multiplicity-edited HSQC (*heteronuclear single quantum correlation*) and is described as follows: + = primary or tertiary C-atom (positive signal), – = secondary C-atom (negative signal), and C$_q$. = quaternary C-atom (no signal). Assignments were made based on the IUPAC numbering system for steroids.[15-16]

Mass Spectrometry

EI-MS spectra and FAB spectra were measured on a *Finnigan* MAT 90 (70 eV), with 3-nitrobenzyl alcohol (3-NBA) as matrix and reference for high resolution. In the case of high-resolution measurements, the tolerated error was 0.0005 m/z. ESI-MS spectra were measured on a *Thermo Scientific* Q-Exactive (Orbitrap) mass spectrometer equipped with a HESI II probe to record high resolution. The tolerated error was 5 ppm of the molecular mass. The molecular fragments are reported as the mass-to-charge ratio (*m/z*). The intensities are reported relative to the intensity of the base signal in percent. The abbreviation [M]$^+$ refers to the molecule ion, and [M+H]$^+$ refers to the protonated molecule ion. Characteristic fragment peaks are given as [M–fragment]$^+$ or [fragment]$^+$.

Infrared Spectroscopy (IR)

IR spectra were recorded on an FT-IR *Bruker* Alpha p and measured by the attenuated total reflection (ATR) method. The position of the absorption bands was reported in wavenumbers [$\tilde{\nu}$, cm^{-1}] in the range from 3600 cm^{-1} to 500 cm^{-1}. Intensities of the absorption bands were classified as follows (T = transmission): vs = very strong (0–10% T), s = strong (11–40% T), m = medium (41–70% T), w = weak (71–90% T), vw = very weak (91–100% T).

Elemental Analysis (EA)

Elemental analyses were performed with an *Elementar* vario MICRO. A *Sartorius* M2P scale was used for sample preparation. Calculated and found percentage by mass values for carbon, hydrogen, nitrogen, and sulfur are indicated in fractions of 100%.

Gas Chromatography (GC)

GC/MS (Gas chromatography-mass spectrometry) measurements were performed on an *Agilent Technologies* 6890N (electron impact ionization), equipped with an *Agilent* HP-5MS column
(5% phenyl methyl siloxane, 30 m, 0.25 mm i.d., 0.25 µm film) and a 5975B VL MSD detector with a turbopump. Helium was used as a carrier gas.

Melting Points

Melting points were measured on a *Stanford Research Systems* OptiMelt MPA100 and are uncorrected.

Polarimetry

Optical rotation was measured with a *Perkin Elmer* 241 Polarimeter using a standard 100 mm glass cell and a suitable solvent at the sodium-D-lines (589.0 and 589.6 nm) and a constant temperature of 20 °C.

5.2 Synthetic methods and characterization data

5.2.1 General procedures

GP1 for the synthesis of steroidal alkenes from tosyl hydrazones

A solution of sulfone (3.00 equiv.) in dry THF, stirred under argon atmosphere at 0 °C, was added n-BuLi (3.30 equiv.). The cooling bath was removed and, after 15 min, a solution of tosylhydrazone (1.00 equiv.) in dry THF was added dropwise. The mixture was stirred for 16 h and then sat. aq. NH_4Cl was added. The product was extracted with Et_2O. The combined organic extracts were dried over Na_2SO_4, and the solvent was removed under reduced pressure. The residue was purified by flash column chromatography on silica gel to yield the alkene.

GP2 for the reduction of alkenes with diimine

Alkene (1.00 equiv.) was dissolved in THF/H_2O (1:1). Tosylhydrazide (10.0 equiv.) and sodium acetate (13.0 equiv.) were added, and the reaction mixture was heated to reflux for 24 h. H_2O was added to the solution, and the aqueous phase was extracted with Et_2O four times. The combined organic phases were dried over Na_2SO_4, and the solvent was removed under reduced pressure. The residue was purified by flash column chromatography on silica gel to yield the alkane.

GP3 for the A/B-ring deprotection of i-steroid methyl ethers

The i-steroid (1.00 equiv.) and p-TsOH (0.150 equiv.) were dissolved in 1,4-dioxane/H_2O (4:1). The solution was heated to 80 °C for 1 h. After cooling back to room temperature, 0.1 mL of pyridine was added, and the solvent was removed under reduced pressure. The crude product was purified by flash column chromatography on silica gel to yield the deprotected steroid.

GP4 for the synthesis of fluorophore-steroids by GBB reaction

Steroidal aldehyde (1.00 equiv.), perchloric acid (1 M in MeOH, 0.100 equiv.), the respective 2-aminopyridine (2.00 equiv.), and the respective isocyanide (2.00 equiv.) were dissolved in a mixture of $MeOH/CH_2Cl_2$ (2:1). The reaction was stirred for 4 d at room temperature. Subsequently, the solvent was removed under reduced pressure. The crude product was purified *via* flash column chromatography on silica gel. If needed, the steroid was further purified by recrystallization from $iPrOH/H_2O$ to yield the fluorophore.

GP5 for the synthesis of cyclopropylacrylates from alkenes

To a solution of Rh$_2$(PCP)$_4$ (1 mol%) and alkene (1.00 equiv.) in 2 mL of dry Et$_2$O under argon atmosphere, a solution of ethyl (E)-4-diazobut-2-enoate (3.00 equiv.) of the indicated concentration in CH$_2$Cl$_2$ was added over a period of 2 or 4 h with the help of a syringe pump, while the syringe was wrapped in aluminum foil and kept cool with the help of dry ice. After complete addition, the reaction was stirred overnight at room temperature. The solvent was removed under reduced pressure, and the crude product was purified by flash column chromatography on silica gel using the indicated eluent system. The *cis/trans*-ratio was determined by ^{1}H NMR.

Experimental

5.2.2 Synthetic Methods and Characterization Data for Chapter 3.1

Stigmasteryl tosylate (71)

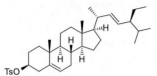

Stigmasterol (**2**) (10.0 g, 24.3 mmol, 1.00 equiv.) and p-toluenesulfonyl chloride (9.49 g, 49.8 mmol, 2.05 equiv.) were suspended in 100 mL of pyridine. The reaction mixture was stirred overnight at room temperature and poured into 500 mL of an ice-cold 5% aq. potassium bicarbonate solution. The suspension was then stirred for 2 h in an ice bath and left to sediment for 1 h. The solid tosylate **71** was collected by filtration, washed with H_2O (3 × 50 mL), and dried under vacuum for 24 h to give a colorless powder (13.7 g, 24.2 mmol, quant.). Spectroscopic properties were identical to those present in the literature.[154] Recrystallization from MeCN afforded crystals suitable for X-ray crystallographic analysis (CCDC 2041205).

TLC: R_f = 0.59 (*n*-pentane/EtOAc 10:1).

Melting Point: 140 °C, decomp.

^{1}H NMR (500 MHz, CDCl$_3$): δ [ppm] = 7.79 (d, J = 8.3 Hz, 2H, ArH), 7.33 (d, J = 8.0 Hz, 2H, ArH), 5.29 (dt, J = 5.6, 2.0, 2.0 Hz, 1H, 6-CH), 5.14 (dd, J = 15.2, 8.6 Hz, 1H, 22-CH), 5.01 (dd, J = 15.1, 8.7 Hz, 1H, 23-CH), 4.32 (tt, J = 11.5, 11.5, 4.7, 4.7 Hz, 1H, 3-CHOTs), 2.48 – 2.38 (m, 4H, contains 2.44 (s, 3H, ArCH$_3$)), 2.26 (ddd, J = 13.3, 5.2, 2.1 Hz, 1H, 4-CH*H*), 2.08 – 1.89 (m, 3H), 1.85 – 1.77 (m, 2H), 1.76 – 1.64 (m, 2H), 1.58 – 1.37 (m, 8H), 1.30 – 1.21 (m, 1H), 1.21 – 1.10 (m, 3H), 1.10 – 0.93 (m, 9H, contains 1.01 (d, J = 6.6 Hz, 3H, 21-CH$_3$), 0.97 (s, 3H, 19-CH$_3$)), 0.93 – 0.74 (m, 10H, contains 0.84 (d, J = 6.3 Hz, 3H, 26-CH$_3$)), 0.67 (s, 3H, 18-CH$_3$).

^{13}C NMR (126 MHz, CDCl$_3$): δ [ppm] = 144.5 (C$_q$, C-Ar), 139.0 (C$_q$, C-5), 138.4 (+, CH-22), 134.8 (C$_q$, C-Ar), 129.9 (+, 2C, CH-Ar), 129.5 (+, CH-23), 127.8 (+, 2C, CH-Ar), 123.7 (+, CH-6), 82.5 (+, CHOTs-3), 56.9 (+, CH), 56.0 (+, CH), 51.4 (+, CH), 50.1 (+, CH), 42.3 (C$_q$), 40.6 (+, CH), 39.7 (–, CH$_2$), 39.0 (–, CH$_2$-4), 37.0 (–, CH$_2$), 36.5 (C$_q$), 32.02 (+, CH), 31.98 (–, CH$_2$), 31.9 (+, CH), 29.0 (–, CH$_2$), 28.8 (–, CH$_2$), 25.5 (–, CH$_2$), 24.5 (–, CH$_2$), 21.8 (+, CH$_3$-Ar), 21.3 (+, CH$_3$-21), 21.2 (+, CH$_3$-26), 21.1 (–, CH$_2$), 19.3 (+, CH$_3$-19), 19.1 (+, CH$_3$-27), 12.4 (+, CH$_3$-24^2), 12.2 (+, CH$_3$-18).

MS (FAB, 3-NBA): m/z (%) = 565 (2) [M–H]$^+$, 475 (11) [M–C$_7$H$_7$]$^+$, 474 (28) [M–C$_7$H$_7$–H]$^+$, 425 (2) [M–C$_{10}$H$_{20}$–H]$^+$, 395 (100) [M–OTs]$^+$, 255 (37) [C$_{19}$H$_{27}$]$^+$.

HRMS (FAB, 3-NBA, m/z): calcd. for $C_{36}H_{54}O_3S$, $[M]^+$: 566.3788; found: 566.3791.

IR (ATR): $\tilde{v}$ [cm^{-1}] = 2942 (m), 2902 (w), 2890 (w), 2867 (w), 2851 (w), 1598 (vw), 1462 (w), 1353 (s), 1191 (vs), 1171 (vs), 1098 (w), 963 (m), 941 (vs), 892 (s), 870 (vs), 844 (m), 816 (s), 734 (w), 666 (vs), 626 (w), 567 (m), 554 (vs).

EA ($C_{36}H_{54}O_3S$, 566.9): calcd.: C 76.28, H 9.60, S 5.66; found: C 75.99, H 9.43, S 5.53.

Specific rotation: $[\alpha]_D^{20} = -45.8°$ (c = 0.52, CHCl$_3$).

i-Stigmasteryl methyl ether (66)

The tosylate **71** (13.8 g, 24.4 mmol, 1.00 equiv.) was suspended in 40 mL of pyridine and 200 mL of MeOH. The reaction mixture was refluxed for 4 h, and the solvent was removed under reduced pressure. Et$_2$O (100 mL) was added, remaining solids were separated by filtration and washed with Et$_2$O. The solvent was removed under reduced pressure, yielding a yellow oil, which was purified by flash column chromatography on silica gel (*n*-pentane/EtOAc, 33:1) to isolate an oily compound containing *i*-stigmasteryl methyl ether (**66**) (8.10 g, 19.0 mmol, 78%) and the isomeric stigmasteryl methyl ether (**72**) (972 mg, 2.28 mmol, 9%), as determined by ^{1}H NMR spectroscopy. This mixture was used in the next reaction without further purification. The analytical sample was taken from a pure fraction. Spectroscopic properties were identical to those present in the literature.[154]

TLC: R_f = 0.51 (*n*-pentane/EtOAc 20:1).

^{1}H NMR (500 MHz, CD$_2$Cl$_2$): δ [ppm] = 5.17 (dd, J = 15.1, 8.7 Hz, 1H, 22-CH), 5.03 (dd, J = 15.1, 8.7 Hz, 1H, 23-CH), 3.28 (s, 3H, OCH$_3$), 2.73 (t, J = 2.9, 2.9 Hz, 1H, 6-C*H*OCH$_3$), 2.11 – 2.02 (m, 1H), 1.97 (dt, J = 12.5, 3.4, 3.4 Hz, 1H), 1.86 (dt, J = 13.4, 3.1, 3.1 Hz, 1H), 1.82 – 1.66 (m, 3H), 1.62 – 1.48 (m, 5H), 1.47 – 1.35 (m, 3H), 1.33 – 1.24 (m, 1H), 1.23 – 0.96 (m, 12H, contains 1.02 (d, J = 6.6 Hz, 3H, 21-CH$_3$), 1.00 (s, 3H, 19-CH$_3$)), 0.95 – 0.76 (m, 12H, contains 0.85 (d, J = 6.4 Hz, 3H, 26-CH$_3$)), 0.74 (s, 3H, 18-CH$_3$), 0.61 (dd, J = 5.0, 3.8 Hz, 1H, 4-CH*H*), 0.40 (dd, J = 8.0, 5.0 Hz, 1H, 4-C*H*H).

^{13}C NMR (126 MHz, CD$_2$Cl$_2$): δ [ppm] = 138.9 (+, CH-22), 129.6 (+, CH-23), 82.7 (+, C*H*OCH$_3$-6), 57.0 (+, CH), 56.7 (+, OCH$_3$), 56.6 (+, CH), 51.7 (+, CH), 48.4 (+, CH), 43.7 (C$_q$), 43.0 (C$_q$), 41.0 (+, CH-20), 40.6 (–, CH$_2$), 35.7 (C$_q$, C-5), 35.4 (–, CH$_2$), 33.3 (–, CH$_2$),

Experimental

32.4 (+, CH), 30.9 (+, CH), 29.4 (–, CH$_2$), 25.8 (–, CH$_2$), 25.3 (–, CH$_2$), 24.7 (–, CH$_2$), 23.1 (–, CH$_2$), 21.9 (+, CH-3), 21.4 (+, CH$_3$-21), 21.3 (+, CH$_3$-26), 19.5 (+, CH$_3$-19), 19.2 (+, CH$_3$-27), 13.3 (–, CH$_2$-4), 12.6 (+, CH$_3$-24^2), 12.5 (+, CH$_3$-18).

MS (FAB, 3-NBA): m/z (%) = 426 (20) [M]$^+$, 425 (62) [M–H]$^+$, 411 (6) [M–CH$_3$]$^+$, 395 (18) [M–OCH$_3$]$^+$, 393 (25) [M–CH$_3$OH–H]$^+$, 255 (33) [C$_{19}$H$_{27}$]$^+$, 253 (42) [C$_{19}$H$_{25}$]$^+$.

HRMS (FAB, 3-NBA, m/z): calcd. for C$_{30}$H$_{50}$O, [M]$^+$: 426.3856; found: 426.3854.

IR (ATR): $\tilde{v}$ [cm^{-1}] = 2952 (vs), 2929 (vs), 2867 (vs), 1455 (s), 1381 (s), 1370 (s), 1098 (vs), 1016 (s), 970 (vs), 615 (m).

EA (C$_{30}$H$_{50}$O, 426.7): calcd.: C 84.44, H 11.81; found: C 84.42, H 11.87.

Specific rotation: $[\alpha]_D^{20}$ = +33.5° (c = 0.55, CHCl$_3$).

Stigmasteryl methyl ether (72)

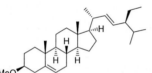

A side product of the solvolysis of stigmasteryl tosylate (**71**). Spectroscopic properties were identical to those present in the literature.[154]

TLC: R_f = 0.40 (n-pentane/EtOAc 20:1).

^{1}H NMR (500 MHz, CDCl$_3$): δ [ppm] = 5.35 (dt, J = 4.7, 2.0 Hz, 1H, 6-H), 5.15 (dd, J = 15.2, 8.6 Hz, 1H, 22-CH), 5.01 (dd, J = 15.1, 8.7 Hz, 1H, 23-CH), 3.35 (s, 3H, OCH$_3$), 3.06 (tt, J = 11.3, 4.5 Hz, 1H, 3-H), 2.38 (ddd, J = 13.1, 4.7, 2.4 Hz, 1H, 4-CHH), 2.16 (ddt, J = 13.7, 10.4, 2.7 Hz, 1H, 4-CHH), 2.09 – 1.83 (m, 5H), 1.70 (dtd, J = 13.6, 9.3, 5.7 Hz, 1H), 1.60 – 1.36 (m, 8H), 1.31 – 1.24 (m, 1H), 1.24 – 1.11 (m, 3H), 1.11 – 0.97 (m, 9H, contains: 1.02 (d, J = 6.6 Hz, 3H, 21-CH$_3$), 1.00 (s, 3H, 19-CH$_3$)), 0.93 (td, J = 11.5, 5.3 Hz, 1H), 0.84 (d, J = 6.3 Hz, 3H, 26-CH$_3$), 0.80 (pseudo-dd, J = 8.2, 6.8 Hz, 6H, 24^2-CH$_3$ and 25-CH$_3$), 0.70 (s, 3H, 18-CH$_3$).

^{13}C NMR (126 MHz, CDCl$_3$): δ [ppm] = 141.0 (C$_q$, C-5), 138.5 (+, CH-22), 129.4 (+, CH-23), 121.7 (+, CH-6), 80.5 (+, CH-3), 57.0 (+, CH), 56.1 (+, CH), 55.8 (+, OCH$_3$), 51.4 (+, CH), 50.4 (+, CH), 42.4 (C$_q$, C-13), 40.7 (+, CH), 39.8 (–, CH$_2$), 38.8 (–, CH$_2$-4), 37.3 (–, CH$_2$), 37.1 (C$_q$, C-10), 32.1 (–, CH$_2$), 32.0 (+, 2C, CH), 29.1 (–, CH$_2$), 28.2 (–, CH$_2$), 25.6 (–, CH$_2$), 24.5 (–, CH$_2$), 21.4 (+, CH$_3$-21), 21.3 (+, CH$_3$-26), 21.2 (–, CH$_2$), 19.5 (+, CH$_3$-19), 19.1 (+, CH$_3$-27), 12.4 (+, CH$_3$-24^2), 12.2 (+, CH$_3$-18).

(20*S*)-6*β*-Methoxy-3*α*,5-cyclo-5*α*-pregnan-20-carboxaldehyde (28)

The oily compound containing *i*-stigmasteryl methyl ether (**66**) (7.15 g, 16.8 mmol, 1.00 equiv.) and the isomeric stigmasteryl methyl ether (**72**) was dissolved in 200 ml of CH_2Cl_2 and 100 mL of MeOH, then 3 mL of pyridine was added. Ozone was bubbled slowly into the stirred solution at −78 °C. The solution turned blue after approx. 45 min, indicating completion. The reaction vessel was then removed from the cooling bath, 12 g of zinc dust was added, followed immediately by 28 ml of glacial acetic acid. This mixture was stirred at room temperature for 1 h. The zinc was then filtered off, and the filtrate was concentrated, transferred into a separating funnel, and diluted with 100 mL of H_2O. The reaction mixture was extracted thoroughly with *n*-pentane (2 × 70 mL), CH_2Cl_2 (2 × 20 mL), and once again with *n*-pentane (50 mL). The combined organic extracts were washed with H_2O (100 mL), sat. aq. sodium bicarbonate (100 mL), sat. aq. NaCl (100 mL) and dried over Na_2SO_4. The solvent was removed under reduced pressure, resulting in a yellowish oil purified by flash column chromatography on silica gel (n-pentane/EtOAc, 20:1) to isolate the aldehyde **28** colorless solid (4.61 g, 13.4 mmol, 80%). Spectroscopic properties were identical to those present in the literature.[155]

TLC: R_f = 0.59 (cyclohexane/EtOAc 5:1).

Melting Point: 85–87 °C.

¹H NMR (500 MHz, CDCl₃): $δ$ [ppm] = 9.57 (d, *J* = 3.2 Hz, 1H, 22-CHO), 3.32 (s, 3H, OCH₃), 2.77 (t, *J* = 2.8 Hz, 1H, 6-CH), 2.36 (dqd, *J* = 10.1, 6.8, 3.2 Hz, 1H, 20-CH), 1.96 – 1.81 (m, 3H), 1.80 – 1.70 (m, 2H), 1.70 – 1.57 (m, 1H), 1.55 – 1.34 (m, 6H), 1.28 – 1.15 (m, 2H), 1.12 – 1.04 (m, 8H, contains 1.11 (d, *J* = 6.8 Hz, 3H, 21-CH₃), 1.02 (s, 3H, 19-CH₃)), 0.93 – 0.80 (m, 3H), 0.76 (s, 3H, 18-CH₃), 0.65 (t, *J* = 4.4 Hz, 1H, 4-C*H*H), 0.44 (dd, *J* = 8.0, 5.1 Hz, 1H, 4-CH*H*).

¹³C NMR (126 MHz, CDCl₃): $δ$ [ppm] = 205.4 (+, CHO-22), 82.4 (+, CH-6), 56.7 (+, OCH₃), 55.9 (+, CH), 51.3 (+, CH), 49.7 (+, CH-20), 48.2 (+, CH), 43.6 (C_q), 43.5 (C_q), 40.1(−, CH₂), 35.4 (C_q, C-5), 35.2 (−, CH₂), 33.5 (−, CH₂), 30.7 (+, CH), 27.3 (−, CH₂), 25.1 (−, CH₂), 24.7 (−, CH₂), 22.8 (−, CH₂), 21.6 (+, CH-3), 19.4 (+, CH₃-19), 13.6 (+, CH₃-21), 13.2 (−, CH₂-4), 12.7 (+, CH₃-18).

Experimental

MS (FAB, 3-NBA): m/z (%) = 344 (20) [M]⁺, 343 (41) [M–H]⁺, 329 (63) [M–CH₃]⁺, 313 (59) [M–OCH₃]⁺, 285 (45) [M–C₃H₆O–H]⁺, 283 (58) [M–C₃H₆O–H₂–H]⁺, 255 (62) [C₁₉H₂₇]⁺, 253 (45) [C₁₉H₂₅]⁺.

MS (FAB, 3-NBA): m/z (%) = 344 (20) $[M]^+$, 343 (41) $[M-H]^+$, 329 (63) $[M-CH_3]^+$, 313 (59) $[M-OCH_3]^+$, 285 (45) $[M-C_3H_6O-H]^+$, 283 (58) $[M-C_3H_6O-H_2-H]^+$, 255 (62) $[C_{19}H_{27}]^+$, 253 (45) $[C_{19}H_{25}]^+$.

HRMS (FAB, 3-NBA, m/z): calcd. for $C_{23}H_{36}O_2$, $[M]^+$: 344.2715; found: 344.2715.

IR (ATR): $\tilde{v}$ [cm⁻¹] = 3060 (w), 2932 (vs), 2867 (s), 1718 (vs), 1453 (s), 1383 (m), 1184 (m), 1094 (vs), 1018 (s), 999 (m), 885 (m), 861 (m), 613 (m).

EA (C₂₃H₃₆O₂, 344.5): calcd.: C 80.18, H 10.53; found: C 79.42, H 10.71.

Specific rotation: $[\alpha]_D^{20}$ = +44.7° (c = 0.57, CHCl₃).

(20S)-6β-Methoxy-3α,5-cyclo-5α-pregnan-20-carbaldehyde tosylhydrazone (74)

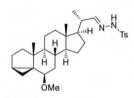

Aldehyde **28** (2.41 g, 7.00 mmol, 1.00 equiv.) and tosylhydrazide (1.56 g, 8.39 mmol, 1.20 equiv.) were dissolved in 50 mL EtOH, and then 2.5 g of powdered molecular sieve 3 Å was added. The suspension was stirred at room temperature for 30 min, warmed to 50 °C, and stirred for another 30 min. The solvent was removed under reduced pressure, and the resulting solid was dissolved in a few milliliters of chloroform as possible. The suspension was filtered through Celite and the solvent removed under reduced pressure resulting in an off-white solid, which was purified by flash column chromatography on silica gel (n-pentane/EtOAc, 5:1 to 2:1) to isolate the tosyl hydrazone **74** as a white solid (3.39 g, 6.61 mmol, 95% yield). Spectroscopic properties were identical to those present in the literature.[72] Recrystallization from acetone/H₂O afforded crystals suitable for X-ray crystallographic analysis (CCDC 2040691).

TLC: R_f = 0.17 (n-pentane/EtOAc 2:1)

Melting Point: 156 °C decomp.

¹H NMR (500 MHz, CDCl₃): δ [ppm] = 7.79 (d, J = 8.3 Hz, 2H, ArH), 7.30 (d, J = 8.1 Hz, 2H, ArH), 7.23 (s, 1H, NH), 6.97 (d, J = 7.2 Hz, 1H, 22-CHN), 3.32 (s, 3H, OCH₃), 2.76 (t, J = 2.9 Hz, 1H, 6-CHOCH₃), 2.42 (s, 3H, ArCH₃), 2.35 (dp, J = 9.8, 6.9 Hz, 1H, 20-CH), 1.91 – 1.82 (m, 2H), 1.77 – 1.67 (m, 2H), 1.57 – 1.46 (m, 3H), 1.44 – 1.30 (m, 3H), 1.29 – 1.19 (m, 1H), 1.17 – 0.93 (m, 11H, contains 1.02 (d, J = 6.7 Hz, 3H, 21-CH₃), 1.01 (s, 3H, 19-CH₃)), 0.91 – 0.74 (m, 3H), 0.67 – 0.62 (m, 4H, contains 0.65 (s, 3H, 18-CH₃)), 0.43 (dd, J = 8.0, 5.1 Hz, 1H, 4-CHH).

116

¹³C NMR (126 MHz, CDCl₃): δ [ppm] = 157.8 (+, CHN-22), 144.1 (C$_q$, C-Ar), 135.3 (C$_q$, C-Ar), 129.6 (+, 2C, CH-Ar), 128.0 (+, 2C, CH-Ar), 82.3 (+, CHOCH₃-6), 56.6 (+, OCH₃), 56.2 (+, CH), 53.7 (+, CH), 48.0 (+, CH), 43.4 (C$_q$), 43.1 (C$_q$), 39.9 (–, CH₂), 39.6 (+, CH-20), 35.2 (C$_q$, C-5), 35.1 (–, CH₂), 33.4 (–, CH₂), 30.5 (+, CH), 27.3 (–, CH₂), 24.9 (–, CH₂), 24.2 (–, CH₂), 22.7 (–, CH₂), 21.6 (+, CH₃-Ar), 21.4 (+, CH-3), 19.3 (+, CH₃-19), 17.4 (+, CH₃-21), 13.1 (–, CH₂-4), 12.5 (+, CH₃-18).

MS (FAB, 3-NBA): m/z (%) = 513 (100) [M+H]⁺, 512 (5) [M]⁺, 511 (12) [M–H]⁺, 481 (33) [M–OCH₃]⁺, 357 (4) [M–Ts]⁺, 325 (8) [M–Ts–CH₃OH]⁺, 295 (6) [C₂₀H₃₁]⁺, 255 (6) [C₁₉H₂₇]⁺, 253 (11) [C₁₉H₂₅]⁺.

HRMS (FAB, 3-NBA, m/z): calcd. for C₃₀H₄₅O₃N₂S, [M+H]⁺: 513.3151; found: 513.3153.

IR (ATR): $\tilde{v}$ [cm⁻¹] = 3190 (w), 3057 (vw), 2925 (m), 2867 (m), 1596 (w), 1442 (w), 1351 (s), 1319 (m), 1166 (vs), 1094 (s), 1084 (vs), 1024 (s), 973 (m), 933 (s), 878 (m), 813 (s), 666 (vs), 603 (s), 581 (vs), 547 (vs), 503 (s).

EA (C₃₀H₄₄N₂O₃S, 512.3): calcd.: C 70.27, H 8.65, N 5.46, S 6.25; found: C 70.54, H 8.98, N 5.33, S 5.83.

Specific rotation: $[\alpha]_D^{20}$ = +22.4° (c = 0.51, CHCl₃).

6β-Methoxy-24-nor-3a,5-cyclo-5α-chol-22-ene (67)

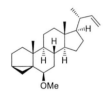

Alkene **67** was synthesized according to **GP1** using dimethyl sulfone (8.27 g, 87.8 mmol, 3.00 equiv.), *n*-BuLi (2.5 M, 38.6 mL, 96.6 mmol, 3.30 equiv.), and tosyl hydrazone **74** (15.0 g, 29.3 mmol, 1.00 equiv.) in dry THF (105 mL). The residue was purified by flash column chromatography on silica gel (*n*-pentane/EtOAc 30:1) to yield alkene **67** as a colorless solid (8.86 g, 25.9 mmol, 88% yield). Spectroscopic properties were identical to those present in the literature.[156]

TLC: R_f = 0.85 (*n*-pentane/EtOAc 10:1).

Melting Point: 47.5 °C.

¹H NMR (500 MHz, CDCl₃): δ [ppm] = 5.67 (ddd, J = 17.1, 10.2, 8.4 Hz, 1H, 22-CH), 4.90 (ddd, J = 17.1, 2.1, 0.9 Hz, 1H, 23-CHH), 4.81 (dd, J = 10.2, 2.1 Hz, 1H, 23-CHH), 3.32 (s, 3H, OCH₃), 2.77 (t, J = 2.9 Hz, 1H, 6-CHOCH₃), 2.08 (ddt, J = 15.7, 9.3, 6.8 Hz, 1H, 20-CH), 1.97 (dt, J = 12.6, 3.5 Hz, 1H, CHH), 1.89 (dt, J = 13.4, 3.1 Hz, 1H, CHH), 1.81 – 1.64 (m,

3H), 1.63 – 1.46 (m, 3H), 1.45 – 1.34 (m, 2H, CH₂), 1.33 – 1.22 (m, 1H, CH*H*), 1.20 – 1.00 (m, 11H, contains 1.03 (d, *J* = 6.3 Hz, 3H, 21-CH₃), 1.02 (s, 3H, 19-CH₃)), 0.93 – 0.77 (m, 3H), 0.74 (s, 3H, 18-CH₃), 0.65 (dd, *J* = 5.1, 3.7 Hz, 1H, 4-CH*H*), 0.43 (dd, *J* = 8.1, 5.0 Hz, 1H, 4-C*H*H).

¹³C NMR (126 MHz, CDCl₃): δ [ppm] = 145.5 (+, CH22), 111.6 (–, CH₂-23), 82.6 (+, CH-6), 56.72 (+, OCH₃), 56.69 (+, CH), 55.8 (+, CH), 48.2 (+, CH), 43.5 (Cq), 42.9 (Cq), 41.4 (+, CH-20), 40.3 (–, CH₂), 35.5 (Cq, C-5), 35.2 (–, CH₂), 33.5 (–, CH₂), 30.6 (+, CH), 28.6 (–, CH₂), 25.1 (–, CH₂), 24.3 (–, CH₂), 22.9 (–, CH₂), 21.7 (+, CH-3), 20.3 (+, CH₃-21), 19.5 (+, CH₃-19), 13.2 (–, CH₂-4), 12.6 (+, CH₃-18).

MS (FAB, 3-NBA): m/z (%) = 342 (16) [M]⁺, 341 (51) [M-H]⁺, 311 (33) [M-OCH₃]⁺, 309 (28) [M–CH₃OH–H]⁺, 255 (21) [C₁₉H₂₇]⁺, 253 (39) [C₁₉H₂₅]⁺.

HRMS (FAB, 3-NBA, m/z): calcd. for C₂₄H₃₇O, [M–H]⁺: 341.2844; found: 341.2845.

IR (ATR): $\tilde{v}$ [cm⁻¹] = 3058 (vw), 2929 (vs), 2866 (s), 1585 (w), 1455 (s), 1438 (s), 1373 (m), 1198 (m), 1183 (m), 1094 (vs), 1024 (vs), 1016 (vs), 914 (m), 898 (m), 861 (m), 735 (vs), 690 (vs), 615 (m), 473 (m).

EA (C₂₄H₃₈O, 342.6): calcd.: C 84.15, H 11.18; found: C 83.98, H 11.41.

Specific rotation: $[\alpha]_D^{20}$ = +38.6° (c = 0.49, CHCl₃).

(*R*)-4,5-Dihydro-2,4-diphenyloxazol (78)

To a mixture of (R)-(+)-2-phenylglycinol (**77**) (2.60 g, 19.0 mmol, 1.10 equiv.) and triethylamine (6.97 g, 9.55 mL, 68.9 mmol, 4.00 equiv.) in 30 mL of CH₂Cl₂, was added a solution of benzoyl chloride (2.42 g, 2.00 mL, 17.2 mmol, 1.00 equiv.) in 10 mL of CH₂Cl₂ at 0 °C. After stirring for 10 h at room temperature, the mixture was concentrated under reduced pressure. A solution of the residue in 20 mL of CHCl₃ was treated with SOCl₂ (10.3 g, 6.30 mL, 86.9 mmol, 5.00 equiv.) at 0 °C. After stirring for 24 h at room temperature, the solvent and excess SOCl₂ were removed under reduced pressure. Sat. NaHCO₃ (50.0 mL) was added to the residue and stirred for 5 min. The organic product was extracted with CH₂Cl₂ (3 × 25 mL), dried over Na₂SO₄, and the solvent was removed under reduced pressure. The solid residue was dissolved in 50 mL of 1,4-dioxane using a sonicator, and then 2.5 m NaOH (3.44 g, 34.4 mL, 86.1 mmol, 5.00 equiv.) was added slowly at 0 °C. The reaction mixture was stirred for 4 h at room temperature. The solvent was removed under reduced pressure, followed by the addition of 25 mL of H_2O and CH_2Cl_2 (3 × 100mL) for extraction. The solvent was removed under reduced pressure, and the crude product was purified by flash column chromatography on silica gel (*n*-pentane/EtOAc 10:1) to afford (R)-4,5-dihydro-2,4-diphenyloxazole (**78**) as a pale-yellow oil (2.81 g, 12.6 mmol, 73%). Spectroscopic properties were identical to those present in the literature.[81]

TLC: R_f = 0.37 (*n*-pentane/EtOAc 5:1).

¹H NMR (400 MHz, CDCl₃): δ [ppm] = 8.10 – 8.03 (m, 2H, ArH), 7.56 – 7.49 (m, 1H, ArH), 7.49 – 7.42 (m, 2H, ArH), 7.40 – 7.34 (m, 2H, ArH), 7.34 – 7.27 (m, 3H, ArH), 5.41 (dd, J = 10.1, 8.1 Hz, 1H, CH), 4.82 (dd, J = 10.1, 8.5 Hz, 1H, C*H*H), 4.30 (t, J = 8.3 Hz, 1H, CH*H*).

¹³C NMR (101 MHz, CDCl₃): δ [ppm] = 165.0 (C$_q$, CNO), 142.4 (C$_q$, C-Ar), 131.8 (+, CH-Ar), 128.9 (+, 2C, CH-Ar), 128.7 (+, 2C, CH-Ar), 128.5 (+, 2C, CH-Ar), 127.8 (+, CH-Ar), 127.5 (C$_q$, C-Ar), 126.9 (+, 2C, CH-Ar), 75.1 (–, CH$_2$), 70.1 (+, CH).

MS (EI, 70 eV, 40 °C): m/z (%) = 223 (87) [M]$^+$, 193 (100) [M–CH$_2$O]$^+$, 165 (11), 105 (16), 100 (21), 91 (11), 90 (18), 89 (19), 77 (14).

HRMS (EI, 70 eV, 40 °C, m/z): calcd. for C$_{15}$H$_{13}$NO, [M]$^+$: 223.0997; found: 223.0996.

IR (ATR): $\tilde{v}$ [cm^{-1}] = 3057 (vw), 3029 (vw), 2966 (vw), 2901 (w), 1642 (m), 1494 (m), 1450 (m), 1356 (m), 1299 (w), 1238 (w), 1078 (m), 1063 (m), 1024 (m), 948 (m), 894 (w), 762 (m), 689 (s), 542 (m).

EA (C₁₅H₁₃NO, 223.3): calcd.: C 80.69, H 5.87, N 6.27; found: C 80.63, H 5.86, N 6.25.

Specific rotation: $[\alpha]_D^{20}$ = +38.5° (c = 0.80, CHCl₃).

Tetraacetonitrile((*R*)-4,5-dihydro-2-phenyl-κ*C*²-4-phenyloxazole-κ*N*)ruthenium(II) hexafluorophosphate (79)

A mixture of oxazoline **78** (501 mg, 2.25 mmol, 1.00 equiv.), [RuCl₂(benzene)]₂ (569 mg, 1.14 mmol, 0.507 equiv.), KPF₆ (1.67 g, 9.05 mmol, 4.03 equiv.), and NaOH (1 M, 2.25 mL, 2.25 mmol, 1.00 equiv.) in MeCN (25 mL, degassed) was stirred for 48 h at 80 °C in a Schlenck tube under argon atmosphere. The reaction mixture was diluted with H₂O (25 mL), extracted with CH₂Cl₂ (3 × 20 mL), and dried over Na₂SO₄. The solvent was removed under reduced pressure, and the residue was purified by silica gel column chromatography with

CH$_2$Cl$_2$/MeCN (20:1) to give the desired complex **79** as a yellow solid (1.26 g, 1.99 mmol, 88% yield). Spectroscopic properties were identical to those present in the literature.[81]

TLC: R_f = 0.25 (CH$_2$Cl$_2$/MeCN 10:1).

Melting Point: 108 °C, decomp.

^{1}H NMR (500 MHz, CD$_3$CN): δ [ppm] = 7.90 (dt, J = 7.5, 0.9 Hz, 1H, ArH), 7.47 (dd, J = 7.6, 1.5 Hz, 1H ArH), 7.44 – 7.40 (m, 2H, ArH), 7.38 – 7.33 (m, 3H, ArH), 7.15 (td, J = 7.4, 1.5 Hz, 1H, ArH), 6.95 (td, J = 7.4, 1.2 Hz, 1H, ArH), 5.15 – 5.08 (m, 2H, CH and CHH), 4.56 – 4.48 (m, 1H, CHH), 2.44 (s, 3H, CH$_3$), 2.13 (s, 3H, CH$_3$), 2.01 (s, 3H, CH$_3$), 1.96 (s, 3H, CH$_3$).

^{13}C NMR (126 MHz, CD$_3$CN): δ [ppm] = 187.6 (C$_q$, CRu), 175.9 (C$_q$, CNO), 142.4 (C$_q$, C-Ar), 139.3 (+, CH-Ar), 135.7 (C$_q$, C-Ar), 130.1 (+, CH-Ar), 129.3 (+, 2C, CH-Ar), 129.1 (+, CH-Ar), 129.0 (+, 2C, CH-Ar), 126.7 (+, CH-Ar), 123.4 (C$_q$, CN), 122.5 (C$_q$, CN), 122.2 (C$_q$, CN), 121.3 (+, CH-Ar), 79.0 (–, CH$_2$), 69.1 (+, CH), 4.3 (+, CH$_3$), 4.00 (+, CH$_3$), 3.97 (+, CH$_3$), 1.8 (+, CH$_3$). Missing signal (C$_q$, 1C, CN) due to overlay with the solvent.

MS (FAB, 3-NBA): m/z (%) = 449/447/446/445/444 (16/27/16/13/10) [M–MeCN–PF$_6$]$^+$, 408/406/405/404/403 (4/8/6/5/4) [M–(MeCN)$_2$–PF$_6$]$^+$, 367/365/364/363/362 (4/9/6/5/4) [M–(MeCN)$_3$–PF$_6$]$^+$, 326/324/323/322/321 (4/8/6/4/4) [M–(MeCN)$_4$–PF$_6$]$^+$.

HRMS (FAB, 3-NBA, m/z): calcd. for C$_{21}$H$_{21}$N$_4$ORu, [M–MeCN–PF$_6$]$^+$: 447.0759; found: 447.0757.

IR (ATR): $\tilde{v}$ [cm^{-1}] = 3026 (vw), 2938 (vw), 2271 (w), 1621 (w), 1449 (w), 1426 (w), 1397 (w), 1242 (vw), 1132 (w), 1081 (vw), 1035 (w), 942 (vw), 832 (vs), 741 (m), 701 (w), 557 (vs).

EA (C$_{23}$H$_{24}$F$_6$N$_5$OPRu, 632.5): calcd.: C 43.68, H 3.82, N 11.07; found: C 43.73, H 3.66, N 10.84.

Specific rotation: $[\alpha]_D^{20}$ = –87.3° (c = 0.055, MeCN).

Ethyl (22R,23S)-6β-methoxy-22,23-methylene-3α,5-cyclo-5α-cholan-24-oate (80)

Alkene **67** (631 mg, 1.84 mmol, 1.00 equiv.) and Ru-catalyst **79** (70.0 mg, 111 μmol, 6 mol%) were weighed in an oven-dried vial, evacuated, and backfilled with argon three times. Dry CH$_2$Cl$_2$ (2.4 mL) was added, and the solution cooled to 0 °C. Ethyl diazoacetate (2.60 g, 2.40 mL, 19.4 mmol,

10.5 equiv.) was added over a period of 8 h by a syringe pump, while the reaction was kept at 0 °C. After complete addition, the reaction was stirred overnight at room temperature. CH_2Cl_2 was removed under reduced pressure, and the crude product was purified by flash column chromatography on silica gel (*n*-pentane/Et$_2$O 10:1). Volatile dimerization products were removed in a high vacuum to yield a yellowish solid, which was recrystallized from acetone/H$_2$O to yield the pure ester **80** as a white crystalline solid (649 mg, 1.51 mmol, 82%, 99% brsm). Compound **80** was obtained with an 89.0:10.7:0.3 diastereomeric ratio as determined by GC-MS using a HP-5MS column (120 °C, 3 min, 20 °C/min, 270 °C, 30 min; $\tau_{(1S,2R)}$= 20.8 min, $\tau_{(1S,2S)}$= 21.1 min, $\tau_{(1R,2S)}$= 21.6 min). Recrystallization from acetone/H$_2$O afforded crystals suitable for X-ray crystallographic analysis (CCDC 2040692).

TLC: R_f = 0.28 (*n*-pentane/Et$_2$O 10:1).

Melting Point: 99–100 °C.

^{1}H NMR (500 MHz, CD$_2$Cl$_2$): δ [ppm] = 4.13 – 4.03 (m, 2H, OCH_2CH$_3$), 3.28 (s, 3H, OCH$_3$), 2.74 (t, J = 2.9 Hz, 1H, 6-CH), 1.96 (dt, J = 12.5, 3.4 Hz, 1H, CHH), 1.90 – 1.60 (m, 5H), 1.54 – 1.36 (m, 6H), 1.36 – 1.26 (m, 1H, CH), 1.22 (t, J = 7.1 Hz, 3H, OCH$_2$CH_3), 1.20 – 0.96 (m, 12H, contains 1.01 (d, J = 6.7 Hz, 3H, 21-CH$_3$), 0.99 (s, 3H, 19-CH$_3$)), 0.92 – 0.80 (m, 4H), 0.67 (s, 3H, 18-CH$_3$), 0.63 – 0.58 (m, 2H), 0.40 (dd, J = 8.0, 5.0 Hz, 1H, 4-CHH).

^{13}C NMR (126 MHz, CD$_2$Cl$_2$): δ [ppm] = 174.4 (C$_q$, COOEt), 82.7 (+, CH-6), 60.5 (–, OCH$_2$CH$_3$), 58.2 (+, CH), 56.7 (+, OCH$_3$), 56.5 (+, CH), 48.4 (+, CH), 43.7 (C$_q$), 43.2 (C$_q$), 40.4 (–, CH$_2$), 39.8 (+, CH$_2$), 35.7 (C$_q$, C-5), 35.4 (+, CH$_2$), 33.7 (+, CH$_2$), 31.0 (+, CH), 30.6 (+, CH), 28.1 (–, CH$_2$), 25.3 (–, CH$_2$), 24.6 (–, CH$_2$), 23.1 (–, CH$_2$), 22.6 (+, CH), 21.9 (+, CH), 19.8 (+, CH$_3$-21), 19.5 (+, CH$_3$-19), 14.6 (+, OCH$_2$CH_3), 13.3 (–, CH$_2$-4), 12.9 (–, CH$_2$), 12.3 (+, CH$_3$-18).

MS (FAB, 3-NBA): m/z (%) = 429 (13) [M+H]$^+$, 428 (21) [M]$^+$, 427 (31) [M–H]$^+$, 413 (11) [M–CH$_3$]$^+$, 397 (100) [M–OCH$_3$]$^+$, 396 (18) [M–CH$_3$OH]$^+$, 255 (12) [C$_{19}$H$_{27}$]$^+$, 253 (17) [C$_{19}$H$_{25}$]$^+$, 213 (10) [C$_{16}$H$_{21}$]$^+$.

HRMS (FAB, 3-NBA, m/z): calcd. for C$_{28}$H$_{44}$O$_3$, [M]$^+$: 428.3290; found: 428.3289.

IR (ATR): $\tilde{v}$ [cm^{-1}] = 2942 (m), 2932 (m), 2870 (m), 1717 (vs), 1458 (w), 1333 (s), 1204 (m), 1170 (vs), 1098 (vs), 1038 (m), 1014 (m), 990 (w), 867 (m), 744 (w), 615 (w), 569 (vw).

EA (C$_{28}$H$_{44}$O$_3$, 428.6): calcd.: C 78.46, H 10.35; found: C 78.46, H 10.06.

Specific rotation: $[\alpha]_D^{20}$ = +68.4° (c = 0.56, CHCl$_3$).

N-Methoxy-*N*-methyldiazoacetamide (84)

To a stirred solution of *N,O*-dimethylhydroxylamine hydrochloride (1.34 g, 13.7 mmol, 1.00 equiv.) and potassium carbonate (9.47 g, 68.5 mmol, 5.00 equiv.) in 30 mL of MeCN, bromoacetyl bromide (2.77 g, 1.19 mL, 13.7 mmol, 1.00 equiv.) was added dropwise at room temperature. The reaction mixture was stirred for 8 h, concentrated under reduced pressure, and diluted with H_2O. The aqueous phase was extracted with CH_2Cl_2 (3 × 15 mL), and the combined organic layers were dried over Na_2SO_4. The solvent was removed under reduced pressure. The residue was dissolved in 50 mL of THF, and *N,N'*-ditosylhydrazine (TsNHNHTs) (7.00 g, 20.6 mmol, 1.50 equiv.) was added then DBU (6.26 g, 6.14 mL, 41.1 mmol, 3.00 equiv.) was added dropwise at 0 °C. The reaction mixture was stirred for 2 h and then quenched using sat. aq. $NaHCO_3$, diluted with H_2O and extracted with Et_2O (3 × 15 mL). The combined organic layers were dried over Na_2SO_4, and the solvent was removed under reduced pressure. The residue was purified by flash column chromatography on silica gel (*n*-pentane/EtOAc 2:1) to give the diazo WEINREB amide **84** as a yellow liquid (574 mg, 4.45 mmol, 32% yield).

TLC: R_f = 0.40 (*n*-pentane/EtOAc 1:1).
^{1}H NMR (400 MHz, CDCl$_3$): δ [ppm] = 5.32 (s, 1H, CHN$_2$), 3.66 (s, 3H, OCH$_3$), 3.18 (s, 3H, NCH$_3$).
^{13}C NMR (101 MHz, CDCl$_3$): δ [ppm] = 168.5 (C$_q$, CON), 61.6 (+, OCH$_3$), 46.4 (+, CHN$_2$), 33.4 (+, NCH$_3$).

(22ξ,23ξ)-*N*-Methoxy-6β-methoxy-*N*-methyl-22,23-methylene-3α,5-cyclo-5α-cholan-24-amide (85)

To a solution of *R*-Ru-pheox (29.4 mg, 46.5 μmol, 3 mol%) and alkene **67** (2.65 g, 7.74 mmol, 5.00 equiv.) in 5.0 mL of dry CH_2Cl_2 under argon atmosphere at –30 °C, diazo WEINREB amide **84** (200 mg, 1.55 mmol, 1.00 equiv.) was slowly added as a solution in 2.0 mL of dry CH_2Cl_2 using a syringe pump over a period of 10 h. After complete addition, the syringe was washed with an additional 1.0 mL of dry CH_2Cl_2, and the reaction mixture was stirred for an additional 1 h. The solvent was removed under reduced pressure, and the residue was purified by flash column chromatography on silica gel (*n*-pentane/EtOAc 50:1 to 4:1) to yield the cyclopropane **85** (68.4 mg, 154 μmol, 10% yield).

TLC: R_f = 0.27/0.22 (*n*-pentane/EtOAc 4:1).

^{1}H NMR (400 MHz, CDCl$_3$): δ [ppm] = 3.73 (s, 3H, NOCH$_3$), 3.67 (s, 3H, NOCH$_3$), 3.31 (s, 3H, OCH$_3$), 3.30 (s, 3H, OCH$_3$), 3.19 (s, 6H, NCH$_3$), 2.75 (pseudo-q, J = 2.5 Hz, 2H, 6-CH), 2.14 – 2.00 (m, 2H), 1.98 – 1.81 (m, 5H), 1.81 – 1.33 (m, 17H), 1.32 – 0.95 (m, 26H, contains: 1.14 (s, 3H, 19-CH$_3$)), 0.95 – 0.72 (m, 12H, contains: 0.76 (s, 3H, 18-CH$_3$)), 0.71 – 0.55 (m, 6H, contains: 0.67 (s, 3H, 18-CH$_3$)), 0.42 (pseudo-ddd, J = 8.4, 5.0, 3.5 Hz, 2H, 4-CH*H*).

^{13}C NMR (101 MHz, CDCl$_3$): δ [ppm] = 174.7 (C$_q$, CON), 173.2 (C$_q$, CON), 82.5 (+, CH-6), 82.4 (+, CH-6), 61.6 (+, NOCH$_3$), 61.4 (+,), 57.9 (+, CH), 56.7 (+, 2C, OCH$_3$), 56.6 (+, CH), 56.5 (+, CH), 56.3 (+, CH), 48.2 (+, CH), 48.1 (+, CH), 44.5 (C$_q$), 43.49 (C$_q$), 43.48 (C$_q$), 43.0 (C$_q$), 40.2 (–, CH$_2$), 40.1 (–, CH$_2$), 39.3 (+, CH), 35.4 (C$_q$), 35.3 (C$_q$), 35.14 (–, CH$_2$), 35.11 (–, CH$_2$), 33.47 (–, CH$_2$), 33.45 (–, CH$_2$), 33.0 (+, NCH$_3$), 32.7 (+, NCH$_3$), 30.7 (+, CH), 30.4 (+, CH), 29.6 (+, CH), 28.1 (–, CH$_2$), 25.1 (–, 2C, CH$_2$), 24.3 (–, CH$_2$), 23.8 (–, CH$_2$), 23.7 (–, CH$_2$), 22.9 (–, CH$_2$), 22.8 (–, CH$_2$), 21.7 (+, CH), 21.6 (+, CH), 21.5 (+, CH), 19.6 (+, CH$_3$-21), 19.4 (+, 2C, CH$_3$-21 and CH$_3$-19), 19.3 (+, CH), 18.8 (+, CH$_3$-19), 15.7 (–, CH$_2$), 13.31 (+, CH$_3$-18), 13.27 (–, CH$_2$), 13.21 (–, CH$_2$), 13.19 (–, CH$_2$), 12.3 (+, CH$_3$-18).

(22*R*,23*S*)-6β-Methoxy-22,23-methylene-3α,5-cyclo-5α-cholan-24-ol (86)

A flame-dried round bottom flask was charged with ester **80** (1.00 g, 2.33 mmol, 1.00 equiv.) and LiAlH$_4$ (354 mg, 9.33 mmol, 4.00 equiv.). 28 mL of dry THF were added, and the mixture was refluxed for 4 h under argon atmosphere. After cooling to room temperature, excess LiAlH$_4$ was quenched by slow addition of KOH (50%). The organic phase was separated, and the aqueous phase was extracted with Et$_2$O (3 × 25 mL). The combined organic layers were dried over Na$_2$SO$_4$ and the solvent was removed under reduced pressure. The crude product was purified by flash column chromatography on silica gel (*n*-pentane/EtOAc 5:1 to 3:1) to yield the alcohol **86** as a colorless solid (902 mg, 2.33 mmol, quant.). Recrystallization from acetone/H$_2$O afforded crystals suitable for X-ray crystallographic analysis (CCDC 2041206).

TLC: R_f = 0.23 (*n*-pentane/EtOAc 4:1).

Melting Point: 150–155 °C.

¹H NMR (500 MHz, CDCl₃): δ [ppm] = 3.64 (dd, J = 11.1, 6.0 Hz, 1H, CH*H*OH), 3.32 (s, 3H, OCH₃), 3.25 (dd, J = 11.2, 7.8 Hz, 1H, C*H*HOH), 2.77 (t, J = 2.9 Hz, 1H, 6-CH), 2.00 – 1.86 (m, 3H), 1.80 – 1.58 (m, 4H), 1.55 – 1.46 (m, 3H), 1.44 – 1.36 (m, 2H), 1.26 (q, J = 9.7 Hz, 1H, CH), 1.19 – 0.97 (m, 11H, contains 1.01 (s, 3H, 19-CH₃), 0.99 (d, J = 6.7 Hz, 3H, 21-CH₃)), 0.92 – 0.71 (m, 4H), 0.69 – 0.62 (m, 4H, contains 0.66 (s, 3H, 18-CH₃)), 0.46 – 0.36 (m, 2H), 0.29 (dt, J = 8.9, 4.7 Hz, 1H, 22¹-CH*H*), 0.23 (dt, J = 8.2, 5.0 Hz, 1H, 22¹-C*H*H).

¹³C NMR (126 MHz, CDCl₃): δ [ppm] = 82.5 (+, CH-6), 67.3 (–, CH₂OH), 58.3 (+, CH), 56.7 (+, OCH₃), 56.3 (+, CH), 48.2 (+, CH), 43.5 (C$_q$), 43.1 (C$_q$), 40.3 (–, CH₂), 40.1 (+, CH), 35.4 (C$_q$. C-5), 35.2 (–, CH₂), 33.5 (–, CH₂), 30.7 (+, CH), 28.2 (–, CH₂), 25.14 (–, CH₂), 25.10 (+, CH), 24.4 (–, CH₂), 23.2 (+, CH), 22.9 (–, CH₂), 21.6 (+, CH), 20.1 (+, CH₃-21), 19.4 (+, CH₃-19), 13.2 (–, CH₂-4), 12.4 (+, CH₃-18), 7.9 (–, CH₂-22¹).

MS (FAB, 3-NBA): m/z (%) = 386 (28) [M]⁺, 385 (37) [M–H]⁺, 371 (16) [M–CH₃]⁺, 355 (100) [M–OCH₃]⁺, 338 (24) [M–OCH₃–OH]⁺, 337 (86) [M–OCH₃–H₂O]⁺, 255 (24) [C₁₉H₂₇]⁺, 253 (28) [C₁₉H₂₅]⁺, 213 (22) [C₁₆H₂₁]⁺.

HRMS (FAB, 3-NBA, m/z): calcd. for C₂₆H₄₂O₂, [M]⁺: 386.3185; found: 386.3186.

IR (ATR): $\tilde{v}$ [cm⁻¹] = 3425 (w), 3058 (vw), 2931 (vs), 2863 (vs), 1453 (m), 1383 (m), 1329 (w), 1268 (w), 1201 (w), 1054 (vs), 1030 (vs), 970 (m), 857 (m), 612 (m).

EA (C₂₆H₄₂O₂, 386.6): calcd.: C 80.77, H 10.95; found: C 80.80, H 11.03.

Specific rotation: $[\alpha]_D^{20}$ = +44.0° (c = 0.50, CHCl₃).

(22*R*,23*S*)-6β-Methoxy-22,23-methylene-3α,5-cyclo-5α-cholan-24-al (87)

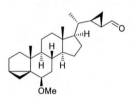

Alcohol **86** (459 mg, 1.19 mmol, 1.00 equiv.) and 2-iodoxybenzoic acid (IBX) (1.66 g, 5.94 mmol, 5.00 equiv.) were dissolved in 10 mL of DMSO and stirred overnight at room temperature. 50 mL of H₂O was added to the reaction mixture, and the resulting precipitate was filtered and washed thoroughly with Et₂O. The aqueous phase was extracted with Et₂O (3 × 50 mL). The combined organic layers were dried over Na₂SO₄, and the solvent was removed under reduced pressure. The crude product was purified by flash column chromatography on silica gel (*n*-pentane/EtOAc 10:1) to yield the desired aldehyde **87** as an amorphous colorless solid (421 mg, 1.09 mmol, 92% yield).

TLC: R_f = 0.56 (*n*-pentane/EtOAc 5:1).

^{1}H NMR (500 MHz, CD$_2$Cl$_2$): δ [ppm] = 8.89 (d, J = 5.8 Hz, 1H, 24-CHO), 3.27 (s, 3H, OCH$_3$), 2.73 (t, J = 2.9 Hz, 1H, 6-CH), 1.96 (dt, J = 12.5, 3.4 Hz, 1H, CH*H*), 1.90 – 1.59 (m, 6H), 1.54 – 1.22 (m, 7H), 1.22 – 1.03 (m, 8H, contains 1.05 (d, J = 6.7 Hz, 3H, 21-CH$_3$)), 1.03 – 0.81 (m, 8H, contains 0.99 (s, 3H, 19-CH$_3$)), 0.68 (s, 3H, 18-CH$_3$), 0.61 (dd, J = 5.0, 3.7 Hz, 1H, 4-CH$_2$), 0.40 (dd, J = 8.0, 5.0 Hz, 1H, 4-CH$_2$).

^{13}C NMR (126 MHz, CD$_2$Cl$_2$): δ [ppm] = 201.0 (+, CHO-24), 82.7 (+, CH-6), 58.2 (+, CH), 56.7 (+, OCH$_3$), 56.4 (+, CH), 48.3 (+, CH), 43.7 (C$_q$), 43.3 (C$_q$), 40.5 (–, CH$_2$), 39.5 (+, CH), 35.7 (C$_q$, C-5), 35.3 (–, CH$_2$), 33.7 (–, CH$_2$), 32.8 (+, CH), 30.9 (+, CH), 29.6 (+, CH), 28.3 (–, CH$_2$), 25.3 (–, CH$_2$), 24.6 (–, CH$_2$), 23.1 (–, CH$_2$), 21.9 (+, CH-3), 20.0 (+, CH$_3$-21), 19.5 (+, CH$_3$-19), 13.2 (–, CH$_2$-4), 12.3 (+, CH$_3$-18), 12.0 (–, CH$_2$-22^1).

MS (FAB, 3-NBA): m/z (%) = 384 (21) [M]$^+$, 383 (36) [M–H]$^+$, 369 (15) [M–CH$_3$]$^+$, 354 (28) [M–CH$_2$O]$^+$, 353 (100) [M–OCH$_3$]$^+$, 352 (23) [M–CH$_3$OH]$^+$, 255 (23) [C$_{19}$H$_{27}$]$^+$, 253 (25) [C$_{19}$H$_{25}$]$^+$, 213 (14) [C$_{16}$H$_{21}$]$^+$.

HRMS (FAB, 3-NBA, m/z): calcd. for C$_{26}$H$_{40}$O$_2$, [M]$^+$: 384.3028; found: 384.3029.

IR (ATR): $\tilde{v}$ [cm^{-1}] = 3058 (vw), 2931 (s), 2867 (s), 2721 (vw), 1704 (vs), 1455 (m), 1381 (w), 1095 (vs), 1016 (s), 863 (m), 613 (w).

EA (C$_{26}$H$_{40}$O$_2$, 384.6): calcd.: C 81.20, H 10.48; found: C 81.38, H 10.39.

Specific rotation: $[\alpha]_D^{20}$ = +50.7° (c = 0.53, CHCl$_3$).

(22*R*,23*S*)-6β-Methoxy-22,23-methylene-3α,5-cyclo-5α-cholestan-24ξ-ol (88)

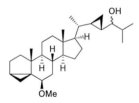

A mixture of aldehyde **87** (60.0 mg, 156 μmol, 1.00 equiv.) and *i*-PrMgBr (2 M, 156 μL, 312 μmol, 2.00 equiv.) in 1 mL of dry THF was stirred at –18 °C for 2 h under argon atmosphere and then quenched with 5 mL of sat. NH$_4$Cl. The layers were separated, and the aqueous layer was washed with EtOAc (3 × 10 mL). The combined organic layers were washed with 5 mL of brine, dried over Na$_2$SO$_4$, and the solvent was removed under reduced pressure. The residue was purified by flash column chromatography on silica gel (*n*-pentane/EtOAc 15:1) to give a diastereomeric mixture of the alcohol as an off-white solid (55.7 mg, 130 μmol, 83% yield). Compound (24*S*)-**88** was obtained with a 4.9:1 diastereomeric ratio determined by ^{1}H NMR spectroscopy.

Experimental

Recrystallization from isopropanol/H₂O afforded crystals suitable for X-ray crystallographic analysis (CCDC 2041207).

TLC: $R_f = 0.66$ (*n*-pentane/EtOAc 4:1).

Melting Point: 91–94 °C.

¹H NMR (500 MHz, CDCl₃): δ [ppm] = 3.32 (s, 3H, OCH₃), 2.95 (dd, J = 6.7, 4.8 Hz, 1H, 24-C*H*OH), 2.77 (t, J = 2.9 Hz, 1H, 6-C*H*OCH₃), 2.00 – 1.87 (m, 3H), 1.83 – 1.67 (m, 3H), 1.67 – 1.58 (m, 1H), 1.55 – 1.46 (m, 2H), 1.46 – 1.33 (m, 3H), 1.27 – 1.00 (m, 9H, contains 1.02 (s, 3H, 19-CH₃)), 0.97 (d, J = 6.9 Hz, 6H, 26-CH₃ and 27-CH₃), 0.92 – 0.77 (m, 7H, contains 0.87 (d, J = 6.7 Hz, 3H, 21-CH₃)), 0.69 (s, 3H, 18-CH₃), 0.65 (dd, J = 5.0, 3.7 Hz, 1H, 4-CH*H*), 0.62 – 0.55 (m, 1H, CH), 0.43 (dd, J = 8.0, 5.0 Hz, 1H, 4-C*H*H), 0.33 (dt, J = 9.0, 4.7 Hz, 1H, 22¹-CH*H*), 0.19 (ddd, J = 8.5, 5.5, 4.5 Hz, 1H, 22¹-C*H*H). Missing signal (1H, OH) due to H/D exchange.

¹³C NMR (126 MHz, CDCl₃): δ [ppm] = 82.6 (+, CH-6), 79.1 (+, CH-24), 57.8 (+, CH), 56.7 (+, OCH₃), 56.4 (+, CH), 48.2 (+, CH), 43.5 (C_q), 43.0 (C_q), 40.3 (–, CH₂), 38.3 (+, CH), 35.4 (C_q, C-5), 35.2 (–, CH₂), 34.0 (+, CH), 33.5 (–, CH₂), 30.7 (+, CH), 28.3 (–, CH₂), 25.1 (–, CH₂), 24.4 (–, CH₂), 23.5 (+, CH), 23.0 (+, CH), 22.9 (–, CH₂), 21.6 (+, CH), 19.5 (+, CH₃-26 or CH₃-27), 19.4 (+, CH₃-19), 18.3 (+, CH₃-21), 17.4 (+, CH₃-26 or CH₃-27), 13.2 (–, CH₂-4), 12.4 (+, CH₃-18), 5.6 (–, CH₂-22¹).

MS (FAB, 3-NBA): m/z (%) = 428 (16) [M]⁺, 427 (37) [M–H]⁺, 397 (19) [M–OCH₃]⁺, 379 (100) [M–OCH₃–H₂O]⁺, 353 (14) [M–H₂–C₄H₉O]⁺, 255 (26) [C₁₉H₂₇]⁺, 253 (45) [C₁₉H₂₅]⁺, 213 (20) [C₁₆H₂₁]⁺.

HRMS (FAB, 3-NBA, m/z): calcd. for C₂₉H₄₈O₂, [M]⁺: 428.3649; found: 428.3651.

IR (ATR): $\tilde{\nu}$ [cm⁻¹] = 3493 (w), 3060 (vw), 2932 (vs), 2866 (vs), 2846 (s), 1459 (s), 1380 (m), 1252 (w), 1198 (w), 1152 (w), 1086 (vs), 1016 (s), 992 (m), 914 (m), 891 (w), 860 (m), 815 (w), 660 (w), 615 (w), 541 (w).

EA (C₂₉H₄₈O₂, 428.7): calcd.: C 81.25, H 11.29; found: C 81.14, H 11.40.

Specific rotation: $[\alpha]_D^{20}$ = +61.9° (c = 0.52, CHCl₃).

(22*R*,23*S*)-6*β*-Methoxy-22,23-methylene-3*α*,5-cyclo-5*α*-cholestan-24-one (40)

To a solution of alcohol **88** (211 mg, 492 *μ*mol, 1.00 equiv.) in 5 mL of CH$_2$Cl$_2$ was added 0.2 g of powdered molecular sieve 3 Å, followed by pyridinium chlorochromate (PCC) (165 mg, 765 *μ*mol, 1.56 equiv.). The mixture was stirred at room temperature for 2 h. Et$_2$O was added (10 mL), and the mixture was filtered through a short plug of Florisil. The solvent was removed under reduced pressure to yield the crude ketone, which was purified by flash column chromatography on silica gel (*n*-pentane/EtOAc 20:1). Ketone **40** was obtained as a colorless solid (176 mg, 413 *μ*mol, 84% yield). Spectroscopic properties were identical to those present in the literature.[64] Recrystallization from MeOH/H$_2$O afforded crystals suitable for X-ray crystallographic analysis (CCDC 2047122).

TLC: R_f = 0.28 (*n*-pentane/EtOAc 20:1).

Melting Point: 104–106 °C.

^{1}H NMR (500 MHz, CDCl$_3$): $δ$ [ppm] = 3.32 (s, 3H, OCH$_3$), 2.77 (t, J = 2.9 Hz, 1H, 6-C*H*OCH$_3$), 2.72 (hept, J = 6.9 Hz, 1H, 25-CH), 1.98 – 1.85 (m, 3H), 1.84 – 1.66 (m, 3H), 1.65 – 1.56 (m, 1H, CH*H*), 1.55 – 1.47 (m, 2H), 1.47 – 1.32 (m, 3H), 1.31 – 1.21 (m, 2H), 1.19 – 0.96 (m, 17H, contains 1.14 (d, J = 7.0 Hz, 3H, 27-CH$_3$), 1.11 (d, J = 6.8 Hz, 3H, 26-CH$_3$), 1.01 (s, 3H, 19-CH$_3$), 1.00 (d, J = 6.7 Hz, 3H, 21-CH$_3$)), 0.93 – 0.78 (m, 4H), 0.70 – 0.61 (m, 5H, contains 0.67 (s, 3H, 18-CH$_3$)), 0.43 (dd, J = 8.1, 5.0 Hz, 1H, 4-CH*H*).

^{13}C NMR (126 MHz, CDCl$_3$): $δ$ [ppm] = 214.1 (C$_q$, CO-24), 82.5 (+, CH-6), 57.8 (+, CH), 56.7 (+, OCH$_3$), 56.3 (+, CH), 48.1 (+, CH), 43.5 (C$_q$), 43.0 (C$_q$), 41.5 (+, CH-25), 40.2 (–, CH$_2$), 39.6 (+, CH), 35.3 (C$_q$, C-5), 35.2 (–, CH$_2$), 33.5 (–, CH$_2$), 32.6 (+, CH), 30.7 (+, CH), 28.9 (+, CH), 28.2 (–, CH$_2$), 25.1 (–, CH$_2$), 24.3 (–, CH$_2$), 22.9 (–, CH$_2$), 21.6 (+, CH), 19.7 (+, CH$_3$-21), 19.4 (+, CH$_3$-19), 18.8 (+, CH$_3$-27), 18.0 (+, CH$_3$-26), 16.2 (–, CH$_2$-22^1), 13.2 (–, CH$_2$-4), 12.4 (+, CH$_3$-18).

MS (FAB, 3-NBA): m/z (%) = 426 (38) [M]$^+$, 425 (50) [M–H]$^+$, 411 (12) [M–CH$_3$]$^+$, 395 (100) [M–OCH$_3$]$^+$, 371 (13), 297 (25) [C$_{22}$H$_{33}$]$^+$, 255 (19) [C$_{19}$H$_{27}$]$^+$, 253 (33) [C$_{19}$H$_{25}$]$^+$, 213 (10) [C$_{16}$H$_{21}$]$^+$.

HRMS (FAB, 3-NBA, m/z): calcd. for C$_{29}$H$_{46}$O$_2$, [M]$^+$: 426.3492; found: 426.3495.

Experimental

IR (ATR): $\tilde{v}$ [cm^{-1}] = 3060 (vw), 2956 (s), 2919 (vs), 2866 (s), 1687 (vs), 1459 (m), 1446 (m), 1381 (m), 1346 (m), 1181 (w), 1092 (vs), 1062 (vs), 1017 (s), 966 (m), 914 (m), 880 (w), 861 (m), 815 (w), 615 (w).

EA (C$_{29}$H$_{46}$O$_2$, 426.7): calcd.: C 81.63, H 10.87; found: C 81.35, H 10.72.

Specific rotation: $[\alpha]_D^{20}$ = +115.7° (c = 0.555, CHCl$_3$).

Ethyl (22R,23S,24E)-6β-methoxy-22,23-methylene-3α,5-cyclo-5α-cholest-24-en-26-oate (90)

A solution of aldehyde **86** (156 mg, 406 μmol, 1.00 equiv.) and (carbethoxyethylidene)triphenylphosphorane (294 mg, 811 μmol, 2.00 equiv.) in 5 mL of dry THF under argon atmosphere was refluxed for 5 h. The solvent was removed under reduced pressure, and the residue was purified by flash column chromatography on silica gel (n-pentane/EtOAc 20:1). Ester **90** was obtained as a thick colorless oil (160 mg, 341 μmol, 84% yield) with an E/Z-ratio of 9:1. Slow crystallization of the oil afforded crystals suitable for X-ray crystallographic analysis.

TLC: R_f = 0.38 (n-pentane/EtOAc 20:1).

^{1}H NMR (500 MHz, CDCl$_3$): δ [ppm] = 6.11 (dd, J = 10.7, 1.5 Hz, 1H, 24-H), 4.16 (q, J = 7.1 Hz, 2H, OCH$_2$), 3.31 (s, 3H, OCH$_3$), 2.76 (t, J = 2.9 Hz, 1H, 6-CHOCH$_3$), 1.99 – 1.85 (m, 5H contains: 1.92 (d, J = 1.3 Hz, 3H, 27-CH$_3$)), 1.85 – 1.65 (m, 3H), 1.65 – 1.46 (m, 4H), 1.44 – 1.35 (m, 3H), 1.34 – 1.20 (m, 4H contains: 1.27 (t, J = 7.1 Hz, 3H, CH$_3$)), 1.19 – 0.96 (m, 10H, contains: 1.02 (d, J = 6.3 Hz, 3H, 21-CH$_3$), 1.01 (s, 3H, 19-CH$_3$)), 0.91 – 0.65 (m, 10H, contains: 0.67 (s, 3H, 18-CH$_3$)), 0.64 (t, J = 4.4 Hz, 1H, 4-CHH), 0.42 (dd, J = 8.1, 5.1 Hz, 1H, 4-CHH).

^{13}C NMR (126 MHz, CDCl$_3$): δ [ppm] = 168.5 (C$_q$, COOEt), 146.9 (+, CH-24), 124.5 (C$_q$, C-25), 82.5 (+, CH-6), 60.4 (−, OCH$_2$), 58.2 (+, CH), 56.7 (+, OCH$_3$), 56.3 (+, CH), 48.2 (+, CH), 43.5 (C$_q$, C-10), 43.0 (C$_q$, C-13), 40.5 (+, CH), 40.2 (−, CH$_2$), 35.4 (C$_q$, C-5), 35.1 (−, CH$_2$), 33.5 (−, CH$_2$), 30.7 (+, 2C, CH), 28.1 (−, CH$_2$), 25.1 (−, CH$_2$), 24.3 (−, CH$_2$), 22.9 (−, CH$_2$), 21.8 (+, CH), 21.7 (+, CH), 20.0 (+, CH$_3$-21), 19.4 (+, CH$_3$-19), 14.5 (+, CH$_3$), 13.6 (−, CH$_2$-22^1), 13.2 (−, CH$_2$-4), 12.6 (+, CH$_3$-27), 12.3 (+, CH$_3$-18).

Trans-(2-isopropylcyclopropyl)benzene (95a)

ZnCl$_2$ (1 M in THF, 273 mg, 2.00 mL, 2.00 mmol, 2.00 equiv.) was added to an oven-dried vial under argon atmosphere. Then a solution of isopropyl magnesium bromide (2 M in THF, 411 mg, 2.00 mL, 4.00 mmol, 4.00 equiv.) was added dropwise to the ZnCl$_2$ solution, and the mixture was stirred for at least 10 min before use. An oven-dried vial was charged with carboxylic acid **94** (162 mg, 1.00 mmol, 1.00 equiv.) and HATU (378 mg, 1.00 mmol, 1.00 equiv.). The vial was then evacuated and backfilled with argon three times. DMF (5.0 mL) and Et$_3$N (101 mg, 139 μL, 1.00 mmol, 1.00 equiv.) were added. The mixture was stirred for 30 min. A solution of NiCl$_2$•glyme (43.9 mg, 200 μmol, 0.200 equiv.) and 4,4′-di-*tert*-butyl-2,2′-bipyridyl (BBBPY) (107 mg, 400 μmol, 0.400 equiv.) in DMF (5.0 mL) was added, and the mixture was stirred for 5 min. The previously prepared solution of dialkylzinc was then added. The resulting mixture was allowed to stir overnight at room temperature. The reaction mixture was quenched with 1 M aq. HCl and extracted with *n*-pentane (3 × 10 mL). The combined organic layers were washed with H$_2$O and brine and dried over Na$_2$SO$_4$. The solvent was removed under reduced pressure, and the crude product was purified by flash column chromatography on silica gel (*n*-pentane) to yield the alkane **95a** as a colorless liquid (31.9 mg, 199 μmol, 20% yield).

TLC: R_f = 0.58 (*n*-pentane).

^{1}H NMR (300 MHz, CDCl$_3$): δ [ppm] = 7.23 (d, J = 7.5 Hz, 2H, ArH), 7.17 – 7.09 (m, 1H, ArH), 7.09 – 7.02 (m, 2H, ArH), 1.66 (dt, J = 8.3, 4.9 Hz, 1H, CH$_{cycloprop}$), 1.16 – 0.93 (m, 7H), 0.92 – 0.75 (m, 3H).

Tetrachloro-*N*-hydroxyphthalimide (TCNHPI) (97)

Tetrachlorophthalic anhydride (100 g, 350 mmol, 1.00 equiv.) and NH$_2$OH•HCl (48.6 g, 700 mmol, 2.00 equiv.) were dissolved in pyridine (277 g, 282 mL, 3.50 mol, 10.0 equiv.). The resulting solution was heated to 60 °C for 4 h. The resulting slurry was suspended in water and acidified with concentrated HCl. The solid was filtered, washed with water, and dried in vacuo to provide the product **97** as a yellow solid (102 g, 339 mmol, 97% yield).

^{1}H NMR (400 MHz, DMSO-d$_6$): δ [ppm] = 11.25 (s, 1H).

^{13}C NMR (101 MHz, DMSO-d$_6$): δ [ppm] = 159.9 (C$_q$, 2C, CON), 138.0 (C$_q$, 2C, C-Ar), 127.9 (C$_q$, 2C, CCl-Ar), 125.9 (C$_q$, 2C, CCl-Ar).

MS (EI, 70 eV, 110 °C): m/z (%) = 299/301/303/305 (79/100/46/7) [M]$^+$, 269/271/273/275 (51/57/27/8) [M–NO]$^+$.

HRMS (EI, 70 eV, 110 °C, m/z): calcd.: for C$_8$HCl$_4$NO$_3$ [M]$^+$: 298.8705; found: 298.8704.

IR (ATR): $\tilde{\nu}$ [cm^{-1}]: 3582 (w), 3496 (w), 3271 (w), 2946 (w), 2808 (w), 1785 (w), 1715 (vs), 1472 (m), 1377 (m), 1360 (s), 1303 (s), 1194 (m), 1174 (m), 1159 (s), 1142 (m), 1043 (vs), 792 (m), 725 (vs), 693 (s), 619 (w), 582 (m), 435 (m), 405 (s).

EA (C$_8$HCl$_4$NO$_3$, 300.9): calcd.: C 31.97, H 0.33, N 4.65; found: C 31.86, H 0.90, N 4.61.

2-(2-Tosylhydrazono)acetic acid (100)

A 1 L round bottom flask was charged with glyoxylic acid monohydrate (46.0 g, 500 mmol, 1.00 equiv.) and H$_2$O (500 mL). The mixture was stirred at 65 °C until the solid dissolved completely. This solution then added a warm suspension (at approximately 65 °C) of p-toluenesulfonylhydrazide (93.1 g, 500 mmol, 1.00 equiv.) in 2.5 M aq. HCl (300 mL). The reaction mixture was stirred at 65 °C for 15 min, then allowed to cool to room temperature gradually until all of the oil solidified, and then the flask was kept in a refrigerator overnight. The crude product was collected by filtration, washed with cold water, and dried for 2 days in open air followed by exposure to high vacuum overnight. To a 1 L round bottom flask containing the acid and equipped with a stir bar and with a condenser was added boiling EtOAc until the entire solid dissolved. n-Hexane was added until the solution became cloudy. After that, hot EtOAc was added until it just became clear again. The solution was then allowed to cool to room temperature and set in a refrigerator overnight. The solid was then collected by filtration, washed with ice-cold 1:2 EtOAc/n-hexane to afford the product 100 as a white solid (99.1 g, 409 mmol, 82% yield).

^{1}H NMR (400 MHz, DMSO-d$_6$): δ [ppm] = 13.07 (brs, 1H, COOH), 12.28 (s, 1H, NH), 7.74 – 7.67 (m, 2H, ArH), 7.47 – 7.39 (m, 2H, ArH), 7.19 (s, 1H, CHN), 2.38 (s, 3H, CH$_3$).

^{13}C NMR (101 MHz, DMSO-d$_6$): δ [ppm] = 163.6 (C$_q$, COOH), 144.0 (C$_q$, C-Ar), 137.5 (+, CHN), 135.7 (C$_q$, C-Ar), 129.9 (+, CH-Ar), 127.1 (+, CH-Ar), 21.0 (+, CH$_3$).

MS (FAB, 3-NBA): m/z (%) = 243 (100) [M+H]$^+$, 225 (30) [M–OH]$^+$, 195 (21) [C$_8$H$_8$N$_2$O$_2$S]$^+$, 155 (34) [C$_7$H$_7$O$_2$S]$^+$, 154 (46) [C$_7$H$_6$O$_2$S]$^+$, 139 (35), 138 (25), 137 (64), 136 (48).

HRMS (FAB, 3-NBA, m/z): calcd. for C$_9$H$_{11}$N$_2$O$_4$S, [M+H]$^+$: 243.0434; found: 243.0436.

IR (ATR): ṽ [cm^{-1}]: 3176 (w), 2893 (w), 2541 (w), 1696 (s), 1594 (m), 1419 (m), 1347 (s), 1286 (m), 1169 (vs), 1119 (s), 1082 (vs), 912 (m), 858 (vs), 809 (s), 703 (m), 688 (m), 656 (vs), 605 (s), 538 (vs), 475 (s), 398 (m).

EA (C$_9$H$_{10}$N$_2$O$_4$S, 242.2): calcd.: C 44.62, H 4.16, N 11.56, S 13.24; found: C 44.56, H 4.16, N 11.42, S 13.41.

4,5,6,7-Tetrachloro-1,3-dioxoisoindolin-2-yl 2-diazoacetate (101)

Both 2-(2-tosylhydrazono)acetic acid (**100**) (1.00 g, 4.13 mmol, 1.00 equiv.) and TCNHPI **97** (1.29 g, 4.29 mmol, 1.04 equiv.) were dissolved in 200 mL of ice-cold THF. At 0 °C, DCC (894 mg, 4.33 mmol, 1.05 equiv.) in 20 mL of THF was added dropwise over a period of 30 min, and the solution was stirring for 5 h at room temperature under argon atmosphere. Precipitates were removed by filtration, and the solvent was removed under reduced pressure. The crude product was purified by flash column chromatography on silica gel (n-pentane/CH$_2$Cl$_2$/EtOAc 85:10:5) to yield the diazo ester **101** as a slightly yellow solid (164 mg, 444 µmol, 11% yield).

TLC: R_f = 0.58 (n-pentane/CH$_2$Cl$_2$/EtOAc 70:20:10).

Melting Point: 185–188 °C, decomp.

^{1}H NMR (500 MHz, CDCl$_3$): δ [ppm] = 5.20 (s, 1H, CHN$_2$).

^{13}C NMR (126 MHz, CDCl$_3$): δ [ppm] = 157.8 (C$_q$, 2C, CON), 141.2 (C$_q$, 2C, C-Ar), 130.7 (C$_q$, 2C, CCl-Ar), 124.8 (C$_q$, 2C, CCl-Ar), 45.3 (+, CHN$_2$). Missing signal (C$_q$, COO) due to fluctuating structure.

MS (EI, 70 eV, 140 °C): m/z (%) = 367/369/371/373 (6/8/4/0) [M]$^+$, 283/285/287/289 (14/17/8/1) [M–C$_2$N$_2$O$_2$]$^+$., 243 (5), 242 (13), 241 (9), 240 (10), 239 (4), 238 (0), 230 (1), 228 (4), 226 (2), 218 (2), 216 (9), 214 (18), 212 (14), 181 (2), 179 (8), 177 (7), 1144 (8), 143 (1), 142 (12),

HRMS (EI, 70 eV, 140 °C, m/z): calcd.: for C$_{10}$HCl$_4$N$_3$O$_4$ [M]$^+$: 366.8716; found: 366.8714.

Experimental

IR (ATR): ṽ [cm^{-1}]: 3122 (w), 2140 (s), 1745 (vs), 1361 (vs), 1298 (vs), 1198 (s), 1140 (vs), 1099 (vs), 1035 (vs), 926 (vs), 722 (vs), 618 (s), 490 (vs), 431 (vs).

EA (C$_{10}$HCl$_4$N$_3$O$_4$, 368.9): calcd.: C 32.55, H 0.27, N 11.39; found: C 32.56, H 0.37, N 11.01.

5.2.3 Synthetic Methods and Characterization Data for Chapter 3.2

(22*R*,23*S*)-6*β*-Methoxy-22,23-methylene-3*α*,5-cyclo-5*α*-cholan-24-yl mesylate (109)

To an approximately 0.2 M solution of the alcohol **86** (150 mg, 388 μmol, 1.00 equiv.) in 2.0 mL of CH$_2$Cl$_2$ containing triethylamine (58.9 mg, 80.7 μL, 582 μmol, 1.50 equiv.) at −10 °C was added mesyl chloride (48.9 mg, 33.0 μL, 427 μmol, 1.10 equiv.) over a period of 5 min. The reaction mixture was stirred for 30 min and then transferred to a separatory funnel. The mixture was washed with 5 mL of ice water, 5 mL of cold 10% HCL, 5 mL of sat. aq. NaHCO$_3$, and 10 mL of brine. The organic phase was dried over Na$_2$SO$_4$, and the solvent was removed under reduced pressure to yield the crude mesylate **109** (63.1 mg, 136 μmol, 35% yield), which was used without further purification.

^{1}H NMR (300 MHz, CDCl$_3$): δ [ppm] = 4.26 (dd, J = 10.6, 6.4 Hz, 1H, 24-C*H*H), 3.89 (dd, J = 10.6, 8.3 Hz, 1H, 24-CH*H*), 3.33 (s, 3H, OCH$_3$), 3.01 (s, 3H, SO$_2$CH$_3$), 2.77 (t, J = 2.9 Hz, 1H, 6-CH), 2.01 − 1.82 (m, 3H), 1.85 − 1.33 (m, 8H), 1.35 − 1.00 (m, 12H, contains: 1.02 (s, 3H, 19-CH$_3$), 0.99 (d, J = 6.6 Hz, 3H, 21-CH$_3$)), 0.94 − 0.73 (m, 4H), 0.71 − 0.61 (m, 4H, contains: 0.66 (s, 3H, 18-CH$_3$)), 0.62 − 0.32 (m, 4H).

(22*R*,23*S*)-6*β*-Methoxy-22,23-methylene-3*α*,5-cyclo-5*α*-cholan-24-yl bromide (110)

Alcohol **86** (50.0 mg, 0.129 mmol, 1.00 equiv.), triphenylphosphine (50.9 mg, 0.194 mmol, 1.50 equiv.), and tetrabromomethane (64.3 mg, 0.194 mmol, 1.50 equiv.) were dissolved in 3.0 mL of dry CH$_2$Cl$_2$. The solution was stirred at room temperature for 17 h and then quenched by the addition of 20 mL of H$_2$O. The organic phase was separated, and the aqueous phase was extracted with EtOAc (2 × 20 mL). The combined organic extracts were dried over Na$_2$SO$_4$, and the solvent was removed under reduced pressure. The crude product was purified by flash column chromatography on silica gel (*n*-pentane/EtOAc 50:1) to yield the bromide **110** as a colorless solid (49.0 mg, 0.109 mmol, 84% yield).

TLC: R_f = 0.49 (*n*-pentane/EtOAc 20:1).

Experimental

Melting Point: 86 °C.

^{1}H NMR (500 MHz, CDCl$_3$): δ [ppm] = 3.66 (dd, J = 10.0, 5.5 Hz, 1H, 24-CHH), 3.33 (s, 3H, OCH$_3$), 3.01 (t, J = 9.8 Hz, 1H, 24-CHH), 2.78 (t, J = 2.4 Hz, 1H, 6-CH), 2.00 – 1.82 (m, 3H), 1.80 – 0.71 (m, 24H, contains: 1.02 (s, 3H, 19-CH$_3$), 0.97 (d, J = 6.6 Hz, 3H, 21-CH$_3$)), 0.71 – 0.62 (m, 4H, contains: 0.66 (s, 3H, 18-CH$_3$)), 0.60 – 0.50 (m, 1H), 0.49 – 0.37 (m, 3H).

^{13}C NMR (126 MHz, CDCl$_3$): δ [ppm] = 82.5 (+, CH-6), 58.0 (+, CH), 56.7 (+, OCH$_3$), 56.4 (+, CH), 48.2 (+, CH), 43.5 (C$_q$, C-10), 43.1 (C$_q$, C-13), 40.3 (–, CH$_2$), 40.2 (+, CH), 39.7 (–, 24-CH$_2$), 35.4 (C$_q$, C-5), 35.2 (–, CH$_2$), 33.5 (–, CH$_2$), 30.8 (+, CH), 30.7 (–, CH), 28.2 (–, CH$_2$), 25.1 (–, CH$_2$), 24.4 (–, CH$_2$), 23.5 (+, CH), 22.9 (–, CH$_2$), 21.6 (+, CH), 19.7 (+, CH$_3$-21), 19.4 (+, CH$_3$-19), 13.2 (–, CH$_2$), 12.4 (+, CH$_3$-18), 12.3 (–, CH$_2$).

MS (FAB, 3-NBA): m/z (%) = 448/450 (15/12) [M]$^+$, 447/449 (26/27) [M–H]$^+$, 417/419 (69/51) [M–OCH$_3$]$^+$, 337 (29) [M–OCH$_3$–HBr]$^+$, 255 (15) [C$_{19}$H$_{27}$]$^+$, 253 (19) [C$_{19}$H$_{25}$]$^+$, 213 (16) [C$_{16}$H$_{21}$]$^+$.

HRMS (FAB, 3-NBA, m/z): calcd. for C$_{26}$H$_{40}$BrO, [M–H]$^+$: 447.2264; found: 477.2263.

IR (ATR): ṽ [cm^{-1}]: 3061 (vw), 2934 (m), 2864 (w), 2848 (w), 1461 (w),1378 (w), 1323 (w), 1271 (vw), 1218 (w), 1159 (w), 1093 (m), 1048 (w), 1018 (w), 999 (w), 969 (w), 914 (w), 894 (w), 863 (w), 814 (w), 615 (m), 555 (vw), 522 (vw), 464 (vw), 393 (vw).

EA (C$_{26}$H$_{41}$BrO, 449.5): calcd.: C 69.47, H 9.19; found: C 70.05, H 9.34.

Specific rotation: $[\alpha]_D^{20}$ = +55.2° (c = 0.23, CHCl$_3$).

(22*R*,23*S*)-3β,24-Dibromo-22,23-methylenechol-5-ene (111)

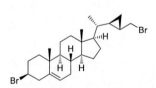

A side product of the APPEL reaction of alcohol **86**.

TLC: R_f = 0.73 (*n*-pentane/EtOAc 20:1).

^{1}H NMR (300 MHz, CDCl$_3$): δ [ppm] = 5.36 (dt, J = 5.5, 1.9 Hz, 1H, 6-H), 3.92 (tt, J = 12.2, 4.5 Hz, 1H, 3-H), 3.64 (dd, J = 10.0, 5.6 Hz, 1H, 24-CHH), 3.02 (t, J = 9.7 Hz, 1H, 24-CHH), 2.74 (ddq, J = 13.6, 12.6, 2.6 Hz, 1H, 4-CHH), 2.58 (ddd, J = 13.5, 4.8, 2.3 Hz, 1H, 4-CHH), 2.24 – 2.12 (m, 1H), 2.12 – 1.91 (m, 3H), 1.86 (dt, J = 13.5, 3.5 Hz, 1H), 1.69 – 1.34 (m, 6H), 1.31 – 0.87 (m, 14H, contains: 1.03 (s, 3H, 19-CH$_3$), 0.97 (d, J = 6.6 Hz, 3H, 21-CH$_3$)), 0.88 – 0.72 (m, 1H), 0.62 (s, 3H, 18-CH$_3$), 0.55 (tdd, J = 9.0, 5.4, 4.3 Hz, 1H), 0.49 – 0.36 (m, 2H).

(22*R*,23*S*)-6*β*-Methoxy-22,23-methylene-3*α*,5-cyclo-5*α*-cholane (107a)

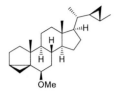

A flame-dried round bottom flask under argon atmosphere was charged with the bromide **110** (50.9 mg, 113 μmol, 1.00 equiv.) and LiAlH$_4$ (8.60 mg, 226 μmol, 2.00 equiv.). 2 mL of dry THF were added, and the mixture was stirred for 4 h at room temperature. Excess LiAlH$_4$ was destroyed by the slow addition of 50% aq. KOH followed by H$_2$O. The organic phase was separated, and the aqueous phase was extracted with Et$_2$O (3 × 10 mL). The combined organic layers were dried over Na$_2$SO$_4$, and the solvent was removed under reduced pressure. The crude product was purified by flash column chromatography on silica gel (*n*-pentane/EtOAc 50:1) to yield the alkane **107a** as a colorless crystalline solid (32.8 mg, 88.5 μmol, 99% yield).

TLC: R_f = 0.30 (*n*-pentane/EtOAc 33:1).

Melting Point: 112 °C.

^{1}H NMR (500 MHz, CDCl$_3$): δ [ppm] = 3.33 (s, 3H, OCH$_3$), 2.77 (t, *J* = 2.9 Hz, 1H, 6-C*H*OCH$_3$), 1.96 (dt, *J* = 12.6, 3.5 Hz, 1H, CH*H*), 1.95 – 1.85 (m, 2H), 1.82 – 1.66 (m, 2H), 1.68 – 1.58 (m, 1H, CH*H*), 1.56 – 1.44 (m, 3H), 1.45 – 1.32 (m, 2H), 1.24 (q, *J* = 9.8 Hz, 1H, CH), 1.20 – 1.01 (m, 7H, contains: 1.02 (s, 3H, 19-CH$_3$)), 0.98 (d, *J* = 6.0 Hz, 3H, 24-CH$_3$), 0.96 (d, *J* = 6.7 Hz, 3H, 21-CH$_3$), 0.93 – 0.78 (m, 3H), 0.67 – 0.56 (m, 5H, contains: 0.65 (s, 3H, 18-CH$_3$)), 0.54 (ddtd, *J* = 10.9, 7.6, 5.9, 4.7 Hz, 1H, 23-CH), 0.43 (dd, *J* = 8.0, 5.0 Hz, 1H, 4-CH*H*), 0.15 – 0.01 (m, 3H, 22-CH and 22^1-CH$_2$).

^{13}C NMR (126 MHz, CDCl$_3$): δ [ppm] = 82.6 (+, CH-6), 58.6 (+, CH), 56.7 (+, OCH$_3$), 56.5 (+, CH), 48.3 (+, CH), 43.6 (C$_q$), 42.9 (C$_q$), 40.6 (+, CH), 40.3 (–, CH$_2$), 35.4 (C$_q$, C-5), 35.3 (–, CH$_2$), 33.5 (–, CH$_2$), 30.7 (+, CH), 28.6 (+, CH-22), 27.9 (–, CH$_2$), 25.1 (–, CH$_2$), 24.4 (–, CH$_2$), 22.9 (–, CH$_2$), 21.6 (+, CH-3), 20.2 (+, CH$_3$-21), 19.4 (+, CH$_3$-19), 19.0 (+, CH$_3$-24), 15.2 (+, CH-23), 13.2 (–, CH$_2$-4), 12.5 (+, CH$_3$-18), 10.9 (–, CH$_2$-22^1).

MS (FAB, 3-NBA): m/z (%) = 370 (27) [M]$^+$, 369 (44) [M–H]$^+$, 355 (12) [M–CH$_3$]$^+$, 339 (100) [M–OCH$_3$]$^+$, 337 (28) [M–OCH$_3$–H$_2$]$^+$, 255 (14) [C$_{19}$H$_{27}$]$^+$, 253 (17) [C$_{19}$H$_{25}$]$^+$, 213 (10) [C$_{16}$H$_{21}$]$^+$.

HRMS (FAB, 3-NBA, m/z): calcd. for C$_{26}$H$_{42}$O, [M]$^+$: 370.3236; found: 370.3234.

IR (ATR): $\tilde{\nu}$ [cm^{-1}]: 3058 (w), 2929 (vs), 2864 (vs), 1451 (s), 1383 (w), 1371 (m), 1327 (w), 1201 (w), 1184 (w), 1084 (vs), 1021 (vs), 885 (m), 806 (w), 615 (w).

EA (C$_{26}$H$_{42}$O, 370.6): calcd.: C 84.26, H 11.42; found: C 84.43, H 11.41.

Experimental

Specific rotation: $[\alpha]_D^{20} = +41.1°$ (c = 0.56, CHCl$_3$).

(1S,2R)-1-Ethynyl-2-((20R)-6β-methoxy-3α,5-cyclo-5α-pregnan-20-yl)cyclopropan (107b)

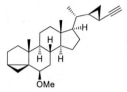

Dimethyl (1-diazo-2-oxopropyl)phosphonate (Ohira-Bestmann reagent) (114 mg, 593 μmol, 1.20 equiv.) was added to a suspension of aldehyde **87** (190 mg, 494 μmol, 1.00 equiv.) and anhydrous K$_2$CO$_3$ (137 mg, 988 μmol, 2.00 equiv.) in 3 mL of dry MeOH, and stirred for 8 h at room temperature. The reaction mixture was transferred to a separatory funnel with 15 mL of Et$_2$O, washed with aq. NaHCO$_3$ (5%, 2 × 10 mL) and 10 mL of brine. The organic phase was dried over Na$_2$SO$_4$, and the solvent was removed under reduced pressure. The crude product was purified by flash column chromatography on silica gel (*n*-pentane/EtOAc 20:1) to yield the alkyne **107b** as a colorless solid (148 mg, 388 μmol, 79% yield). Recrystallization from acetone/H$_2$O afforded crystals suitable for X-ray crystallographic analysis.

TLC: R_f = 0.68 (*n*-pentane/EtOAc 10:1).

Melting Point: 113 °C.

^{1}H NMR (500MHz, CDCl$_3$): δ [ppm] = 3.33 (s, 3H, OCH$_3$), 2.77 (t, J = 2.9 Hz, 1H, 6-CH), 2.11 – 1.98 (m, 2H), 1.95 (dt, J = 12.8, 3.4 Hz, 1H), 1.90 (dt, J = 13.5, 3.2 Hz, 1H), 1.81 – 1.62 (m, 3H), 1.57 – 1.23 (m, 8H), 1.20 – 1.04 (m, 4H), 1.02 (s, 3H, 19-CH$_3$), 0.98 (d, J = 6.7 Hz, 3H, 21-CH$_3$), 0.93 – 0.74 (m, 4H), 0.75 – 0.59 [m, 5H, contains: 0.66 (s, 3H, 18-CH$_3$)], 0.49 (ddd, J = 8.6, 6.1, 4.3 Hz, 1H), 0.43 (dd, J = 8.1, 5.1 Hz, 1H, 4-CHH).

^{13}C NMR (126 MHz, CDCl$_3$): δ [ppm] = 87.7 (Cq, C-24), 82.5 (+, CH-6), 63.7 (+, CH-24), 58.1 (+, CH), 56.7 (+, OCH$_3$), 56.3 (+, CH), 48.2 (+, CH), 43.5 (Cq, C-10), 43.0 (Cq, C-13), 40.2 (+, CH), 40.2 (–, CH$_2$), 35.4 (–, CH$_2$), 35.2 (Cq, C-5), 33.5 (–, CH$_2$), 30.7 (+, CH), 30.3 (+, CH), 28.1 (–, CH$_2$), 25.1 (–, CH$_2$), 24.4 (–, CH$_2$), 22.9 (–, CH$_2$), 21.6 (+, CH), 19.6 (+, 21-CH$_3$), 19.4 (+, 19-CH$_3$), 13.2 (–, CH$_2$), 12.9 (–, CH$_2$), 12.4 (+, CH$_3$), 8.7 (+, CH).

MS (FAB, 3-NBA): m/z (%) = 380 (14) [M]$^+$, 379 (34) [M–H]$^+$, 349 (71) [M–OCH$_3$]$^+$, 253 (51) [C$_{19}$H$_{25}$]$^+$, 213 (9) [C$_{16}$H$_{21}$]$^+$.

HRMS (FAB, 3-NBA, m/z): calcd. for C$_{27}$H$_{40}$O, [M–H]$^+$: 379.3001; found: 379.2999.

IR (ATR): $\tilde{v}$ [cm^{-1}] = 3265 (vw), 2927 (m), 2855 (w), 2112 (vw), 1454 (w), 1383 (vw), 1328 (w), 1270 (vw), 1199 (w), 1091 (m), 1039 (w), 1017 (w), 1002 (w), 967 (w), 944 (vw), 919 (vw), 897 (vw), 879 (w), 861 (w), 811 (vw), 634 (w), 614 (w), 496 (w), 473 (vw), 431 (vw).

EA (C$_{27}$H$_{40}$O, 380.6): calcd.: C 85.20, H 10.59; found: C 85.04, H 10.67.

Specific rotation: $[\alpha]_D^{20}$ = +89.9° (c = 0.63, CHCl$_3$).

(1S,2R)-2-((20R)-6β-methoxy-3α,5-cyclo-5α-pregnan-20-yl)cyclopropancarboxaldehyde tosylhydrazone (106)

The aldehyde **87** (277 mg, 721 μmol, 1.00 equiv.), p-toluenesulfonyl hydrazide (201 mg 1.08 mmol, 1.50 equiv.) and 1.16 g molecular sieve 3 Å were suspended in 5 mL of ethanol. The reaction mixture was stirred for 30 min at room temperature, warmed to 50 °C, and stirred for another 30 min. After cooling down, the molecular sieve was filtered off, and the solvent was removed under reduced pressure. The crude product was purified by flash column chromatography on silica gel (n-pentane/EtOAc 4:1) to yield the tosyl hydrazone **106** as an amorphous colorless solid (382 mg, 692 μmol, 96% yield).

TLC: R_f = 0.80 (n-pentane/EtOAc 2:1).

^{1}H NMR (500 MHz, CDCl$_3$): δ [ppm] = 7.85 – 7.81 (m, 2H, ArH), 7.81 – 7.77 (m, 2H, ArH), 7.76 (s, 1H, NH), 7.32 (m, 2H, ArH), 7.30 (s, 1H, NH), 6.78 (d, J = 7.7 Hz, 1H, 24-H), 6.07 (dd, J = 8.8, 0.9 Hz, 1H, 24-H), 3.34 (s, 1H, OCH$_3$), 2.79 (t, J = 3.1 Hz, 1H, 6-H), 2.43 (s, 3H, ArCH$_3$), 1.96 – 1.85 (m, 2H), 1.80 – 0.95 (m, 24H, contains: 1.02 (s, 3H, 19-CH$_3$)), 0.93 – 0.70 (m, 6H), 0.69 – 0.59 (m, 5H), 0.47 – 0.40 (m, 1H). Due to a mixture of E/Z-isomers, the total amount of protons could not be confirmed by a clear assignment.

^{13}C NMR (126 MHz, CDCl$_3$): δ [ppm] = 157.8 (+, CH-24), 153.9 (+, CH-24), 144.2 (C$_q$, C-Ar), 144.1 (C$_q$, C-Ar), 135.40 (C$_q$, C-Ar), 135.37 (C$_q$, C-Ar), 129.8 (+, 2C, CH-Ar), 129.7 (+, 2C, CH-Ar), 128.2 (+, 2C, CH-Ar), 128.1 (+, 2C, CH-Ar), 82.5 (+, CH-6), 58.1 (+, CH), 57.9 (+, CH), 56.7 (+, OCH$_3$), 56.3 (+, CH), 56.2 (+, CH), 48.20 (+, CH), 48.16 (+, CH), 43.53 (C$_q$), 43.51 (C$_q$), 43.1 (C$_q$), 43.0 (C$_q$), 40.19 (–, CH$_2$), 40.15 (–, CH$_2$), 39.8 (+, CH), 39.7 (+, CH), 35.42 (C$_q$), 35.36 (–, CH$_2$), 35.3 (C$_q$), 35.1 (–, CH$_2$), 33.5 (–, CH$_2$), 30.7 (+, CH), 30.6 (+, CH), 28.75 (+, CH), 28.66 (+, CH), 28.2 (–, CH$_2$), 28.0 (–, CH$_2$), 25.1 (–, CH$_2$), 24.4 (–, CH$_2$),

24.3 (–, CH$_2$), 23.3 (+, CH), 22.9 (–, CH$_2$), 21.80 (+, CH$_3$-Ar), 21.78 (+, CH$_3$-Ar), 21.6 (+, CH), 21.5 (+, CH), 19.9 (+, CH$_3$-19), 19.7 (+, CH$_3$-19), 19.43 (+, CH$_3$-21), 19.40 (+, CH$_3$-21), 18.3 (+, CH), 13.3, 13.2, 12.4 (+, CH$_3$-18), 12.3 (+, CH$_3$-18), 11.7 (–, CH$_2$), 11.6 (–, CH$_2$). Due to a mixture of E/Z-isomers, the total amount of carbons could not be confirmed by a clear assignment.

MS (FAB, 3-NBA): m/z (%) = 553 (70) [M+H]$^+$, 521 (39) [M–OCH$_3$]$^+$, 397 (26) [M–C$_7$H$_7$SO$_2$]$^+$, 365 (20) [M–C$_7$H$_7$SO$_2$–CH$_3$OH]$^+$, 253 (43) [C$_{19}$H$_{25}$]$^+$, 225 (100) [C$_{10}$H$_{13}$N$_2$O$_2$S]$^+$.

HRMS (FAB, 3-NBA, m/z): calcd. for C$_{33}$H$_{49}$N$_2$O$_3$S, [M+H]$^+$: 553.3464; found: 553.3465.

IR (ATR): $\tilde{v}$ [cm^{-1}] = 3207 (vw), 2930 (vw), 2867 (vw), 1737 (vw), 1629 (vw), 1598 (vw), 1454 (vw), 1369 (vw), 1326 (vw), 1185 (vw), 1163 (w), 1093 (w), 1042 (vw), 943 (vw), 909 (vw), 861 (vw), 812 (vw), 705 (vw), 668 (vw), 615 (vw), 578 (vw), 546 (w), 454 (vw), 402 (vw), 389 (vw).

EA (C$_{33}$H$_{48}$N$_2$O$_3$S, 552.8): calcd.: N 5.07, C 71.70, H 8.75, S 5.80; found: N 4.83, C 70.93, H 8.62, S 5.28.

Specific rotation: $[\alpha]_D^{20}$ = +12.6° (c = 0.46, CHCl$_3$).

Phenyl propyl sulfide (114a)

Thiophenol (4.02 g, 3.75 mL, 36.5 mmol, 1.00 equiv.), 1-bromopropane (4.40 g, 3.25 mL, 35.8 mmol, 0.979 equiv.) and anhydrous K$_2$CO$_3$ (7.33 g, 53.0 mmol, 1.45 equiv.) were suspended in 75 mL of DMF. The mixture was stirred at room temperature for 15 min. The reaction was quenched by adding H$_2$O (200 mL) and then extracted with Et$_2$O (4 × 30 mL). The combined organic extracts were washed with H$_2$O (2 × 20 mL), dried over Na$_2$SO$_4$, and the solvent removed under reduced pressure to yield the sulfide **114a** as a colorless oil (5.34 g, 35.0 mmol, 96% yield).

TLC: R_f = 0.76 (n-pentane/EtOAc 4:1).

^{1}H NMR (500 MHz, CDCl$_3$): δ [ppm] = 7.36 – 7.31 (m, 2H, ArH), 7.30 – 7.25 (m, 2H, ArH), 7.19 – 7.14 (m, 1H, ArH), 2.91 (t, J = 7.3 Hz, 2H, SCH$_2$), 1.68 (sext, J = 7.3 Hz, 2H, CH_2CH$_3$), 1.03 (t, J = 7.4 Hz, 3H, CH$_3$).

^{13}C NMR (126 MHz, CDCl$_3$): δ [ppm] = 137.1 (C$_q$, CS), 129.1 (+, 2C, CH-Ar), 128.9 (+, 2C, CH-Ar), 125.8 (+, CH-Ar), 35.7 (–, SCH$_2$), 22.7 (–, CH_2CH$_3$), 13.6 (+, CH$_3$).

MS (EI, 70 eV, 20 °C): m/z (%) = 152 (100) [M]$^+$, 110 (71), 123 (29) [C$_6$H$_5$SCH$_2$]$^+$, 109 (52) [C$_6$H$_5$S]$^+$, 108 (23), 77 (50) [C$_6$H$_5$]$^+$, 65 (23) [C$_5$H$_5$]$^+$, 51 (20) [C$_4$H$_3$]$^+$.

HRMS (EI, 70 eV, 20 °C, m/z): calcd. for C$_9$H$_{12}$S, [M]$^+$: 152.0660; found: 152.0659.

IR (ATR): $\tilde{\nu}$ [cm^{-1}] = 3074 (vw), 3060 (vw), 2961 (w), 2929 (w), 2871 (w), 1681 (w), 1584 (w), 1479 (m), 1438 (m), 1377 (w), 1290 (w), 1237 (w), 1089 (m), 1024 (m), 894 (w), 735 (vs), 688 (vs), 490 (m), 476 (m).

EA (C$_9$H$_{12}$S, 152.1): calcd.: C 71.00, H 7.94, S 21.06; found: C 70.33, H 7.69, S 20.54.

Pentyl phenyl sulfide (114b)

Thiophenol (3.33 g, 3.10 mL, 30.2 mmol, 1.00 equiv.), 1-bromopentane (4.60 g, 3.70 mL, 30.4 mmol, 1.01 equiv.) and anhydrous K$_2$CO$_3$ (6.20 g, 44.9 mmol, 1.49 equiv.) were suspended in 75 mL of DMF. The mixture was stirred at room temperature for 15 min. The reaction was quenched by adding H$_2$O (200 mL) and then extracted with Et$_2$O (4 × 30 mL). The combined organic extracts were washed with H$_2$O (2 × 20 mL), dried over Na$_2$SO$_4$, and the solvent removed under reduced pressure to yield the sulfide **114b** as a colorless oil (5.02 g, 27.9 mmol, 92% yield).

TLC: R_f = 0.80 (n-pentane/EtOAc 4:1).

^{1}H NMR (500 MHz, CDCl$_3$): δ [ppm] = 7.34 – 7.30 (m, 2H, ArH), 7.30 – 7.26 (m, 2H, ArH), 7.18 – 7.14 (m, 1H, ArH), 2.92 (t, J = 7.3 Hz, 2H, SCH$_2$), 1.66 (quin, J = 7.3 Hz, 2H, SCH$_2$CH$_2$), 1.45 – 1.38 (m, 2H, CH$_2$CH$_2$CH$_3$), 1.37 – 1.29 (m, 2H, CH$_2$CH$_3$), 0.90 (t, J = 7.2 Hz, 3H, CH$_3$).

^{13}C NMR (126 MHz, CDCl$_3$): δ [ppm] = 137.2 (C$_q$, CS), 129.0 (+, 2C, CH-Ar), 127.7 (+, 2C, CH-Ar), 125.8 (+, CH-Ar), 33.7 (–, CH$_2$, SCH$_2$), 31.2 (–, CH$_2$, CH$_2$CH$_2$CH$_3$), 29.0 (–, CH$_2$, SCH$_2$C), 22.40 (–, CH$_2$, CH$_2$CH$_3$), 14.1 (+, CH$_3$).

MS (EI, 70 eV, 20 °C): m/z (%) = 180 (55) [M]$^+$, 123 (23) [C$_6$H$_5$SCH$_2$]$^+$, 110 (100), 109 (13) [C$_6$H$_5$S]$^+$.

HRMS (EI, 70 eV, 20 °C, m/z): calcd.: for C$_{11}$H$_{16}$S, [M]$^+$: 180.0972; found: 180.0973.

IR (ATR): $\tilde{\nu}$ [cm^{-1}] = 3074 (vw), 3058 (vw), 2955 (m), 2927 (m), 2857 (w), 1683 (w), 1584 (w), 1479 (m), 1438 (s), 1089 (m), 1067 (m), 1024 (m), 735 (vs), 688 (vs), 473 (m).

Phenyl propyl sulfone (115a)

A solution of thioether **114a** (5.34 g, 35.0 mmol, 1.00 equiv.) in 120 mL of MeOH was added to oxone (32.3 g, 52.6 mmol, 1.50 equiv.) in 120 ml of H_2O at 0 °C. The resulting suspension was stirred for 4 h at room temperature, diluted with H_2O (100 mL), and extracted with CH_2Cl_2 (100 mL, 2 × 50 mL). The combined organic layers were washed with H_2O (50 mL) and brine (50 mL), dried over Na_2SO_4, and the solvent was removed under reduced pressure to yield the sulfone **115a** as a colorless oil (6.07 g, 32.9 mmol, 94% yield).

TLC: R_f = 0.35 (*n*-pentane/EtOAc 4:1).

^{1}H NMR (500 MHz, CDCl$_3$): δ [ppm] = 7.93 – 7.89 (m, 2H, ArH), 7.68 – 7.63 (m, 1H, ArH), 7.59 – 7.54 (m, 2H, ArH), 3.09 – 3.04 (m, 2H, SO$_2$CH$_2$), 1.79 – 1.70 (m, 2H, CH$_2$CH$_3$), 0.99 (t, J = 7.5 Hz, 3H, CH$_3$).

^{13}C NMR (126 MHz, CDCl$_3$): δ [ppm] = 139.3 (C$_q$, CS), 133.8 (+, CH-Ar), 129.4 (+, 2C, CH-Ar), 128.2 (+, 2C, CH-Ar), 58.1 (–, CH$_2$, SO$_2$CH$_2$), 16.7 (–, CH$_2$, CH$_2$CH$_3$), 13.1 (+, CH$_3$).

MS (EI, 70 eV, 20 °C): m/z (%) = 184 (52) [M]$^+$, 142 (43), 78 (100), 77 (73) [C$_6$H$_5$]$^+$, 65 (4) [C$_5$H$_5$]$^+$, 51 (28) [C$_4$H$_3$]$^+$.

HRMS (EI, 70 eV, 20 °C, m/z): calcd.: for C$_9$H$_{12}$O$_2$S [M]$^+$: 184.0558; found: 184.0557.

IR (ATR): $\tilde{\nu}$ [cm^{-1}] = 3064 (vw), 2969 (w), 2938 (w), 2878 (w), 1446 (m), 1305 (vs), 1286 (vs), 1249 (m), 1143 (vs), 1085 (vs), 790 (s), 754 (s), 728 (s), 690 (vs), 594 (s), 564 (vs), 533 (vs).

EA (C$_9$H$_{12}$O$_2$S, 184.1): calcd.: C 58.67, H 6.56, S 17.40; found: C 59.01, H 6.48, S 17.02.

Pentyl phenyl sulfone (115b)

A solution of thioether **114b** (5.02 g, 27.9 mmol, 1.00 equiv.) in 120 mL of MeOH was added to oxone (24.7 g, 40.1 mmol, 1.44 equiv.) in 120 ml of H_2O at 0 °C. The resulting suspension was stirred for 4 h at room temperature, diluted with H_2O (100 mL), and extracted with CH_2Cl_2 (100 mL, 2 × 50 mL). The combined organic extracts were washed with H_2O (50 mL) and brine (50 mL), dried over Na_2SO_4, and the solvent was removed under reduced pressure to yield the sulfone **115b** as a colorless oil (5.88 g, 27.7 mmol, 99%).

TLC: R_f = 0.37 (*n*-pentane/EtOAc 4:1).

¹H NMR (500 MHz, CDCl₃): δ [ppm] = 7.93 – 7.88 (m, 2H, Ar-*H*), 7.68 – 7.63 (m, 1H, Ar-*H*), 7.60 – 7.54 (m, 2H, Ar-*H*), 3.10 – 3.04 (m, 2H, SO₂C*H₂*), 1.76 – 1.66 (m, 2H, SO₂CH₂C*H₂*), 1.38 – 1.22 (m, 4H, C*H₂*C*H₂*CH₃), 0.86 (t, *J* = 7.1 Hz, 3H, C*H₃*).

¹³C NMR (126 MHz, CDCl₃): δ [ppm] = 139.4 (C_q), 133.73 (+, CH_Ar), 129.38 (+, 2C, CH_Ar), 128.18 (+, 2C, CH_Ar), 56.43 (–, CH₂, SO₂CH₂), 30.49 (–, CH₂), 22.45 (–, CH₂, SO₂CH₂C*H₂*), 22.23 (–, CH₂), 13.83 (+, CH₃).

MS (FAB, 3-NBA): m/z (%) = 212 (6) [C₁₁H₁₆O₂S⁺], 195 (8). 143 (100), 91 (26), 78 (35), 77 (54) [C₆H₅⁺], 51 (17) [C₄H₃⁺].

HRMS (EI, 70 eV, 20 °C, m/z): calcd.: for C₁₁H₁₆O₂S [M]⁺: 212.0871; found: 212.0872.

IR (ATR): $\tilde{v}$ [cm⁻¹] = 3064 (vw), 2956 (w), 2932 (w), 2871 (w), 1446 (m), 1298 (vs), 1143 (vs), 1085 (vs), 789 (m), 744 (s), 727 (s), 690 (vs), 594 (vs), 562 (s), 534 (vs).

EA (C₁₁H₁₆O₂S, 212.1): calcd.: C 62.23, H 7.60, S 15.10; found: C 62.84, H 7.40, S 15.05.

(20*R*)-6β-Methoxy-20-((1*R*,2*R*)-2-vinylcyclopropyl)-3α,5-cyclo-5α-pregnane (107c)

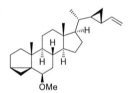 Alkene **107c** was synthesized according to **GP1** using dimethyl sulfone (51.1 mg, 543 μmol, 3.00 equiv.), *n*-BuLi (2.5 M, 239 μL, 597 μmol, 3.30 equiv.) and tosyl hydrazone **106** (100 mg, 181 μmol, 1.00 equiv.) in 5.5 mL of dry THF. The residue was purified by flash column chromatography on silica gel (*n*-pentane/EtOAc 30:1) to yield alkene **107c** as a colorless solid (62.0 mg, 162 μmol, 90% yield).

TLC: R_f = 0.66 (*n*-pentane/EtOAc 30:1).

Melting Point: 96 °C.

¹H NMR (500 MHz, CDCl₃): δ [ppm] = 5.34 (ddd, *J* = 17.0, 10.2, 8.8 Hz, 1H, 24-CH), 4.99 (dd, *J* = 17.0, 1.8 Hz, 1H, 25-C*H*H), 4.81 (dd, *J* = 10.2, 1.8 Hz, 1H, 25-CH*H*), 3.32 (s, 3H, OCH₃), 2.77 (t, *J* = 2.9 Hz, 1H, 6-CH), 1.96 (dt, *J* = 12.6, 3.5 Hz, 1H), 1.92 – 1.82 (m, 2H), 1.80 – 1.67 (m, 2H), 1.66 – 1.57 (m, 1H), 1.55 – 1.34 (m, 5H), 1.31 – 1.21 (m, 2H), 1.19 – 0.97 (m, 10H, contains: 1.02 (s, 3H, CH₃-19), 0.99 (d, *J* = 6.7 Hz, 3H, CH₃-21)), 0.93 – 0.78 (m, 3H), 0.76 – 0.68 (m, 1H), 0.67 (s, 3H, CH₃-18), 0.65 (dd, *J* = 5.1, 3.8 Hz, 1H), 0.55 – 0.46 (m, 2H), 0.46 – 0.40 (m, 2H).

^{13}C NMR (126 MHz, CDCl₃): δ [ppm] = 142.2 (+, CH-24), 111.1 (–, CH$_2$-25), 82.6 (+, CH-6), 58.5 (+, CH), 56.7 (+, OCH₃), 56.4 (+, CH), 48.2 (+, CH), 43.5 (C$_q$, C-10), 43.0 (C$_q$, C-13), 40.4 (+, CH), 40.2 (–, CH₂), 35.4 (C$_q$, C-5), 35.2 (–, CH₂), 33.5 (–, CH₂), 30.7 (+, CH), 29.4 (+, CH), 28.2 (–, CH₂), 25.1 (–, CH₂), 24.9 (+, CH), 24.4 (–, CH₂), 22.9 (–, CH₂), 21.6 (+, CH), 20.0 (+, CH₃-21), 19.4 (+, CH₃-19), 13.2 (–, CH₂), 12.4 (+, CH₃-18), 11.8 (–, CH₂).

MS (FAB, 3-NBA): m/z (%) = 382 (9) [M]⁺, 381 (23) [M–H]⁺, 351 (72) [M–OCH₃]⁺, 349 (16) [M–OCH₃–H₂]⁺, 253 (59) [C₁₉H₂₅]⁺, 213 (9) [C₁₆H₂₁]⁺.

HRMS (FAB, 3-NBA, m/z): calcd. for C₂₇H₄₂O, [M]⁺: 382.3236; found: 382.3237.

IR (ATR): $\tilde{v}$ [cm⁻¹] = 3057 (vw), 2929 (w), 2867 (w), 1635 (vw), 1455 (w), 1371 (w), 1343 (vw), 1324 (vw), 1295 (vw), 1267 (vw), 1202 (w), 1149 (vw), 1093 (m), 1025 (w), 988 (w), 917 (w), 894 (w), 860 (w), 667 (vw), 614 (w), 467 (vw), 427 (vw), 394 (vw).

EA (C₂₇H₄₂O, 382.3): calcd. C 84.75, H 11.06; found: C 84.63, H 11.25.

Specific rotation: $[\alpha]_D^{20}$ = +23.8° (c = 0.95, CHCl₃).

(20R)-6β-Methoxy-20-((1R,2R)-2-(prop-1-en-1-yl)cyclopropyl)-3α,5-cyclo-5α-pregnane (107d)

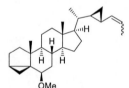

Alkene **107d** was synthesized according to **GP1** using ethyl phenyl sulfone (616 mg, 3.6 mmol, 3.00 equiv.), *n*-BuLi (2.5 M, 1.59 mL, 4.0 mmol, 3.30 equiv.), and tosyl hydrazone **106** (667 mg, 1.2 mmol, 1.00 equiv.) in 20 mL of dry THF. The residue was purified by flash column chromatography on silica gel (*n*-pentane/EtOAc 30:1) to yield alkene **107d** as a colorless oil (428 mg, 1.08 mmol, 89% yield) with a Z/E-ratio of 2.8:1 together with approx. 15% minor cyclopropane diastereomers.

TLC: R_f = 0.47 (*n*-pentane/EtOAc 30:1).

^{1}H NMR (500 MHz, CDCl₃): δ [ppm] = 5.43 (dq, J = 15.3, 6.6 Hz, 1H, 25-H$_E$), 5.33 (dqd, J = 10.7, 6.8, 0.9 Hz, 1H, 25-H$_Z$), 4.99 (ddq, J = 15.2, 8.5, 1.7 Hz, 1H, 24-H$_E$), 4.74 (tq, J = 10.1, 1.7 Hz, 1H, 24-H$_Z$), 3.33 (s, 3H, OCH$_{3,\,E}$), 3.32 (s, 3H, OCH$_{3,Z}$), 2.77 (pseudo-q, J = 2.8 Hz, 1H, 6-H), 1.96 (dt, J = 12.4, 3.3 Hz, 1H), 1.93 – 1.82 (m, 2H), 1.80 – 1.66 (m, 5H, contains: 1.71 (dd, J = 6.8, 1.7 Hz, 3H, 26-CH$_{3,\,Z}$)), 1.66 – 1.57 (m, 4H, contains: 1.64 (dd, J = 6.5, 1.6 Hz, 3H, 26-CH$_{3,\,E}$)), 1.57 – 1.34 (m, 6H), 1.29 – 0.93 (m, 14H, contains: 1.02 (s, 3H, 19-CH₃), 1.00 (d, J = 6.7 Hz, 3H, 21-CH$_{3,\,Z}$), 0.98 (d, J = 6.7 Hz, 3H, 21-CH$_{3,\,E}$)), 0.92 –

0.72 (m, 4H), 0.72 – 0.63 (m, 7H, contains: 0.68 (s, 3H, 18-CH$_{3, Z}$), 0.66 (s, 3H, 18-CH$_{3, E}$)), 0.47 – 0.37 (m, 4H), 0.36 – 0.30 (m, 1H).

^{13}C NMR (126 MHz, CDCl$_3$): δ [ppm] = 134.59 (+, CH-24$_Z$), 134.56 (+, CH-24$_E$), 122.2 (+, CH$_2$-25$_E$), 121.3 (–, CH$_2$-25$_Z$), 82.6 (+, CH-6), 58.5 (+, CH$_E$), 58.4 (+, CH$_Z$), 56.72 (+, OCH$_{3, E}$), 56.69 (+, OCH$_{3, Z}$), 56.4 (+, CH), 48.3 (+, CH), 43.5 (C$_q$, C-10), 43.0 (C$_q$, C-13), 40.4 (+, CH), 40.2 (–, CH$_2$), 35.5 (C$_q$, C-5$_Z$), 35.4 (C$_q$, C-5$_E$), 35.2 (–, CH$_{2, E}$), 35.1 (–, CH$_{2, Z}$), 33.5 (–, CH$_2$), 30.7 (+, CH), 29.1 (+, CH$_E$), 28.9 (+, CH$_E$), 28.3 (–, CH$_{2, E}$), 28.1 (–, CH$_{2, Z}$), 25.1 (–, CH$_2$), 24.44 (–, CH$_{2, E}$), 24.40 (–, CH$_{2, Z}$), 23.5 (+, CH$_E$), 22.9 (–, CH$_2$), 21.7 (+, CH$_Z$), 21.6 (+, CH$_E$), 20.0 (+, CH$_3$-21$_Z$), 19.9 (+, CH$_3$-21$_E$), 19.6 (+, CH$_2$), 19.45 (+, CH$_3$-19$_Z$), 19.43 (+, CH$_3$-19$_E$), 18.0 (+, CH$_3$-26$_E$), 13.24 (–, CH$_2$), 13.20 (+, CH$_3$-26$_Z$), 12.4 (+, CH$_3$-18), 12.0 (–, CH$_{2, Z}$), 11.3 (–, CH$_{2, E}$).

MS (FAB, 3-NBA): m/z (%) = 395 (18) [M–H]$^+$, 365 (37) [M–OCH$_3$]$^+$, 253 (59) [C$_{19}$H$_{25}$]$^+$.

HRMS (FAB, 3-NBA, m/z): calcd. for C$_{28}$H$_{43}$O, [M–H]$^+$: 395.3308; found: 395.3310.

IR (ATR): $\tilde{v}$ [cm^{-1}] = 3064 (vw), 3004 (w), 2931 (vs), 2905 (s), 2867 (s), 2846 (m), 1655 (vw), 1456 (m), 1370 (m), 1098 (vs), 1016 (vs), 953 (m), 884 (m), 708 (s), 613 (w).

EA (C$_{28}$H$_{44}$O, 396.6): calcd. C 84.79, H 11.18; found: C 84.43, H 11.41.

(20R)-20-((1R,2R)-2-(But-1-en-1-yl)cyclopropyl)-6β-methoxy-3α,5-cyclo-5α-pregnane (107e)

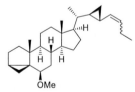

Alkene **107e** was synthesized according to **GP1** using phenyl propyl sulfone (333 mg, 1.8 mmol, 3.00 equiv.), n-BuLi (2.5 M, 795 μL, 2.0 mmol, 3.30 equiv.) and tosyl hydrazone **106** (333 mg, 602 μmol, 1.00 equiv.) in 12 mL of dry THF. The residue was purified by flash column chromatography on silica gel (n-pentane/EtOAc 30:1) to yield alkene **107e** as a colorless oil (199 mg, 484 μmol, 80% yield) with a Z/E-ratio of 1.7:1.

TLC: R_f = 0.69 (n-pentane/EtOAc 10:1).

^{1}H NMR (500 MHz, CDCl$_3$): δ [ppm] = 5.46 (dt, J = 15.3, 6.4 Hz, 1H, 25-H$_E$), 5.25 (dtd, J = 10.7, 7.3, 0.8 Hz, 1H, 25-H$_Z$), 4.96 (ddt, J = 15.3, 8.5, 1.5 Hz, 1H, 24-H$_E$), 4.67 (tt, J = 10.4, 1.5 Hz, 1H, 24-H$_Z$), 3.33 (s, 3H, OCH$_{3, E}$), 3.32 (s, 3H, OCH$_{3,Z}$), 2.77 (pseudo-q, J = 3.0 Hz, 1H, 6-H), 2.16 (pt, J = 7.4, 1.4 Hz, 2H, 26-CH$_{2, Z}$), 2.02 – 1.93 (m, 2H), 1.93 – 1.82 (m, 2H),

1.80 – 1.66 (m, 2H), 1.66 – 1.57 (m, 1H), 1.53 (t, J = 7.8 Hz, 1H), 1.50 (t, J = 8.2 Hz, 1H), 1.50 – 1.33 (m, 4H), 1.30 – 0.93 (m, 20H, contains: 1.02 (s, 3H, 19-CH$_3$), 0.92 – 0.79 (m, 3H), 0.79 – 0.61 (m, 8H, contains: 0.67 (s, 3H, 18-CH$_{3, Z}$), 0.66 (s, 3H, 18-CH$_{3, E}$), 0.48 – 0.32 (m, 6H).

^{13}C NMR (126 MHz, CDCl$_3$): δ [ppm] = 133.0 (+, CH-24$_Z$), 132.3 (+, CH-24$_E$), 129.5 (+, CH$_2$-25$_E$), 129.3 (–, CH$_2$-25$_Z$), 82.60 (+, CH-6$_Z$), 82.59 (+, CH-6$_E$), 58.53 (+, CH$_E$), 58.47 (+, CH$_Z$), 56.72 (+, OCH$_{3, E}$), 56.69 (+, OCH$_{3, Z}$), 56.4 (+, CH), 48.3 (+, CH), 43.5 (C$_q$, C-10), 43.0 (C$_q$, C-13), 40.4 (+, CH), 40.3 (–, CH$_{2, E}$), 40.2 (–, CH$_{2, Z}$), 35.5 (C$_q$, C-5$_Z$), 35.4 (C$_q$, C-5$_E$), 35.2 (–, CH$_{2, E}$), 35.1 (–, CH$_{2, Z}$), 33.5 (–, CH$_2$), 30.72 (+, CH$_E$), 30.70 (+, CH$_Z$), 29.3 (+, CH$_Z$), 29.0 (+, CH$_E$), 28.25 (–, CH$_{2, E}$), 28.23 (–, CH$_{2, Z}$), 25.7 (–, CH$_2$-26$_E$), 25.1 (–, CH$_2$), 24.5 (–, CH$_{2, E}$), 24.4 (–, CH$_{2, Z}$), 23.5 (+, CH$_E$), 22.9 (–, CH$_2$), 21.7 (+, CH$_Z$), 21.6 (+, CH$_E$), 21.1 (–, CH$_{2, Z}$), 20.0 (+, CH$_3$-21$_Z$), 19.90 (+, CH$_3$-21$_E$), 19.88 (+, CH$_Z$), 19.5 (+, CH$_3$-19$_Z$), 19.4 (+, CH$_3$-19$_E$), 14.8 (+, CH$_3$-27$_Z$), 14.2 (+, CH$_3$-27$_E$), 13.23 (–, CH$_{2, E}$), 13.18 (–, CH$_{2, Z}$), 12.4 (+, CH$_3$-18), 12.1 (–, CH$_{2, Z}$), 11.4 (–, CH$_{2, E}$).

MS (FAB, 3-NBA): m/z (%) = 410 (14) [M]$^+$, 409 (42) [M–H]$^+$, 379 (27) [M–OCH$_3$]$^+$, 377 (25) [M–OCH$_3$–H$_2$]$^+$, 255 (16) [C$_{19}$H$_{27}$]$^+$, 253 (68) [C$_{19}$H$_{25}$]$^+$.

HRMS (FAB, 3-NBA, m/z): calcd. for C$_{29}$H$_{45}$O, [M–H]$^+$: 409.3470; found: 409.3472.

IR (ATR): $\tilde{v}$ [cm^{-1}] = 3059 (vw), 2931 (m), 2868 (w), 2847 (w), 1650 (vw), 1455 (w), 1372 (w), 1324 (w), 1295 (vw), 1269 (w), 1200 (w), 1184 (w), 1150 (vw), 1097 (m), 1016 (w), 958 (w), 919 (w), 878 (w), 862 (w), 812 (vw), 731 (w), 614 (w), 419 (vw).

EA (C$_{29}$H$_{46}$O, 410.4): calcd. C 84.81, H 11.29; found: C 85.91, H 11.34.

(20R)-20-((1R,2R)-2-(Hex-1-en-1-yl)cyclopropyl)-6β-methoxy-3α,5-cyclo-5α-pregnane (107f)

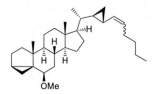

Alkene **107f** was synthesized according to **GP1** using phenyl propyl sulfone (200 mg, 186 μL, 942 μmol, 3.00 equiv.), n-BuLi (2.5 M, 415 μL, 1.04 mmol, 3.30 equiv.) and tosyl hydrazone **106** (174 mg, 314 μmol, 1.00 equiv.) in 5 mL of dry THF. The residue was purified by flash column chromatography on silica gel (n-pentane/EtOAc 30:1) to yield alkene **107f** as a colorless oil (103 mg, 234 μmol, 75% yield) with a Z/E-ratio of 1.5:1.

TLC: R_f = 0.87 (n-pentane/EtOAc 10:1).

^{1}H NMR (500 MHz, CDCl$_3$): δ [ppm] = 5.41 (dt, J = 15.3, 6.8 Hz, 1H, 25-H$_E$), 5.25 (dtd, J = 10.7, 7.5, 0.8 Hz, 1H, 25-H$_Z$), 4.96 (ddt, J = 15.2, 8.4, 1.4 Hz, 1H, 24-H$_E$), 4.70 (tt, J = 10.4, 1.6 Hz, 1H, 24-H$_Z$), 3.33 (s, 3H, OCH$_{3,\,E}$), 3.32 (s, 3H, OCH$_{3,Z}$), 2.77 (pseudo-q, J = 2.5 Hz, 1H, 6-H), 2.21 – 2.08 (m, 2H), 2.04 – 1.93 (m, 2H), 1.92 – 1.82 (m, 2H), 1.81 – 1.67 (m, 2H), 1.66 – 1.57 (m, 1H), 1.57 – 0.96 (m, 25H, contains: 1.02 (s, 3H, 19-CH$_3$), 1.00 (d, J = 6.6 Hz, 3H, 21-CH$_{3,\,Z}$), 0.98 (d, J = 6.6 Hz, 3H, 21-CH$_{3,\,E}$)), 0.94 – 0.78 (m, 6H), 0.78 – 0.61 (m, 8H, contains: 0.68 (s, 3H, 18-CH$_{3,\,Z}$), 0.66 (s, 3H, 18-CH$_{3,\,E}$), 0.65 (t, J = 4.5 Hz, 1H)), 0.47 – 0.37 (m, 4H), 0.36 – 0.32 (m, 1H).

^{13}C NMR (126 MHz, CDCl$_3$): δ [ppm] = 133.5 (+, CH-24$_Z$), 133.3 (+, CH-24$_E$), 128.0 (+, CH$_2$-25$_E$), 127.7 (–, CH$_2$-25$_Z$), 82.6 (+, CH-6), 58.6 (+, CH$_E$), 58.4 (+, CH$_Z$), 56.7 (+, OCH$_3$), 56.4 (+, CH), 48.3 (+, CH), 43.5 (C$_q$, C-10), 43.0 (C$_q$, C-13), 40.4 (+, CH), 40.25 (–, CH$_{2,\,E}$), 40.21 (–, CH$_{2,\,Z}$), 35.5 (C$_q$, C-5$_Z$), 35.4 (C$_q$, C-5$_E$), 35.22 (–, CH$_{2,\,E}$), 35.16 (–, CH$_{2,\,Z}$), 33.5 (–, CH$_2$), 32.4 (–, CH$_{2,\,Z}$), 32.3 (–, CH$_{2,\,E}$), 32.1 (–, CH$_{2,\,E}$), 30.7 (+, CH), 29.3 (+, CH$_Z$), 29.1 (+, CH$_E$), 28.3 (–, CH$_{2,\,Z}$), 28.2 (–, CH$_{2,\,E}$), 27.5 (–, CH$_{2,\,Z}$), 25.1 (–, CH$_2$), 24.4 (–, CH$_{2,\,E}$), 24.3 (–, CH$_{2,\,Z}$), 23.6 (+, CH$_E$), 22.9 (–, CH$_2$), 22.6 (–, CH$_{2,\,Z}$), 22.3 (–, CH$_{2,\,E}$), 21.7 (+, CH$_Z$), 21.6 (+, CH$_E$), 20.01 (+, CH$_Z$), 19.97 (+, CH$_3$-21$_Z$), 19.9 (+, CH$_3$-21$_E$), 19.4 (+, CH$_3$-19), 14.2 (+, CH$_3$-29$_Z$), 14.1 (+, CH$_3$-29$_E$), 13.22 (–, CH$_{2,\,E}$), 13.20 (–, CH$_{2,\,Z}$), 12.4 (+, CH$_3$-18), 12.1 (–, CH$_{2,\,Z}$), 11.4 (–, CH$_{2,\,E}$).

MS (FAB, 3-NBA): m/z (%) = 438 (13) [M]$^+$, 437 (35) [M–H]$^+$, 407 (21) [M–OCH$_3$]$^+$, 405 (20) [M–OCH$_3$–H$_2$]$^+$, 253 (72) [C$_{19}$H$_{25}$]$^+$, 213 (12) [C$_{16}$H$_{21}$]$^+$.

HRMS (FAB, 3-NBA, m/z): calcd. for C$_{31}$H$_{49}$O, [M–H]$^+$: 437.3783; found: 437.3784.

IR (ATR): $\tilde{\nu}$ [cm^{-1}] = 3059 (vw), 2928 (m), 2868 (w), 1455 (w), 1374 (w), 1324 (w), 1294 (vw), 1269 (w), 1200 (w), 1184 (w), 1150 (w), 1097 (m), 1016 (w), 959 (w), 918 (w), 881 (w), 861 (w), 814 (w), 727 (w), 614 (w).

EA (C$_{31}$H$_{50}$O, 438.4): calcd. C 84.87, H 11.49; found: C 85.89, H 11.59.

(20*R*)-20-((1*S*,2*S*)-2-Ethylcyclopropyl)-6β-methoxy-3α,5-cyclo-5α-pregnane (107g)

To a solution of 2-nitrobenzenesulfonyl chloride (135 mg, 610 µmol, 3.30 equiv.), triethylamine (18.7 mg, 25.6 µL, 185 µmol, 1.00 equiv.) and alkene **107c** (70.7 mg, 185 µmol, 1.00 equiv.) in 3 mL of MeCN under argon atmosphere at 0 °C, was added dropwise hydrazine hydrate (61.9 mg, 60.0 µL, 1.24 mmol, 6.69 equiv.). The reaction mixture was stirred at room temperature overnight and then quenched by the addition of H_2O (5 mL). The organic phase was separated, and the aqueous phase was extracted with *n*-pentane (4 × 5 mL). The combined organic extracts were dried over Na_2SO_4, and the solvent was removed under reduced pressure. The crude was purified by flash column chromatography on silica gel (*n*-pentane/EtOAc 50:1) to yield the alkane **107g** as a colorless solid (57.3 mg, 149 µmol, 81% yield).

TLC: R_f = 0.77 (*n*-pentane/EtOAc 20:1).

Melting Point: 81 °C.

^{1}H NMR (500 MHz, CDCl$_3$): δ [ppm] = 3.33 (s, 3H, OCH$_3$), 2.77 (t, *J* = 2.9 Hz, 1H, 6-H), 2.00 – 1.86 (m, 3H), 1.81 – 1.67 (m, 2H), 1.66 – 1.58 (m, 1H), 1.58 – 1.44 (m, 4H), 1.44 – 1.33 (m, 2H), 1.24 (q, *J* = 9.8 Hz, 1H), 1.19 – 1.00 (m, 7H, contains: 1.02 (s, 3H, 19-CH$_3$)), 0.96 (d, *J* = 6.6 Hz, 3H, 21-CH$_3$), 0.94 – 0.78 (m, 7H), 0.70 – 0.62 (m, 5H, contains: 0.66 (s, 3H, 18-CH$_3$)), 0.58 – 0.51 (m, 1H), 0.43 (dd, *J* = 8.0, 5.0 Hz, 1H), 0.25 – 0.16 (m, 1H), 0.05 (dd, *J* = 7.5, 5.7 Hz, 2H).

^{13}C NMR (126 MHz, CDCl$_3$): δ [ppm] = 82.6 (+, CH-6), 58.5 (+, CH), 56.7 (+, OCH$_3$), 56.4 (+, CH), 48.2 (+, CH), 43.5 (C$_q$, C-10), 43.0 (C$_q$, C-13), 40.6 (+, CH), 40.3 (–, CH$_2$), 35.4 (C$_q$, C-5), 35.3 (–, CH$_2$), 33.5 (–, CH$_2$), 30.7 (+, CH), 28.1 (–, CH$_2$), 27.3 (–, CH$_2$), 27.1 (+, CH), 25.1 (–, CH$_2$), 24.4 (–, CH$_2$), 22.9 (–, CH$_2$), 22.6 (+, CH), 21.6 (+, CH), 20.1 (+, CH$_3$-21), 19.4 (+, CH$_3$-19), 13.5 (+, CH$_3$-25), 13.2 (–, CH$_2$-4), 12.4 (+, CH$_3$-18), 9.3 (–, CH$_2$-22^1).

MS (FAB, 3-NBA): m/z (%) = 384 (23) [M]$^+$, 383 (42) [M–H]$^+$, 369 (8) [M–CH$_3$]$^+$, 353 (81) [M–OCH$_3$]$^+$, 351 (29) [M–OCH$_3$–H$_2$]$^+$, 255 (9) [C$_{19}$H$_{27}$]$^+$, 253 (13) [C$_{19}$H$_{25}$]$^+$, 213 (6) [C$_{16}$H$_{21}$]$^+$.

HRMS (FAB, 3-NBA, m/z): calcd. for C$_{27}$H$_{44}$O, [M]$^+$: 384.3392; found: 384.3393.

IR (ATR): ṽ [cm^{-1}] = 3056 (vw), 2959 (w), 2928 (w), 2865 (w), 1455 (w), 1377 (w), 1328 (vw), 1295 (vw), 1270 (vw), 1200 (vw), 1184 (w), 1150 (vw), 1080 (m), 1022 (w), 965 (vw), 945 (vw), 905 (w), 892 (w), 859 (vw), 809 (vw), 759 (vw), 616 (vw), 458 (vw).

EA (C₂₇H₄₄O, 384.3): calcd. C 84.31, H 11.53; found: C 84.14, H 11.67.

Specific rotation: $[\alpha]_D^{20} = +54.9°$ (c = 0.22, CHCl₃).

(20R)-6β-Methoxy-20-((1S,2S)-2-propylcyclopropyl)-3α,5-cyclo-5α-pregnane (107h)

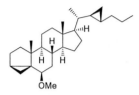

Alkane **107h** was synthesized according to **GP2** using alkene **107d** (411 mg, 1.04 mmol, 1.00 equiv.), tosyl hydrazide (1.93 g, 10.4 mmol, 10.0 equiv.), and sodium acetate (1.11 g, 13.5 mmol, 13.0 equiv.) in 20 mL of THF/H₂O (1:1). The residue was purified by flash column chromatography on silica gel (n-pentane/EtOAc 30:1) to yield alkane **107h** as a colorless solid (381 mg, 955 μmol, 92% yield).

TLC: R_f = 0.49 (n-pentane/EtOAc 30:1).

Melting Point: 69 °C.

¹H NMR (500 MHz, CD₂Cl₂): δ [ppm] = 3.28 (s, 3H, OCH₃), 2.74 (t, J = 2.9 Hz, 1H, 6-H), 2.01 – 1.90 (m, 2H), 1.88 (dt, J = 13.3, 3.1 Hz, 1H), 1.77 (tdd, J = 12.0, 7.9, 4.3 Hz, 1H), 1.73 – 1.60 (m, 2H), 1.58 – 1.45 (m, 4H), 1.45 – 1.33 (m, 4H), 1.26 (q, J = 9.8 Hz, 1H), 1.19 – 1.01 (m, 4H), 0.99 (s, 3H, 19-CH₃), 0.96 (d, J = 6.7 Hz, 3H, 21-CH₃), 0.92 – 0.76 (m, 7H, contains: 0.89 (t, J = 7.4 Hz, 3H, 26-CH₃)), 0.72 – 0.63 (m, 4H, contains: 0.66 (s, 3H, 18-CH₃)), 0.61 (dd, J = 5.0, 3.8 Hz, 1H), 0.62 – 0.53 (m, 1H), 0.40 (dd, J = 7.9, 4.9 Hz, 1H), 0.20 (tt, J = 9.1, 4.2 Hz, 1H), 0.12 – 0.04 (m, 2H).

¹³C NMR (126 MHz, CD₂Cl₂): δ [ppm] = 82.8 (+, CH-6), 58.8 (+, CH), 56.7 (+, OCH₃), 56.6 (+, CH), 48.4 (+, CH), 43.7 (C_q, C-10), 43.2 (C_q, C-13), 40.8 (+, CH), 40.6 (–, CH₂), 36.9 (–, CH₂), 35.8 (C_q, C-5), 35.4 (–, CH₂), 33.7 (–, CH₂), 31.0 (+, CH), 28.3 (–, CH₂), 27.3 (+, CH), 25.3 (–, CH₂), 24.7 (–, CH₂), 23.2 (–, CH₂), 22.8 (–, CH₂), 21.9 (+, CH), 20.9 (+, CH), 20.1 (+, CH₃-21), 19.5 (+, CH₃-19), 14.3 (+, CH₃-26), 13.3 (–, CH₂-4), 12.4 (+, CH₃-18), 9.8 (–, CH₂-22¹).

MS (FAB, 3-NBA): m/z (%) = 398 (27) [M]⁺, 397 (76) [M–H]⁺, 383 (26) [M–CH₃]⁺, 367 (68) [M–OCH₃]⁺, 365 (42) [M–OCH₃–H₂]⁺, 255 (28) [C₁₉H₂₇]⁺, 253 (46) [C₁₉H₂₅]⁺, 213 (19) [C₁₆H₂₁]⁺.

HRMS (FAB, 3-NBA, m/z): calcd. for C₂₈H₄₅O, [M–H]⁺: 397.3465; found: 397.3463.

Experimental

IR (ATR): $\tilde{\nu}$ [cm^{-1}] = 3053 (vw), 2952 (vs), 2925 (vs), 2867 (vs), 1738 (vw), 1455 (m), 1375 (w), 1198 (w), 1184 (w), 1115 (m), 1099 (vs), 1016 (m), 966 (w), 915 (w), 615 (w).

EA (C$_{28}$H$_{46}$O, 398.7): calcd. C 84.36, H 11.63; found: C 84.40, H 11.54.

Specific rotation: $[\alpha]_D^{20}$ = +52.6° (c = 0.41, CHCl$_3$).

(20R)-20-((1S,2S)-2-Butylcyclopropyl)-6β-methoxy-3α,5-cyclo-5α-pregnane (107i)

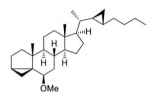

Alkane **107i** was synthesized according to **GP2** using alkene **107e** (116 mg, 281 μmol, 1.00 equiv.), tosyl hydrazide (524 mg, 2.81 mmol, 10.0 equiv.), and sodium acetate (300 mg, 3.66 mmol, 13.0 equiv.) in 5 mL of THF/H$_2$O (1:1). The residue was purified by flash column chromatography on silica gel (n-pentane/EtOAc 30:1) to yield alkane **107i** as a colorless solid (90.2 mg, 219 μmol, 78% yield).

TLC: R_f = 0.50 (n-pentane/EtOAc 30:1).

Melting Point: 56 °C.

^{1}H NMR (500 MHz, CDCl$_3$): δ [ppm] = 3.33 (s, 3H, OCH$_3$), 2.77 (t, J = 2.9 Hz, 1H, 6-H), 1.99 – 1.87 (m, 3H), 1.81 – 1.67 (m, 2H), 1.62 (dddd, J = 11.7, 9.8, 7.1, 3.3 Hz, 1H), 1.58 – 1.20 (m, 11H), 1.18 – 0.97 (m, 7H, contains: 1.02 (s, 3H, 19-CH$_3$)), 0.95 (d, J = 6.6 Hz, 3H, 21-CH$_3$), 0.92 – 0.77 (m, 7H, contains: 0.88 (t, J = 6.9 Hz, 3H, 27-CH$_3$)), 0.72 – 0.61 (m, 5H, contains: 0.66 (s, 3H, 18-CH$_3$)), 0.60 – 0.51 (m, 1H), 0.43 (dd, J = 8.1, 5.1 Hz, 1H, 4-CHH), 0.18 (tt, J = 9.1, 4.3 Hz, 1H), 0.09 – 0.02 (m, 2H, 22^1-CH$_2$).

^{13}C NMR (126 MHz, CDCl$_3$): δ [ppm] = 82.6 (+, CH-6), 58.6 (+, CH), 56.7 (+, OCH$_3$), 56.4 (+, CH), 48.3 (+, CH), 43.5 (C$_q$, C-10), 43.0 (C$_q$, C-13), 40.5 (+, CH), 40.3 (–, CH$_2$), 35.4 (C$_q$, C-5), 35.3 (–, CH$_2$), 34.1 (–, CH$_2$), 33.5 (–, CH$_2$), 31.6 (–, CH$_2$), 30.7 (+, CH), 28.1 (–, CH$_2$), 27.1 (+, CH), 25.1 (–, CH$_2$), 24.5 (–, CH$_2$), 22.9 (–, CH$_2$), 22.8 (–, CH$_2$), 21.6 (+, CH), 20.8 (+, CH), 20.0 (+, CH$_3$-21), 19.4 (+, CH$_3$-19), 14.3 (+, CH$_3$-27), 13.2 (–, CH$_2$-4), 12.4 (+, CH$_3$-18), 9.7 (–, CH$_2$-22^1).

MS (FAB, 3-NBA): m/z (%) = 412 (30) [M]$^+$, 411 (83) [M–H]$^+$, 397 (23) [M–CH$_3$]$^+$, 381 (50) [M–OCH$_3$]$^+$, 379 (43) [M–OCH$_3$–H$_2$]$^+$, 255 (35) [C$_{19}$H$_{27}$]$^+$, 253 (55) [C$_{19}$H$_{25}$]$^+$, 213 (26) [C$_{16}$H$_{21}$]$^+$.

HRMS (FAB, 3-NBA, m/z): calcd. for C$_{29}$H$_{47}$O, [M–H]$^+$: 411.3621; found: 411.3620.

IR (ATR): $\tilde{v}$ [cm^{-1}] = 3051 (vw), 2921 (vs), 2864 (s), 2846 (s), 1456 (s), 1380 (w), 1370 (w), 1183 (w), 1098 (vs), 1016 (s), 919 (w), 615 (w).

EA (C$_{29}$H$_{48}$O, 412.7): calcd. C 84.40, H 11.72; found: C 83.90, H 11.65.

Specific rotation: $[\alpha]_D^{20}$ = +47.6° (c = 0.44, CHCl$_3$).

(20R)-20-((1S,2S)-2-Hexylcyclopropyl)-6β-methoxy-3α,5-cyclo-5α-pregnane (107j)

Alkane **107j** was synthesized according to **GP2** using alkene **107f** (186 mg, 424 μmol, 1.00 equiv.), tosyl hydrazide (790 mg, 4.24 mmol, 10.0 equiv.), and sodium acetate (452 mg, 5.51 mmol, 13.0 equiv.) in 10 mL of THF/H$_2$O (1:1). The residue was purified by flash column chromatography on silica gel (n-pentane/EtOAc 30:1) to yield alkane **107j** as a thick colorless oil (155 mg, 352 μmol, 83% yield).

TLC: R_f = 0.60 (n-pentane/EtOAc 30:1).

^{1}H NMR (500 MHz, CD$_2$Cl$_2$): δ [ppm] = 3.28 (s, 3H, OCH$_3$), 2.74 (t, J = 2.9 Hz, 1H, 6-H), 2.00 – 1.90 (m, 2H), 1.88 (dt, J = 13.3, 3.1 Hz, 1H), 1.77 (tdd, J = 12.0, 8.0, 4.3 Hz, 1H), 1.73 – 1.60 (m, 2H), 1.59 – 1.45 (m, 4H), 1.45 – 1.21 (m, 11H), 1.20 – 1.02 (m, 4H), 0.99 (s, 3H, 19-CH$_3$), 0.96 (d, J = 6.6 Hz, 3H, 21-CH$_3$), 0.92 – 0.77 (m, 7H, contains: 0.88 (t, J = 6.9 Hz, 3H, 29-CH$_3$)), 0.72 – 0.64 (m, 4H, contains: 0.66 (s, 3H, 18-CH$_3$)), 0.61 (dd, J = 5.0, 3.8 Hz, 1H, 4-CHH), 0.60 – 0.54 (m, 1H), 0.40 (dd, J = 8.0, 5.0 Hz, 1H, 4-CHH), 0.20 (tt, J = 9.1, 4.8 Hz, 1H), 0.06 (dp, J = 12.8, 4.5 Hz, 2H, 22^1-CH$_2$).

^{13}C NMR (126 MHz, CD$_2$Cl$_2$): δ [ppm] = 82.8 (+, CH-6), 58.8 (+, CH), 56.7 (+, OCH$_3$), 56.6 (+, CH), 48.4 (+, CH), 43.7 (C$_q$, C-10), 43.2 (C$_q$, C-13), 40.8 (+, CH), 40.6 (–, CH$_2$), 35.7 (C$_q$, C-5), 35.4 (–, CH$_2$), 34.7 (–, CH$_2$), 33.7 (–, CH$_2$), 32.4 (–, CH$_2$), 31.0 (+, CH), 29.8 (–, CH$_2$), 29.7 (–, CH$_2$), 28.3 (–, CH$_2$), 27.4 (+, CH), 25.3 (–, CH$_2$), 24.7 (–, CH$_2$), 23.2 (–, CH$_2$), 23.1 (–, CH$_2$), 21.9 (+, CH), 21.1 (+, CH), 20.1 (+, CH$_3$-21), 19.5 (+, CH$_3$-19), 14.3 (+, CH$_3$-29), 13.3 (–, CH$_2$-4), 12.4 (+, CH$_3$-18), 9.8 (–, CH$_2$-22^1).

MS (FAB, 3-NBA): m/z (%) = 440 (9) [M]$^+$, 439 (24) [M–H]$^+$, 409 (20) [M–OCH$_3$]$^+$, 407 (15) [M–OCH$_3$–H$_2$]$^+$, 255 (10) [C$_{19}$H$_{27}$]$^+$, 253 (16) [C$_{19}$H$_{25}$]$^+$, 213 (7) [C$_{16}$H$_{21}$]$^+$.

HRMS (FAB, 3-NBA, m/z): calcd. for C$_{31}$H$_{51}$O, [M–H]$^+$: 439.3934; found: 439.3933.

Experimental

IR (ATR): $\tilde{\nu}$ [cm^{-1}] = 3060 (vw), 2924 (vs), 2867 (vs), 2850 (vs), 1456 (s), 1374 (m), 1201 (w), 1184 (w), 1096 (vs), 1016 (s), 911 (w), 806 (w), 615 (w).

EA (C$_{31}$H$_{52}$O, 440.7): calcd. C 84.48, H 11.89; found: C 84.27, H 11.90.

Specific rotation: $[\alpha]_D^{20}$ = +45.7° (c = 0.51, CHCl$_3$).

(20*R*)-20-((1*S*,2*S*)-2-Methylcyclopropyl)pregn-5-en-3β-ol (108a)

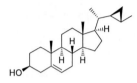

Sterol **108a** was synthesized according to **GP3** using steroid **017a** (40.0 mg, 108 μmol, 1.00 equiv.) and *p*-TsOH (3.08 mg, 16 μmol, 0.150 equiv.) in 5 mL of 1,4-dioxane/H$_2$O (4:1). The residue was purified by flash column chromatography on silica gel (*n*-pentane/EtOAc 5:1) to yield sterol **108a** as a colorless solid (38.1 mg, 107 μmol, 99% yield).

TLC: R_f = 0.46 (*n*-pentane/EtOAc 4:1).

Melting Point: 141 °C.

^{1}H NMR (500 MHz, CDCl$_3$): δ [ppm] = 5.36 (dt, *J* = 5.0, 2.1 Hz, 1H, 6-H), 3.52 (tt, *J* = 11.1, 4.6 Hz, 1H, 3-H), 2.30 (ddd, *J* = 13.0, 5.1, 2.2 Hz, 1H, 4-C*H*H), 2.23 (tq, *J* = 13.0, 11.1, 2.7 Hz, 1H, 4-CH*H*), 2.06 − 1.79 (m, 5H), 1.66 − 1.38 (m, 7H), 1.24 (q, *J* = 9.6 Hz, 1H), 1.17 (td, *J* = 12.8, 4.6 Hz, 1H), 1.12 − 0.91 (m, 13H, contains: 1.01 (s, 3H, 19-CH$_3$), 0.98 (d, *J* = 6.0 Hz, 3H, 24-CH$_3$), 0.97 (d, *J* = 6.7 Hz, 3H, 21-CH$_3$)), 0.68 − 0.57 (m, 4H, contains: 0.62 (s, 3H, 18-CH$_3$)), 0.53 (dddd, *J* = 8.8, 7.3, 4.3, 1.2 Hz, 1H, 23-H), 0.16 − 0.01 (m, 3H, 22-H and 22^1-CH$_2$).

^{13}C NMR (126 MHz, CDCl$_3$): δ [ppm] = 140.9 (C$_q$, C-5), 121.9 (+, CH-6), 72.0 (+, CH-3), 58.4 (+, CH), 56.7 (+, CH), 50.4 (+, CH), 42.5 (C$_q$/−, 2C, C-13 and CH$_2$), 40.6 (+, CH), 39.8 (−, CH$_2$), 37.4 (−, CH$_2$), 36.7 (C$_q$, C-10), 32.13 (+, CH), 32.06 (−, CH$_2$), 31.8 (−, CH$_2$), 28.6 (+, CH-22), 27.8 (−, CH$_2$), 24.5 (−, CH$_2$), 21.2 (−, CH$_2$), 20.2 (+, CH$_3$-21), 19.6 (+, CH$_3$-19), 19.0 (+, CH$_3$-24), 15.1 (+, CH-23), 12.1 (+, CH$_3$-18), 10.9 (−, CH$_2$-22^1).

MS (FAB, 3-NBA): m/z (%) = 355 (18) [M–H]$^+$, 339 (100) [M–OH]$^+$, 255 (9) [C$_{19}$H$_{27}$]$^+$.

HRMS (FAB, 3-NBA, m/z): calcd. for C$_{25}$H$_{39}$O, [M–H]$^+$: 355.2995; found: 355.2996.

IR (ATR): $\tilde{\nu}$ [cm^{-1}] = 3414 (w), 3306 (w), 3055 (vw), 2938 (vs), 2888 (s), 2867 (vs), 2846 (s), 1642 (vw), 1452 (s), 1377 (s), 1371 (s), 1052 (vs), 1020 (vs), 953 (m), 885 (m), 802 (m), 589 (m), 500 (m).

EA (C$_{25}$H$_{40}$O · 0.5 H$_2$O, 365.6): calcd. C 82.13, H 11.30; found: C 82.15, H 11.33.

Specific rotation: $[\alpha]_D^{20}$ = –55.1° (c = 0.47, CHCl$_3$).

(20R)-20-((1R,2S)-2-Ethynylcyclopropyl)pregn-5-en-3β-ol (108b)

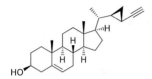 Sterol **108b** was synthesized according to **GP3** using steroid **107b** (47.0 mg, 123 μmol, 1.00 equiv.) and *p*-TsOH (3.52 mg, 18.5 μmol, 0.150 equiv.) in 5 mL of 1,4-dioxane/H$_2$O (4:1). The residue was purified by flash column chromatography on silica gel (*n*-pentane/EtOAc 5:1) to yield sterol **108b** as a colorless solid (34.9 mg, 95.2 μmol, 77% yield).

TLC: R_f = 0.45 (*n*-pentane/EtOAc 2:1).

Melting Point: 170 °C.

^{1}H NMR (500 MHz, CDCl$_3$): δ [ppm] = 5.35 (dt, J = 5.3, 2.1 Hz, 1H, 6-H), 3.52 (tt, J = 11.2, 4.6 Hz, 1H, 3-H), 2.30 (ddd, J = 13.0, 5.1, 2.2 Hz, 1H, 4-CHH), 2.23 (ddq, J = 13.1, 11.2, 2.6 Hz, 1H, 4-CHH), 2.11 – 2.01 (m, 1H), 2.03 – 1.94 (m, 2H), 1.87 – 1.80 (m, 2H), 1.78 (d, J = 2.1 Hz, 1H, 25-H), 1.70 – 1.62 (m, 1H), 1.58 – 1.39 (m, 6H), 1.31 (q, J = 9.7 Hz, 1H), 1.23 – 0.91 (m, 12H, contains: 1.00 (s, 3H, 19-CH$_3$), 0.98 (d, J = 6.7 Hz, 3H, 21-CH$_3$)), 0.86 (tdd, J = 8.9, 6.1, 4.6 Hz, 1H, 22-H), 0.77 (dt, J = 8.9, 4.6 Hz, 1H, 22^1-CHH), 0.74 – 0.64 (m, 1H), 0.63 (s, 3H, 18-CH$_3$), 0.49 (ddd, J = 8.6, 6.2, 4.4 Hz, 1H, 22^1-CHH).

^{13}C NMR (126 MHz, CDCl$_3$): δ [ppm] = 140.9 (C$_q$, C-5), 121.8 (+, CH-6), 87.6 (C$_q$, C-24), 71.9 (+, CH-3), 63.7 (+, CH-25), 57.9 (+, CH), 56.6 (+, CH), 50.3 (+, CH), 42.6 (C$_q$ C-13), 42.4 (–, CH$_2$), 40.2 (+, CH), 39.7 (–, CH$_2$), 37.4 (–, CH$_2$), 36.6 (C$_q$, C-10), 32.1 (+, CH), 32.0 (–, CH$_2$), 31.8 (–, CH$_2$), 30.3 (+, CH), 28.0 (–, CH$_2$), 24.5 (–, CH$_2$), 21.2 (–, CH$_2$), 19.6 (+, CH$_3$-21 or CH$_3$-19), 19.5 (+, CH$_3$-21 or CH$_3$-19), 12.9 (–, CH$_2$-22^1), 12.0 (+, CH$_3$-18), 8.6 (+, CH).

MS (FAB, 3-NBA): m/z (%) = 365 (15) [M–H]$^+$, 349 (60) [M–OH]$^+$, 271 (29) [C$_{19}$H$_{27}$O]$^+$, 255 (9) [C$_{19}$H$_{27}$]$^+$, 219 (18).

HRMS (FAB, 3-NBA, m/z): calcd. for C$_{26}$H$_{37}$O, [M–H]$^+$: 365.2844; found: 365.2846.

IR (ATR): $\tilde{\nu}$ [cm^{-1}] = 3295 (vw), 2929 (w), 2849 (w), 2109 (vw), 1736 (vw), 1458 (w), 1373 (w), 1347 (w), 1224 (vw), 1192 (vw), 1159 (vw), 1131 (vw), 1056 (w), 1040 (w), 1023 (w),

Experimental

986 (vw), 953 (w), 909 (vw), 879 (w), 839 (vw), 800 (w), 743 (vw), 642 (w), 605 (w), 497 (w), 473 (vw), 455 (vw), 388 (vw).

EA ($C_{26}H_{38}O$, 366.6): calcd. C 85.19, H 10.45; found: C 84.41, H 10.54.

Specific rotation: $[\alpha]_D^{20} = -3.6°$ (c = 0.45, CHCl$_3$).

(20R)-20-((1R,2R)-2-Vinylcyclopropyl)pregn-5-en-3β-ol (108cx)

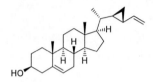

Sterol **108c** was synthesized according to **GP3** using steroid **017c** (62.0 mg, 162 μmol, 1.00 equiv.) and p-TsOH (4.62 mg, 24 μmol, 0.150 equiv.) in 5 mL of 1,4-dioxane/H$_2$O (4:1). The residue was purified by flash column chromatography on silica gel (n-pentane/EtOAc 4:1) to yield sterol **108c** as a colorless solid (48.9 mg, 133 μmol, 82% yield).

TLC: R_f = 0.59 (n-pentane/EtOAc 2:1).

Melting Point: 145 °C.

^{1}H NMR (500 MHz, CDCl$_3$): δ [ppm] = 5.39 – 5.29 (m, 2H, 6-H and 24-H), 4.99 (dd, J = 17.1, 1.8 Hz, 1H, 25-CHH), 4.81 (dd, J = 10.2, 1.8 Hz, 1H, 25-CHH), 3.52 (tt, J = 11.3, 4.4 Hz, 1H, 3-H), 2.29 (ddd, J = 13.0, 5.1, 2.2 Hz, 1H, 4-CHH), 2.23 (ddq, J = 13.3, 11.1, 2.6 Hz, 1H, 4-CHH), 2.02 – 1.93 (m, 2H), 1.93 – 1.79 (m, 3H), 1.66 – 1.38 (m, 7H), 1.31 – 1.21 (m, 2H), 1.17 (td, J = 12.8, 4.6 Hz, 1H), 1.12 – 0.90 (m, 10H, contains: 1.00 (s, 3H, 19-CH$_3$), 1.00 (d, J = 6.2 Hz, 3H, 21-CH$_3$)), 0.78 – 0.66 (m, 1H), 0.63 (s, 3H, 18-CH$_3$), 0.56 – 0.45 (m, 2H), 0.47 – 0.37 (m, 1H, 22^1-CHH).

^{13}C NMR (126 MHz, CDCl$_3$): δ [ppm] = 142.1 (+, CH-24), 140.9 (C$_q$, C-5), 121.9 (+, CH-6), 111.2 (–, CH$_2$-25), 71.9 (+, CH-3), 58.3 (+, CH), 56.6 (+, CH), 50.3 (+, CH), 42.51 (C$_q$ C-13), 42.45 (–, CH$_2$), 40.3 (+, CH), 39.7 (–, CH$_2$), 37.4 (–, CH$_2$), 36.6 (–, CH$_2$), 32.1 (+, CH), 32.0 (–, CH$_2$), 31.8 (–, CH$_2$), 29.4 (+, CH), 28.1 (–, CH$_2$), 24.9 (+, CH), 24.5 (–, CH$_2$), 21.2 (–, CH$_2$), 20.0 (+, CH$_3$-21), 19.5 (+,CH$_3$-19), 12.0 (+, CH$_3$-18), 11.8 (–, CH$_2$-22^1).

MS (FAB, 3-NBA): m/z (%) = 367 (10) [M–H]$^+$, 351 (26) [M–OH]$^+$, 271 (25) [C$_{19}$H$_{27}$O]$^+$, 255 (6) [C$_{19}$H$_{27}$]$^+$.

HRMS (FAB, 3-NBA, m/z): calcd. for C$_{26}$H$_{39}$O, [M–H]$^+$: 367.2995; found: 367.2997.

IR (ATR): $\tilde{v}$ [cm^{-1}] = 3214 (w), 3077 (w), 2931 (vs), 2900 (s), 2867 (s), 2849 (s), 1715 (w), 1633 (w), 1456 (m), 1438 (m), 1374 (m), 1356 (m), 1055 (vs), 1023 (vs), 984 (s), 953 (m), 888 (vs), 881 (vs), 799 (m), 664 (m).

Specific rotation: $[\alpha]_D^{20}$ = –62.3° (c = 0.44, CHCl$_3$).

(20*R*)-20-((1*R*,2*R*)-2-(Prop-1-en-1-yl)cyclopropyl)pregn-5-en-3*β*-ol (018d)

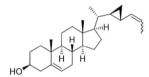

Sterol **108d** was synthesized according to **GP3** using steroid **107d** (75.0 mg, 189 μmol, 1.00 equiv.) and *p*-TsOH (5.40 mg, 28 μmol, 0.150 equiv.) in 7.5 mL of 1,4-dioxane/H$_2$O (4:1). The residue was purified by flash column chromatography on silica gel (*n*-pentane/EtOAc 4:1) to yield sterol **108d** as a colorless solid (67.5 mg, 176 μmol, 93% yield).

TLC: R_f = 0.66 (*n*-pentane/EtOAc 2:1).

^{1}H NMR (500 MHz, CDCl$_3$): δ [ppm] = 5.42 (dq, *J* = 15.3, 6.5 Hz, 1H, 25-H$_E$), 5.38 – 5.28 (m, 2H, 6-H and 25-H$_Z$), 4.99 (ddq, *J* = 15.2, 8.4, 1.7 Hz, 1H, 24-H$_E$), 4.74 (ddt, *J* = 10.4, 8.5, 1.7 Hz, 1H, 24-H$_Z$), 3.52 (tt, *J* = 11.2, 4.6 Hz, 1H, 3-H), 2.29 (ddd, *J* = 13.0, 5.1, 2.2 Hz, 1H, 4-C*HH*), 2.23 (tq, *J* = 13.3, 11.0, 2.7 Hz, 1H, 4-CH*H*), 2.02 – 1.93 (m, 2H), 1.92 – 1.80 (m, 3H), 1.71 (dd, *J* = 6.8, 1.7 Hz, 3H, 26-CH$_{3, Z}$), 1.65 – 1.39 (m, 11H, contains: 1.63 (dd, *J* = 6.4, 1.6 Hz, 3H, 26-CH$_{3, E}$)), 1.28 – 1.14 (m, 3H), 1.12 – 0.90 (m, 16H, contains: 1.01 (s, 3H, 19-CH$_{3, Z}$), 1.00 (d, *J* = 6.7 Hz, 3H, 21-CH$_{3, Z}$), 1.00 (s, 3H, 19-CH$_{3, E}$), 0.98 (d, *J* = 6.5 Hz, 3H, 21-CH$_{3, E}$)), 0.79 – 0.67 (m, 1H), 0.64 (s, 3H, 18-CH$_{3, Z}$), 0.63 (s, 3H, 18-CH$_{3, E}$), 0.48 – 0.37 (m, 4H), 0.36 – 0.30 (m, 1H).

^{13}C NMR (126 MHz, CDCl$_3$): δ [ppm] = 140.9 (C$_q$, C-5), 134.54 (+, CH-24$_Z$), 134.52 (+, CH-24$_E$), 122.2 (+, CH$_2$-25$_E$), 121.9 (+, CH-6), 121.3 (–, CH$_2$-25$_Z$), 72.0 (+, CH-3), 58.34 (+, CH$_E$), 58.26 (+, CH$_Z$), 56.6 (+, CH), 50.3 (+, CH), 42.5 (C$_q$ C-13), 42.4 (–, CH$_2$), 40.4 (+, CH), 39.7 (–, CH$_2$), 37.4 (–, CH$_2$), 36.6 (C$_q$, C-10), 32.1 (+, CH), 32.04 (–, CH$_{2, E}$), 32.02 (–, CH$_{2, Z}$), 31.8 (–, CH$_2$), 29.1 (+, CH$_Z$), 28.9 (+, CH$_E$), 28.2 (–, CH$_{2, E}$), 28.1 (–, CH$_{2, Z}$), 24.53 (–, CH$_{2, E}$), 24.49 (–, CH$_{2, Z}$), 23.5 (+, CH$_E$), 21.2 (–, CH$_2$), 20.0 (+, CH$_3$-21$_Z$), 19.9 (+, CH$_3$-21$_E$), 19.6 (+, CH$_Z$), 19.5 (+, CH$_3$-19), 18.0 (+, CH$_3$-26$_E$), 13.2 (+, CH$_3$-26$_Z$), 12.0 (+/–, 2C, CH$_3$-18 and CH$_2$-22^1_Z), 11.3 (–, CH$_2$-22^1_E).

MS (FAB, 3-NBA): m/z (%) = 381 (12) [M–H]$^+$, 365 (40) [M–OH]$^+$, 271 (61) [C$_{19}$H$_{27}$O]$^+$.

Experimental

HRMS (FAB, 3-NBA, m/z): calcd. for $C_{27}H_{41}O$, $[M–H]^+$: 381.3152; found: 381.3153.

IR (ATR): $\tilde{v}$ [cm^{-1}] = 3245 (w), 3064 (w), 3026 (w), 2939 (vs), 2931 (vs), 2902 (s), 2900 (s), 2868 (s), 2850 (s), 1657 (vw), 1441 (s), 1375 (m), 1065 (vs), 1024 (s), 956 (m), 881 (m), 800 (m), 711 (vs), 591 (w), 506 (w).

EA ($C_{27}H_{42}O$, 383.6): calcd. C 84.75, H 11.06; found: C 84.01, H 11.09.

(20R)-20-((1R,2R)-2-(But-1-en-1-yl)cyclopropyl)pregn-5-en-3β-ol (108e)

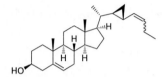

Sterol **108e** was synthesized according to **GP3** using steroid **107e** (72.1 mg, 176 μmol, 1.00 equiv.) and p-TsOH (5.01 mg, 26.3 μmol, 0.150 equiv.) in 5 mL of 1,4-dioxane/H_2O (4:1). The residue was purified by flash column chromatography on silica gel (n-pentane/EtOAc 4:1) to yield sterol **108e** as a colorless solid (67.9 mg, 171 μmol, 98% yield).

TLC: R_f = 0.43 (n-pentane/EtOAc 4:1).

^{1}H NMR (500 MHz, CD$_2$Cl$_2$): δ [ppm] = 5.45 (dt, J = 15.3, 6.4 Hz, 1H, 25-H$_E$), 5.34 (dt, J = 4.9, 2.4 Hz, 1H, 6-H), 5.24 (dtd, J = 10.7, 7.3, 0.8 Hz, 1H, 25-H$_Z$), 4.96 (ddt, J = 15.2, 8.5, 1.6 Hz, 1H, 24-H$_E$), 4.67 (tt, J = 10.4, 1.6 Hz, 1H, 24-H$_Z$), 3.46 (tt, J = 11.1, 4.8 Hz, 1H, 3-H), 2.25 (ddd, J = 13.0, 5.1, 2.3 Hz, 1H, 4-CHH), 2.23 – 2.10 (m, 3H), 2.02 – 1.93 (m, 4H), 1.91 – 1.75 (m, 3H), 1.65 – 1.39 (m, 8H), 1.30 – 1.14 (m, 3H), 1.13 – 0.90 (m, 19H, contains: 1.01 (d, J = 6.6 Hz, 3H, 21-CH$_{3,\,Z}$), 1.00 (s, 3H, 19-CH$_3$), 0.99 (d, J = 6.4 Hz, 3H, 21-CH$_{3,\,E}$), 0.98 (t, J = 7.6 Hz, 3H, 27-CH$_{3,\,Z}$), 0.94 (t, J = 7.5 Hz, 3H, 27-CH$_{3,\,E}$)), 0.78 – 0.66 (m, 1H), 0.65 (s, 3H, 18-CH$_{3,\,Z}$), 0.64 (s, 3H, 18-CH$_{3,\,E}$), 0.47 – 0.32 (m, 5H).

^{13}C NMR (126 MHz, CD$_2$Cl$_2$): δ [ppm] = 141.4 (C$_q$, C-5), 133.2 (+, CH-24$_Z$), 132.7 (+, CH-24$_E$), 129.6 (+, CH$_2$-25$_E$), 129.4 (–, CH$_2$-25$_Z$), 121.9 (+, CH-6), 72.1 (+, CH-3), 58.7 (+, CH$_E$), 58.6 (+, CH$_Z$), 56.9 (+, CH), 50.7 (+, CH), 42.8 (–, CH$_2$), 42.7 (C$_q$ C-13), 40.6 (+, CH), 40.03 (–, CH$_{2,\,E}$), 40.01 (–, CH$_{2,\,Z}$), 37.7 (–, CH$_2$), 36.9 (C$_q$, C-10), 32.4 (+, CH), 32.3 (–, CH$_2$), 32.1 (–, CH$_2$), 29.4 (+, CH$_Z$), 29.2 (+, CH$_E$), 28.4 (–, CH$_2$), 25.9 (–, CH$_{2,\,E}$), 24.7 (–, CH$_{2,\,E}$), 24.6 (–, CH$_{2,\,Z}$), 23.8 (+, CH$_E$), 21.5 (–, CH$_2$), 21.3 (–, CH$_{2,\,Z}$), 20.1 (+, CH$_Z$), 20.0 (+, CH$_3$-21$_Z$), 19.9 (+, CH$_3$-21$_E$), 19.6 (+, CH$_3$-19), 14.8 (+, CH$_3$-27$_Z$), 14.3 (+, CH$_3$-27$_E$), 12.1 (–, CH$_2$-22^1_Z), 12.0 (+, CH$_3$-18), 11.4 (–, CH$_2$-22^1_E).

MS (FAB, 3-NBA): m/z (%) = 396 (8) [M]$^+$, 395 (11) [M–H]$^+$, 379 (42) [M–OH]$^+$, 314 (20), 271 (94) [C$_{19}$H$_{27}$O]$^+$, 255 (18) [C$_{19}$H$_{27}$]$^+$, 253 (11) [C$_{19}$H$_{25}$]$^+$, 213 (14) [C$_{16}$H$_{21}$]$^+$.

HRMS (FAB, 3-NBA, m/z): calcd. for C$_{28}$H$_{44}$O, [M]$^+$: 396.3387; found: 396.3385; calcd. for C$_{28}$H$_{43}$O, [M–H]$^+$: 395.3308; found: 395.3305.

IR (ATR): $\tilde{\nu}$ [cm^{-1}] = 3262 (w), 3067 (vw), 2929 (vs), 2870 (s), 2849 (m), 1653 (vw), 1456 (s), 1441 (s), 1377 (w), 1062 (vs), 955 (m), 878 (m), 839 (w), 799 (w), 720 (w), 591 (w), 506 (w).

EA (C$_{28}$H$_{44}$O, 396.7): calcd. C 84.79, H 11.18; found: C 84.37, H 11.07.

(20*R*)-20-((1*R*,2*R*)-2-(Hex-1-en-1-yl)cyclopropyl)pregn-5-en-3β-ol (108f)

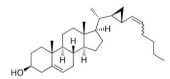

Sterol **108f** was synthesized according to **GP3** using steroid **107f** (86.5 mg, 197 μmol, 1.00 equiv.) and *p*-TsOH (5.63 mg, 29.6 μmol, 0.150 equiv.) in 5 mL of 1,4-dioxane/H$_2$O (4:1). The residue was purified by flash column chromatography on silica gel (*n*-pentane/EtOAc 5:1) to yield sterol **108f** as a colorless solid (62.5 mg, 147 μmol, 75% yield).

TLC: R_f = 0.67 (*n*-pentane/EtOAc 3:1).

^{1}H NMR (500 MHz, CDCl$_3$): δ [ppm] = 5.41 (dt, *J* = 15.3, 6.8 Hz, 1H, 25-H$_E$), 5.35 (dt, *J* = 5.4, 2.1 Hz, 1H, 6-H), 5.25 (dt, *J* = 10.8, 7.3 Hz, 1H, 25-H$_Z$), 4.96 (ddt, *J* = 15.1, 8.4, 1.4 Hz, 1H, 24-H$_E$), 4.69 (tt, *J* = 10.4, 1.6 Hz, 1H, 24-H$_Z$), 3.52 (tt, *J* = 11.1, 4.6 Hz, 1H, 3-H), 2.29 (ddd, *J* = 13.1, 5.1, 2.2 Hz, 1H, 4-C*H*H), 2.23 (ddq, *J* = 13.5, 11.1, 2.6 Hz, 1H, 4-CH*H*), 2.20 – 2.08 (m, 2H), 2.03 – 1.92 (m, 3H), 1.93 – 1.79 (m, 3H), 1.65 – 1.38 (m, 9H), 1.40 – 1.12 (m, 7H), 1.12 – 0.86 (m, 19H, contains: 1.01 (s, 3H, 19-CH$_3$) 1.00 (d, *J* = 5.9 Hz, 3H, 21-CH$_{3,\,Z}$), 0.98 (d, *J* = 6.5 Hz, 3H, 21-CH$_{3,\,E}$), 0.90 (t, *J* = 7.1 Hz, 3H, 29-CH$_{3,\,Z}$), 0.88 (t, *J* = 7.1 Hz, 3H, 29-CH$_{3,\,E}$)), 0.78 – 0.65 (m, 1H), 0.64 (s, 3H, 18-CH$_{3,\,Z}$), 0.63 (s, 3H, 18-CH$_{3,\,E}$), 0.47 – 0.36 (m, 4H), 0.38 – 0.31 (m, 1H).

^{13}C NMR (126 MHz, CDCl$_3$): δ [ppm] = 140.9 (C$_q$, C-5), 133.5 (+, CH-24$_Z$), 133.3 (+, CH-24$_E$), 128.0 (+, CH$_2$-25$_E$), 127.7 (–, CH$_2$-25$_Z$), 121.9 (+, CH-6), 72.0 (+, CH-3), 58.4 (+, CH$_E$), 58.3 (+, CH$_Z$), 56.7 (+, CH), 50.3 (+, CH), 42.51 (C$_q$ C-13$_Z$), 42.49 (C$_q$ C-13$_E$), 42.45 (–, CH$_2$), 40.41 (+, CH$_Z$), 40.39 (+, CH$_E$), 39.74 (–, CH$_{2,\,E}$), 39.71 (–, CH$_{2,\,Z}$), 37.4 (–, CH$_2$), 36.7 (C$_q$, C-10), 32.4 (–, CH$_{2,\,Z}$), 32.3 (–, CH$_{2,\,E}$), 32.12 (+, CH), 32.08 (–, CH$_{2,\,E}$), 32.0 (–, CH$_2$), 31.8 (–, CH$_2$), 29.3 (+, CH$_Z$), 29.0 (+, CH$_E$), 28.2 (–, CH$_{2,\,Z}$), 28.1 (–, CH$_{2,\,E}$), 27.5 (–, CH$_{2,\,Z}$),

Experimental

24.5 (–, $CH_{2,E}$), 24.4 (–, $CH_{2,Z}$), 23.6 (+, CH_E), 22.6 (–, $CH_{2,Z}$), 22.3 (–, $CH_{2,E}$), 21.2 (–, CH_2), 20.0 (+, CH_Z), 19.94 (+, CH_3-21$_Z$), 19.91 (+, CH_3-21$_E$), 19.5 (+, CH_3-19), 14.2 (+, CH_3-29$_Z$), 14.1 (+, CH_3-29$_E$), 12.1 (–, CH_2-22$^1{}_Z$), 12.0 (+, CH_3-18), 11.4 (–, CH_2-22$^1{}_E$).

MS (FAB, 3-NBA): m/z (%) = 424 (7) [M]$^+$, 423 (12) [M–H]$^+$, 407 (40) [M–OH]$^+$, 314 (18), 271 (66) [$C_{19}H_{27}O$]$^+$, 255 (12) [$C_{19}H_{27}$]$^+$, 253 (8) [$C_{19}H_{25}$]$^+$, 213 (8) [$C_{16}H_{21}$]$^+$.

HRMS (FAB, 3-NBA, m/z): calcd. for $C_{30}H_{47}O$, [M–H]$^+$: 423.3627; found: 423.3628.

IR (ATR): $\tilde{v}$ [cm^{-1}] = 3255 (w), 3061 (w), 2927 (vs), 2867 (vs), 2850 (s), 1728 (vw), 1667 (vw), 1655 (vw), 1458 (m), 1446 (m), 1439 (m), 1375 (m), 1363 (w), 1334 (w), 1057 (vs), 1023 (s), 956 (s), 881 (m), 836 (w), 800 (m), 728 (w), 501 (w).

EA ($C_{30}H_{48}O$, 424.7): calcd. C 84.84, H 11.39; found: C 84.11, H 11.39.

(20R)-20-((1S,2S)-2-Ethylcyclopropyl)pregn-5-en-3$β$-ol (108g)

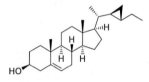

Sterol **108g** was synthesized according to **GP3** using steroid **107g** (39.0 mg, 101 $μ$mol, 1.00 equiv.) and p-TsOH (2.89 mg, 15.2 $μ$mol, 0.150 equiv.) in 5 mL of 1,4-dioxane/H_2O (4:1). The residue was purified by flash column chromatography on silica gel (n-pentane/EtOAc 3:1) to yield sterol **108g** as a colorless solid (24.0 mg, 64.8 $μ$mol, 64% yield).

TLC: R_f = 0.59 (n-pentane/EtOAc 1:1).

Melting Point: 157 °C.

^{1}H NMR (500 MHz, CDCl$_3$): $δ$ [ppm] = 5.35 (dt, J = 4.7, 2.1 Hz, 1H, 6-H), 3.52 (tt, J = 11.1, 4.6 Hz, 1H, 3-H), 2.29 (ddd, J = 13.1, 5.1, 2.2 Hz, 1H, 4-CHH), 2.23 (ddq, J = 13.3, 11.1, 2.7 Hz, 1H, 4-CHH), 2.02 – 1.89 (m, 3H), 1.88 – 1.80 (m, 2H), 1.64 – 1.39 (m, 8H), 1.24 (q, J = 9.6 Hz, 1H), 1.17 (td, J = 12.8, 4.6 Hz, 1H), 1.12 – 0.86 (m, 14H, contains: 1.00 (s, 3H, 19-CH$_3$), 0.96 (d, J = 6.7 Hz, 3H, 21-CH$_3$)), 0.70 – 0.58 (m, 4H, contains: 0.62 (s, 3H, 18-CH$_3$)), 0.57 – 0.50 (m, 1H), 0.26 – 0.15 (m, 1H), 0.05 (dd, J = 7.4, 5.8 Hz, 2H).

^{13}C NMR (126 MHz, CDCl$_3$): $δ$ [ppm] = 140.9 (C_q, C-5), 121.9 (+, CH-6), 72.0 (+, CH-3), 58.4 (+, CH), 56.7 (+, CH), 50.3 (+, CH), 42.5 (C_q, C-13), 42.4 (–, CH_2), 40.6 (+, CH), 39.8 (–, CH_2), 37.4 (–, CH_2), 36.7 (C_q, C-10), 32.09 (+, CH), 32.06 (–, CH_2), 31.8 (–, CH_2), 28.0 (–, CH_2), 27.2 (–, CH_2), 27.0 (+, CH), 24.5 (–, CH_2), 22.6 (+, CH), 21.2 (–, CH_2), 20.1 (+, CH_3-21), 19.5 (+, CH_3-19), 13.5 (+, CH-24), 12.0 (+, CH_3-18), 9.2 (–, CH_2-22^1).

MS (FAB, 3-NBA): m/z (%) = 370 (10) [M]$^+$, 369 (28) [M–H]$^+$, 353 (100) [M–OH]$^+$, 255 (5) [C$_{19}$H$_{27}$]$^+$.

HRMS (FAB, 3-NBA, m/z): calcd. for C$_{26}$H$_{42}$O, [M]$^+$: 370.3236; found: 370.3236. calcd. for C$_{26}$H$_{41}$O, [M–H]$^+$: 369.3157; found: 369.3158.

IR (ATR): $\tilde{v}$ [cm^{-1}] = 3315 (w), 3051 (vw), 2931 (vs), 2901 (s), 2866 (s), 2851 (s), 2244 (vw), 1667 (vw), 1459 (m), 1438 (w), 1374 (m), 1332 (w), 1050 (vs), 1018 (s), 953 (w), 922 (w), 905 (m), 839 (w), 800 (w), 732 (vs), 646 (m), 623 (w), 499 (w).

Specific rotation: $[\alpha]_D^{20}$ = –47.0° (c = 0.10, CHCl$_3$).

(20*R*)-20-((1*S*,2*S*)-2-Propylcyclopropyl)pregn-5-en-3*β*-ol (108h)

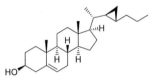

Sterol **108h** was synthesized according to **GP3** using steroid **107h** (338 mg, 848 μmol, 1.00 equiv.) and *p*-TsOH (24.2 mg, 127 μmol, 0.150 equiv.) in 25 mL of 1,4-dioxane/H$_2$O (4:1). The residue was purified by flash column chromatography on silica gel (*n*-pentane/EtOAc 4:1) to yield sterol **108h** as a colorless solid (292 mg, 760 μmol, 90% yield).

TLC: R_f = 0.49 (*n*-pentane/EtOAc 4:1).

Melting Point: 143–144 °C.

^{1}H NMR (500 MHz, CD$_2$Cl$_2$): δ [ppm] = 5.35 (dt, *J* = 5.3, 2.1 Hz, 1H, 6-H), 3.46 (tt, *J* = 11.1, 4.8 Hz, 1H, 3-H), 2.25 (ddd, *J* = 13.0, 5.1, 2.3 Hz, 1H, 4-C*H*H), 2.19 (tq, *J* = 13.0, 11.1, 2.6 Hz, 1H, 4-CH*H*), 2.03 – 1.89 (m, 3H), 1.84 (dt, *J* = 13.2, 3.5 Hz, 1H), 1.82 – 1.75 (m, 1H), 1.65 – 1.33 (m, 10H), 1.25 (q, *J* = 9.7 Hz, 1H), 1.18 (td, *J* = 12.7, 4.7 Hz, 1H), 1.13 – 0.87 (m, 13H, contains: 1.00 (s, 3H, 19-CH$_3$), 0.97 (d, *J* = 6.6 Hz, 3H, 21-CH$_3$), 0.89 (t, *J* = 7.4 Hz, 3H, 26-CH$_3$)), 0.83 (dtd, *J* = 13.3, 8.4, 6.6 Hz, 1H), 0.72 – 0.62 (m, 4H, contains: 0.63 (s, 3H, 18-CH$_3$)), 0.63 – 0.53 (m, 1H), 0.20 (tt, *J* = 9.1, 4.2 Hz, 1H), 0.10 – 0.04 (m, 2H).

^{13}C NMR (126 MHz, CD$_2$Cl$_2$): δ [ppm] = 141.4 (C$_q$, C-5), 121.9 (+, CH-6), 72.1 (+, CH-3), 58.7 (+, CH), 57.0 (+, CH), 50.7 (+, CH), 42.8 (–/C$_q$, 2C, CH$_2$ and C-13), 40.8 (+, CH), 40.1 (–, CH$_2$), 37.7 (–, CH$_2$), 36.91 (C$_q$, C-10), 36.89 (–, CH$_2$), 32.4 (+, CH), 32.3 (–, CH$_2$), 32.1 (–, CH$_2$), 28.2 (–, CH$_2$), 27.3 (+, CH), 24.8 (–, CH$_2$), 22.8 (–, CH$_2$), 21.5 (–, CH$_2$), 20.8 (+, CH), 20.1 (+, CH$_3$-21), 19.6 (+, CH$_3$-19), 14.3 (+, CH-26), 12.0 (+, CH$_3$-18), 9.8 (–, CH$_2$-22^1).

MS (FAB, 3-NBA): m/z (%) = 383 (19) $[M–H]^+$, 367 (91) $[M–OH]^+$, 314 (7), 271 (10) $[C_{19}H_{27}O]^+$, 255 (13) $[C_{19}H_{27}]^+$.

HRMS (FAB, 3-NBA, m/z): calcd. for $C_{27}H_{43}O$, $[M–H]^+$: 383.3308; found: 383.3310.

IR (ATR): $\tilde{v}$ [cm^{-1}] = 3206 (w), 3060 (w), 2931 (vs), 2901 (s), 2868 (s), 2849 (s), 1458 (m), 1438 (m), 1375 (m), 1357 (w), 1193 (w), 1055 (vs), 1023 (m), 953 (m), 911 (w), 837 (w), 800 (m), 742 (w), 623 (w), 504 (w).

EA ($C_{27}H_{44}O$, 384.6): calcd. C 84.31, H 11.53; found: C 84.02, H 11.32.

Specific rotation: $[\alpha]_D^{20}$ = –39.8° (c = 0.55, CHCl$_3$).

(20*R*)-20-((1*S*,2*S*)-2-Butylcyclopropyl)pregn-5-en-3β-ol (108i)

Sterol **108i** was synthesized according to **GP3** using steroid **107i** (60.2 mg, 146 μmol, 1.00 equiv.) and *p*-TsOH (4.16 mg, 21.9 μmol, 0.150 equiv.) in 5 mL of 1,4-dioxane/H$_2$O (4:1). The residue was purified by flash column chromatography on silica gel (*n*-pentane/EtOAc 4:1) to yield sterol **108i** as a colorless solid (47.8 mg, 120 μmol, 82% yield).

TLC: R_f = 0.50 (*n*-pentane/EtOAc 4:1).

Melting Point: 148–150 °C.

^{1}H NMR (500 MHz, CD$_2$Cl$_2$): δ [ppm] = 5.35 (dt, J = 5.3, 2.1 Hz, 1H, 6-H), 3.46 (tt, J = 11.1, 4.8 Hz, 1H, 3-H), 2.25 (ddd, J = 13.0, 5.1, 2.3 Hz, 1H, 4-C*H*H), 2.19 (ddq, J = 13.6, 11.0, 2.6 Hz, 1H, 4-CH*H*), 2.02 – 1.90 (m, 3H), 1.84 (dt, J = 13.2, 3.5 Hz, 1H), 1.82 – 1.76 (m, 1H), 1.65 – 1.41 (m, 8H), 1.38 – 1.21 (m, 5H), 1.18 (td, J = 12.7, 4.7 Hz, 1H), 1.13 – 0.80 (m, 14H, contains: 1.00 (s, 3H, 19-CH$_3$), 0.97 (d, J = 6.6 Hz, 3H, 21-CH$_3$), 0.88 (t, J = 7.1 Hz, 3H, 27-CH$_3$)), 0.72 – 0.61 (m, 4H, contains: 0.63 (s, 3H, 18-CH$_3$)), 0.60 – 0.53 (m, 1H, 23-H), 0.20 (tt, J = 9.1, 4.3 Hz, 1H, 22-H), 0.11 – 0.03 (m, 2H, 22^1-CH$_2$).

^{13}C NMR (126 MHz, CD$_2$Cl$_2$): δ [ppm] = 141.4 (C$_q$, C-5), 121.9 (+, CH-6), 72.1 (+, CH-3), 58.7 (+, CH), 57.0 (+, CH), 50.7 (+, CH), 42.8 (–/C$_q$, 2C, CH$_2$-4 and C-13), 40.8 (+, CH-20), 40.1 (–, CH$_2$), 37.7 (–, CH$_2$), 36.9 (C$_q$, C-10), 34.3 (–, CH$_2$-24), 32.4 (+, CH), 32.3 (–, CH$_2$), 32.1 (–, CH$_2$), 31.9 (–, CH$_2$), 28.2 (–, CH$_2$), 27.3 (+, CH-22), 24.8 (–, CH$_2$), 23.1 (–, CH$_2$), 21.5 (–, CH$_2$), 21.0 (+, CH-23), 20.1 (+, CH$_3$-21), 19.6 (+, CH$_3$-19), 14.3 (+, CH-26), 12.0 (+, CH$_3$-18), 9.8 (–, CH$_2$-22^1).

MS (FAB, 3-NBA): m/z (%) = 397 (34) [M–H]$^+$, 381 (82) [M–OH]$^+$, 314 (16), 271 (26) [C$_{19}$H$_{27}$O]$^+$, 255 (27) [C$_{19}$H$_{27}$]$^+$.

HRMS (FAB, 3-NBA, m/z): calcd. for C$_{28}$H$_{45}$O, [M–H]$^+$: 397.3465; found: 397.3465.

IR (ATR): $\tilde{v}$ [cm^{-1}] = 3479 (w), 3055 (vw), 2952 (vs), 2934 (vs), 2902 (vs), 2887 (vs), 2867 (vs), 2842 (vs), 1742 (vw), 1669 (vw), 1442 (s), 1366 (m), 1312 (w), 1057 (vs), 1021 (vs), 955 (m), 836 (w), 800 (w), 741 (w), 589 (w), 514 (m).

EA (C$_{28}$H$_{46}$O, 398.7): calcd. C 84.36, H 11.63; found: C 84.04, H 11.59.

Specific rotation: $[\alpha]_D^{20}$ = –33.2° (c = 0.56, CHCl$_3$).

(20*R*)-20-((1*S*,2*S*)-2-Hexylcyclopropyl)pregn-5-en-3*β*-ol (108j)

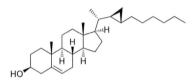

Sterol **108j** was synthesized according to **GP3** using steroid **107j** (125 mg, 284 *μ*mol, 1.00 equiv.) and *p*-TsOH (8.11 mg, 42.6 *μ*mol, 0.150 equiv.) in 10 mL of 1,4-dioxane/H$_2$O (4:1). The residue was purified by flash column chromatography on silica gel (*n*-pentane/EtOAc 4:1) to yield sterol **108j** as a colorless solid (96.9 mg, 227 *μ*mol, 80% yield).

TLC: R_f = 0.56 (*n*-pentane/EtOAc 4:1).

Melting Point: 117 °C.

^{1}H NMR (500 MHz, CD$_2$Cl$_2$): δ [ppm] = 5.35 (dt, *J* = 5.4, 2.1 Hz, 1H, 6-H), 3.46 (tt, *J* = 11.1, 4.8 Hz, 1H, 3-H), 2.25 (ddd, *J* = 13.0, 5.1, 2.3 Hz, 1H, 4-C*H*H), 2.19 (ddq, *J* = 13.7, 11.1, 2.6 Hz, 1H, 4-CH*H*), 2.02 – 1.90 (m, 3H), 1.84 (dt, *J* = 13.2, 3.5 Hz, 1H), 1.82 – 1.75 (m, 1H), 1.66 – 1.40 (m, 8H), 1.39 – 1.21 (m, 9H), 1.18 (td, *J* = 12.7, 4.7 Hz, 1H), 1.13 – 0.79 (m, 14H, contains: 1.00 (s, 3H, 19-CH$_3$), 0.96 (d, *J* = 6.6 Hz, 3H, 21-CH$_3$), 0.88 (t, *J* = 6.9 Hz, 3H, 29-CH$_3$)), 0.72 – 0.62 (m, 4H, contains: 0.63 (s, 3H, 18-CH$_3$)), 0.57 (ddt, *J* = 13.2, 8.4, 4.8 Hz, 1H, 23-H), 0.20 (tt, *J* = 9.1, 4.3 Hz, 1H, 22-H), 0.11 – 0.02 (m, 2H, 22^1-CH$_2$).

^{13}C NMR (126 MHz, CD$_2$Cl$_2$): δ [ppm] = 141.4 (C$_q$, C-5), 121.9 (+, CH-6), 72.1 (+, CH-3), 58.7 (+, CH), 57.0 (+, CH), 50.7 (+, CH), 42.8 (–/C$_q$, 2C, CH$_2$-4 and C-13), 40.8 (+, CH-20), 40.1 (–, CH$_2$), 37.7 (–, CH$_2$), 36.9 (C$_q$, C-10), 34.7 (–, CH$_2$-24), 32.39 (+, CH), 32.36 (–, CH$_2$), 32.3 (–, CH$_2$), 32.1 (–, CH$_2$), 29.74 (–, CH$_2$), 29.65 (–, CH$_2$), 28.2 (–, CH$_2$), 27.4 (+, CH-22), 24.8 (–, CH$_2$), 23.1 (–, CH$_2$), 21.5 (–, CH$_2$), 21.1 (+, CH-23), 20.1 (+, CH$_3$-21), 19.6 (+, CH$_3$-19), 14.3 (+, CH-26), 12.0 (+, CH$_3$-18), 9.8 (–, CH$_2$-22^1).

Experimental

MS (FAB, 3-NBA): m/z (%) = 425 (13) [M–H]$^+$, 409 (57) [M–OH]$^+$, 271 (8) [C$_{19}$H$_{27}$O]$^+$, 255 (11) [C$_{19}$H$_{27}$]$^+$.

HRMS (FAB, 3-NBA, m/z): calcd. for C$_{30}$H$_{49}$O, [M–H]$^+$: 425.3778; found: 425.3779.

IR (ATR): $\tilde{v}$ [cm^{-1}] = 3445 (w), 3267 (w), 3055 (vw), 2925 (vs), 2850 (vs), 1672 (vw), 1459 (s), 1441 (m), 1378 (m), 1057 (vs), 1023 (s), 955 (m), 909 (w), 839 (w), 802 (m), 625 (m), 591 (m), 501 (w).

EA (C$_{30}$H$_{50}$O, 426.7): calcd. C 84.44, H 11.81; found: C 84.23, H 11.80.

Specific rotation: $[\alpha]_D^{20} = -36.0°$ (c = 0.58, CHCl$_3$).

(22*R*,23*S*)-6*β*-Methoxy-22,23-methylene-24-phenylthio-3*α*,5-cyclo-5*α*-cholane (122)

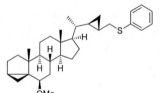

Thiophenol (18.4 mg, 17.1 μL, 167 μmol, 1.50 equiv.), bromosteroid **110** (50.0 mg, 111 μmol, 1.00 equiv.) and anhydrous K$_2$CO$_3$ (23.1 mg, 167 μmol, 1.50 equiv.) were suspended in 0.5 mL of DMF and then stirred at room temperature overnight. The reaction mixture was transferred into a separatory funnel, H$_2$O (5 mL) was added, and the mixture was extracted with Et$_2$O (4 × 5 mL). The combined ethereal extract was washed with H$_2$O (2 × 3 mL), dried over Na$_2$SO$_4$ and the solvent removed under reduced pressure to yield the thioether **122** as a thick colorless oil (51.7 mg, 108 μmol, 97% yield).

TLC: R_f = 0.37 (*n*-pentane/EtOAc 20:1).

^{1}H NMR (500 MHz, CDCl$_3$): δ [ppm] = 7.35 – 7.31 (m, 2H, ArH), 7.29 – 7.23 (m, 2H, ArH), 7.19 – 7.13 (m, 1H, ArH), 3.33 (s, 3H, OCH$_3$), 3.19 (dd, J = 12.5, 5.2 Hz, 1H, 24-C*H*H), 2.78 (t, J = 2.9 Hz, 1H, 6-CH), 2.57 (dd, J = 12.6, 8.6 Hz, 1H, 24-CH*H*), 2.05 – 1.86 (m, 3H), 1.81 – 1.59 (m, 3H), 1.56 – 1.33 (m, 5H), 1.25 (q, J = 9.7 Hz, 1H), 1.19 – 1.00 (m, 7H, contains: 1.02 (s, 3H, 19-CH$_3$)), 0.99 – 0.93 (m, 4H, contains: 0.95 (d, J = 6.6 Hz, 3H, 21-CH$_3$)), 0.92 – 0.78 (m, 3H), 0.76 – 0.69 (m, 1H), 0.67 – 0.61 (m, 4H, contains: 0.65 (s, 3H, 18-CH$_3$)), 0.49 – 0.40 (m, 2H), 0.36 – 0.25 (m, 2H, 22^1-CH$_2$).

^{13}C NMR (126 MHz, CDCl$_3$): δ [ppm] = 137.5 (C$_q$, C-Ar), 129.0 (+, 2C, CH-Ar), 128.9 (+, 2C, CH-Ar), 125.7 (+, CH-Ar), 82.5 (+, CH-6), 58.2 (+, CH), 56.7 (+, OCH$_3$), 56.4 (+, CH), 48.2 (+, CH), 43.5 (C$_q$, C-10), 43.0 (C$_q$, C-13), 40.2 (–, CH$_2$), 40.1 (+, CH), 39.0 (–, CH$_2$-24), 35.4 (C$_q$, C-5), 35.2 (–, CH$_2$), 33.5 (–, CH$_2$), 30.7 (–, CH), 28.2 (–, CH$_2$), 28.1 (+, CH), 25.1

(–, CH$_2$), 24.4 (–, CH$_2$), 22.9 (–, CH$_2$), 21.6 (+, CH), 19.8 (+, CH), 19.7 (+, CH$_3$-21), 19.4 (+, CH$_3$-19), 13.2 (–, CH$_2$-4), 12.4 (+, CH$_3$-18), 10.6 (–, CH$_2$-22^1).

MS (FAB, 3-NBA): m/z (%) = 478 (8) [M]$^+$, 447 (16) [M–H]$^+$, 447 (7) [M–OCH$_3$]$^+$, 337 (40) [M–OCH$_3$–C$_6$H$_6$S]$^+$, 255 (10) [C$_{19}$H$_{27}$]$^+$, 253 (13) [C$_{19}$H$_{25}$]$^+$, 213 (15) [C$_{16}$H$_{21}$]$^+$.

HRMS (FAB, 3-NBA, m/z): calcd. for C$_{32}$H$_{46}$OS, [M]$^+$: 478.3269; found: 478.3268.

IR (ATR): ṽ [cm^{-1}]: 3058 (vw), 2929 (vs), 2866 (vs), 2847 (s), 1585 (w), 1455 (m), 1438 (s), 1373 (m), 1198 (w), 1183 (w), 1094 (vs), 1024 (s), 1016 (s), 914 (w), 899 (w), 861 (w), 735 (vs), 690 (vs), 615 (w), 473 (w).

EA (C$_{32}$H$_{46}$OS, 478.8): calcd.: C 80.28, H 9.68, S 6.70; found: C 80.55, H 9.88, S 6.24.

Specific rotation: $[\alpha]_D^{20}$ = +26.3° (c = 0.35, CHCl$_3$).

(22R,23S)-6β-Methoxy-22,23-methylene-3α,5-cyclo-5α-cholan-24-yl azide (118)

To a stirred solution of the bromide **110** (93.7 mg, 208 µmol, 1.00 equiv.) in 1.5 mL of DMF at room temperature were added TBAI (192 mg, 521 µmol, 2.50 equiv.) and NaN$_3$ (67.8 mg, 1.0 mmol, 5.00 equiv.). After stirring at 80 °C for 2 h, the mixture was cooled to room temperature and then treated with H$_2$O (6 mL). The mixture was extracted with n-pentane (3 × 8 mL). The combined organic layers were dried over Na$_2$SO$_4$ and the solvent was removed under reduced pressure. The residue was purified by flash column chromatography on silica gel (n-pentane/EtOAc 30:1) to yield the azide **118** as a thick colorless oil (83.7 mg, 203 µmol, 98% yield).

TLC: R_f = 0.14 (n-pentane/EtOAc 50:1).

^{1}H NMR (500 MHz, CDCl$_3$): δ [ppm] = 3.32 (s, 3H, OCH$_3$), 3.29 (dd, J = 12.8, 5.8 Hz, 1H, 24-CHH), 2.91 (dd, J = 12.8, 8.3 Hz, 1H, 24-CHH), 2.77 (t, J = 2.9 Hz, 1H, 6-CH), 1.99 – 1.85 (m, 3H), 1.80 – 1.58 (m, 3H), 1.56 – 1.33 (m, 5H), 1.25 (q, J = 9.8 Hz, 1H), 1.20 – 0.94 (m, 11H, contains: 1.01 (s, 3H, 19-CH$_3$), 0.97 (d, J = 6.6 Hz, 3H, 21-CH$_3$)), 0.92 – 0.73 (m, 4H), 0.66 (s, 3H, 18-CH$_3$), 0.64 (dd, J = 5.1, 3.8 Hz, 1H, 4-CHH), 0.48 – 0.29 (m, 4H).

^{13}C NMR (126 MHz, CDCl$_3$): δ [ppm] = 82.5 (+, CH-6), 58.1 (+, CH), 56.7 (+, OCH$_3$), 56.3 (+, CH), 55.6 (–, CH$_2$-24), 48.2 (+, CH), 43.5 (C$_q$, C-10), 43.0 (C$_q$, C-13), 40.2 (–, CH$_2$), 39.9 (+, CH), 35.4 (C$_q$, C-5), 35.2 (–, CH$_2$), 33.5 (–, CH$_2$), 30.7 (–, CH), 28.0 (–, CH$_2$), 25.3 (+, CH),

25.1 (–, CH$_2$), 24.4 (–, CH$_2$), 22.9 (–, CH$_2$), 21.6 (+, CH), 19.8 (+, CH$_3$-21), 19.4 (+, CH$_3$-19), 19.3 (+, CH), 13.2 (–, CH$_2$-4), 12.4 (+, CH$_3$-18), 8.8 (–, CH$_2$-22^1).

MS (FAB, 3-NBA): m/z (%) = 410 (10) [M–H]$^+$, 380 (7) [M–OCH$_3$]$^+$, 337 (9) [M–CH$_3$OH–N$_3$]$^+$, 255 (7) [C$_{19}$H$_{27}$]$^+$, 253 (11) [C$_{19}$H$_{25}$]$^+$, 213 (7) [C$_{16}$H$_{21}$]$^+$.

HRMS (FAB, 3-NBA, m/z): calcd. for C$_{26}$H$_{40}$N$_3$O, [M–H]$^+$: 410.3166; found: 410.3166.

IR (ATR): $\tilde{v}$ [cm^{-1}]: 3061 (vw), 2929 (vs), 2867 (s), 2088 (vs), 1455 (s), 1373 (m), 1266 (s), 1242 (s), 1095 (vs), 1016 (vs), 613 (m), 557 (m).

EA (C$_{26}$H$_{41}$N$_3$O, 411.6): calcd.: C 75.87, H 10.04, N 10.21; found: C 75.84, H 10.14, N 10.65.

Specific rotation: $[\alpha]_D^{20}$ = +47.7° (c = 0.48, CHCl$_3$).

(20R)-20-((1R,2S)-2-(1-Benzyl-1H-1,2,3-triazol-4-yl)cyclopropyl)-6β-methoxy-3α,5-cyclo-5α-pregnane (123)

The steroidal alkyne **107b** (50.0 mg, 131 μmol, 1.00 equiv.) and benzyl azide (17.5 mg, 16.4 μL, 131 μmol, 1.00 equiv.) were dissolved in 0.2 mL of DMSO, then 0.2 mL each of H$_2$O and 1,4-dioxane were added. A freshly prepared solution of sodium ascorbate (1 M in H$_2$O, 13.1 μL, 13.1 μmol, 0.100 equiv.) was added, followed by a solution of copper(II) sulfate pentahydrate (0.3 M in H$_2$O, 4.05 μL, 1.21 μmol, 0.0100 equiv.) and the mixture was vigorously stirred at room temperature overnight. The reaction mixture was transferred to a separatory funnel and extracted with CH$_2$Cl$_2$ (3 × 6 mL). The combined organic extracts were dried over Na$_2$SO$_4$, and the solvent was removed under reduced pressure. The crude product was purified by flash column chromatography on silica gel (n-pentane/EtOAc 6:1, 1% NEt$_3$) to yield the triazole **123** as a colorless solid (62.3 mg, 121 μmol, 92% yield).

TLC: R_f = 0.24 (n-pentane/EtOAc 4:1).

Melting Point: 73 °C.

^{1}H NMR (500 MHz, CDCl$_3$): δ [ppm] = 7.36 – 7.31 (m, 3H, ArH), 7.24 – 7.21 (m, 2H, ArH), 7.10 (s, 1H, H$_{Triazole}$), 5.49 – 5.39 (m, 2H, CH$_2$Ar), 3.30 (s, 3H, OCH$_3$), 2.75 (t, J = 2.9 Hz, 1H, 6-H), 1.95 (dt, J = 12.6, 3.5 Hz, 1H), 1.85 (dt, J = 13.4, 3.1 Hz, 1H), 1.83 – 1.65 (m, 4H), 1.58 – 1.44 (m, 4H), 1.43 – 1.31 (m, 2H), 1.27 (q, J = 9.4, 9.0 Hz, 1H), 1.18 – 0.76 (m, 16H, contains:

1.02 (d, J = 6.5 Hz, 3H, 21-CH$_3$), 1.00 (s, 3H, 19-CH$_3$)), 0.66 (s, 3H, 18-CH$_3$), 0.68 – 0.61 (m, 2H), 0.41 (dd, J = 8.0, 5.0 Hz, 1H, 4-CHH).

^{13}C NMR (126 MHz, CDCl$_3$): δ [ppm] = 150.7 (C$_q$, C$_{Triazole}$), 135.1 (C$_q$, C-Ar), 129.1 (+, 2C, CH-Ar), 128.6 (+, CH-Ar), 128.0 (+, 2C, CH-Ar), 119.3 (+, CH$_{Triazole}$), 82.5 (+, CH-6), 58.2 (+, CH), 56.6 (+, OCH$_3$), 56.2 (+, CH), 54.0 (–, CH$_2$Ar), 48.1 (+, CH), 43.5 (C$_q$, C-10), 42.9 (C$_q$, C-13), 40.4 (+, CH), 40.1 (–, CH$_2$), 35.3 (C$_q$, C-5), 35.2 (–, CH$_2$), 33.4 (–, CH$_2$), 30.6 (–, CH), 30.3 (–, CH), 28.2 (–, CH$_2$), 25.0 (–, CH$_2$), 24.3 (–, CH$_2$), 22.8 (–, CH$_2$), 21.5 (+, CH), 19.7 (+, CH$_3$-21), 19.4 (+, CH$_3$-19), 16.4 (+, CH), 13.2 (–, CH$_2$-4), 12.7 (–, CH$_2$-22^1), 12.3 (+, CH$_3$-18).

MS (FAB, 3-NBA): m/z (%) = 514 (100) [M+H]$^+$, 482 (18) [M–OCH$_3$]$^+$.

HRMS (FAB, 3-NBA, m/z): calcd. for C$_{34}$H$_{48}$N$_3$O, [M+H]$^+$: 514.3797; found: 514.3798.

IR (ATR): $\tilde{\nu}$ [cm^{-1}]: 3063 (vw), 2929 (vs), 2866 (s), 1725 (vw), 1561 (w), 1455 (s), 1373 (w), 1349 (w), 1324 (w), 1214 (m), 1095 (vs), 1078 (vs), 1047 (s), 890 (w), 813 (w), 788 (w), 728 (vs), 697 (vs), 465 (w).

EA (C$_{34}$H$_{47}$N$_3$O, 513.8): calcd.: C 79.47, H 9.22, N 8.18; found: C 78.16, H 9.13, N 7.94.

Specific rotation: $[\alpha]_D^{20}$ = +45.1° (c = 0.26, CHCl$_3$).

Experimental

(22R,23S)-6β-Methoxy-22,23-methylene-24-(4-phenyl-1H-1,2,3-triazol-1-yl)-3α,5-cyclo-5α-cholane (124)

The steroidal azide **118** (50.0 mg, 121 μmol, 1.00 equiv.) and phenylacetylene (12.4 mg, 13.3 μL, 121 μmol, 1.00 equiv.) were dissolved in 0.2 mL of DMSO, then 0.2 mL each of H_2O and 1,4-dioxane were added. A freshly prepared solution of sodium ascorbate (1 M in H_2O, 12.1 μL, 12.1 μmol, 0.100 equiv.) was added, followed by a solution of copper(II) sulfate pentahydrate (0.3 M in H_2O, 4.05 μL, 1.21 μmol, 0.0100 equiv.) and the mixture was vigorously stirred at room temperature overnight. The reaction mixture was transferred to a separatory funnel and extracted with CH_2Cl_2 (3 × 6 mL). The combined organic extracts were dried over Na_2SO_4, and the solvent was removed under reduced pressure. The crude product was purified by flash column chromatography on silica gel (n-pentane/EtOAc 6:1, 1% NEt_3) to yield the triazole **124** as a colorless solid (45.8 mg, 89.1 μmol, 73% yield).

TLC: $R_f = 0.40$ (n-pentane/EtOAc 4:1).

Melting Point: 132 °C.

^{1}H NMR (500 MHz, CDCl$_3$): δ [ppm] = 7.85 – 7.80 (m, 2H, ArH), 7.82 (s, 1H, H$_{Triazole}$), 7.44 – 7.38 (m, 2H, ArH), 7.34 – 7.29 (m, 1H, ArH), 4.57 (dd, J = 14.2, 5.6 Hz, 1H, 24-CHH), 3.92 (dd, J = 14.2, 8.8 Hz, 1H, 24-CHH), 3.31 (s, 3H, OCH$_3$), 2.75 (t, J = 2.9 Hz, 1H, 6-CH), 1.94 (dt, J = 12.5, 3.4 Hz, 1H), 1.86 (dt, J = 13.5, 3.1 Hz, 1H), 1.80 – 1.61 (m, 3H), 1.59 – 1.46 (m, 3H), 1.44 – 1.31 (m, 3H), 1.29 – 1.20 (m, 2H), 1.18 – 0.96 (m, 10H, contains: 1.01 (s, 3H, 19-CH$_3$), 0.99 (d, J = 6.7 Hz, 3H, 21-CH$_3$)), 0.91 – 0.71 (m, 4H), 0.66 – 0.58 (m, 5H, contains: 0.64 (s, 3H, 18-CH$_3$)), 0.51 (dt, J = 8.8, 4.9 Hz, 1H, 22^1-CHH), 0.46 – 0.36 (m, 2H).

^{13}C NMR (126 MHz, CDCl$_3$): δ [ppm] = 147.8 (C$_q$, C$_{Triazole}$), 130.9 (C$_q$, C-Ar), 128.9 (+, 2C, CH-Ar), 128.1 (+, CH-Ar), 125.8 (+, 2C, CH-Ar), 119.4 (+, CH$_{Triazole}$), 82.5 (+, CH-6), 57.9 (+, CH), 56.7 (+, OCH$_3$), 56.2 (+, CH), 54.5 (–, CH$_2$-24), 48.1 (+, CH), 43.5 (C$_q$, C-10), 43.0 (C$_q$, C-13), 40.2 (–, CH$_2$), 39.9 (+, CH), 35.3 (C$_q$, C-5), 35.1 (–, CH$_2$), 33.4 (–, CH$_2$), 30.6 (–, CH), 27.8 (–, CH$_2$), 26.1 (+, CH), 25.1 (–, CH$_2$), 24.3 (–, CH$_2$), 22.8 (–, CH$_2$), 21.6 (+, CH), 20.5 (+, CH), 19.8 (+, CH$_3$-21), 19.4 (+, CH$_3$-19), 13.2 (–, CH$_2$-4), 12.4 (+, CH$_3$-18), 9.4 (–, CH$_2$-22^1).

MS (FAB, 3-NBA): m/z (%) = 514 (20) [M+H]$^+$, 482 (100) [M–OCH$_3$]$^+$, 337 (14) [C$_{25}$H$_{37}$]$^+$, 253 (8) [C$_{19}$H$_{25}$]$^+$, 213 (9) [C$_{16}$H$_{21}$]$^+$.

164

HRMS (FAB, 3-NBA, m/z): calcd. for $C_{34}H_{48}N_3O$, $[M+H]^+$: 514.3797; found: 514.3800.

IR (ATR): ṽ [cm⁻¹]: 3060 (vw), 2944 (s), 2931 (s), 2861 (m), 1611 (vw), 1448 (m), 1366 (w), 1222 (w), 1099 (vs), 1074 (m), 1048 (s), 1014 (s), 970 (m), 915 (w), 867 (w), 805 (w), 761 (vs), 691 (vs), 612 (w), 507 (w).

EA ($C_{34}H_{47}N_3O$, 513.8): calcd.: C 79.47, H 9.22, N 8.18; found: C 78.89, H 8.92, N 8.09.

Specific rotation: $[\alpha]_D^{20} = +22.1°$ (c = 0.15, CHCl₃).

(22R,23S)-22,23-Methylene-24-phenylthiochol-5-en-3β-ol (117)

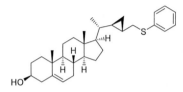

Sterol **117** was synthesized according to **GP3** using steroid **122** (40.0 mg, 83.6 μmol, 1.00 equiv.) and p-TsOH (2.38 mg, 12.5 μmol, 0.150 equiv.) in 5 mL of 1,4-dioxane/H₂O (4:1). The residue was purified by flash column chromatography on silica gel (n-pentane/EtOAc 4:1) to yield sterol **177** as a colorless solid (33.3 mg, 71.6 μmol, 86% yield).

TLC: $R_f = 0.37$ (n-pentane/EtOAc 4:1).

Melting Point: 126–128 °C.

¹H NMR (500 MHz, CDCl₃): δ [ppm] = 7.35 – 7.31 (m, 2H, ArH), 7.29 – 7.24 (m, 2H, ArH), 7.18 – 7.13 (m, 1H, ArH), 5.36 (dt, J = 5.1, 2.4 Hz, 1H, 6-H), 3.52 (tt, J = 11.1, 4.6 Hz, 1H, 3-H), 3.18 (dd, J = 12.6, 5.2 Hz, 1H, 24-CHH), 2.57 (dd, J = 12.6, 8.6 Hz, 1H, 24-CHH), 2.30 (ddd,

J = 13.1, 5.1, 2.2 Hz, 1H, 4-CHH), 2.23 (ddq, J = 13.4, 11.1, 2.6 Hz, 1H, 4-CHH), 2.05 – 1.94 (m, 3H), 1.88 – 1.79 (m, 2H), 1.67 – 1.38 (m, 7H), 1.24 (q, J = 9.4 Hz, 1H), 1.17 (td, J = 12.8, 4.5 Hz, 1H), 1.13 – 0.90 (m, 11H, contains: 1.00 (s, 3H, 19-CH₃), 0.96 (d, J = 6.6 Hz, 3H, 21-CH₃)), 0.78 – 0.67 (m, 1H, 20-H), 0.61 (s, 3H, 18-CH₃), 0.50 – 0.40 (m, 1H, 22-H), 0.35 – 0.25 (m, 2H, 22¹-CH₂).

¹³C NMR (126 MHz, CDCl₃): δ [ppm] = 140.8 (C_q, C-5), 137.3 (C_q, C-Ar), 128.9 (+, 2C, CH-Ar), 128.8 (+, 2C, CH-Ar), 125.7 (+, CH-Ar), 121.7 (+, CH-6), 71.8 (+, CH-3), 57.9 (+, CH), 56.5 (+, CH), 50.2 (+, CH), 42.5 (C_q C-13), 42.3 (–, CH₂-4), 40.0 (+, CH), 39.6 (–, CH₂), 38.9 (–, CH₂-24), 37.3 (–, CH₂), 36.5 (C_q, C-10), 32.0 (+, CH), 31.9 (–, CH₂), 31.7 (–, CH₂), 28.0 (–/+, 2C, CH₂ and CH-22), 24.4 (–, CH₂), 21.1 (–, CH₂), 19.65 (+, CH-23), 19.61 (+, CH₃-21), 19.4 (+, CH₃-19), 11.9 (+, CH₃-18), 10.5 (–, CH₂-22¹).

MS (FAB, 3-NBA): m/z (%) = 464 (32) [M]$^+$, 447 (24) [M–OH]$^+$, 335 (24) [M–C$_6$H$_5$S]$^+$, 337 (41) [C$_{25}$H$_{37}$]$^+$, 191 (27) [C$_{12}$H$_{15}$S]$^+$.

HRMS (FAB, 3-NBA, m/z): calcd. for C$_{31}$H$_{44}$OS, [M]$^+$: 464.3113; found: 464.3115.

IR (ATR): $\tilde{v}$ [cm^{-1}] = 3257 (w), 3075 (vw), 2929 (s), 2901 (s), 2884 (s), 2864 (m), 2847 (m), 1582 (w), 1479 (m), 1453 (w), 1436 (s), 1373 (m), 1353 (m), 1227 (w), 1057 (vs), 1023 (s), 953 (m), 905 (w), 834 (w), 793 (w), 737 (vs), 690 (vs), 503 (w), 470 (m).

EA (C$_{31}$H$_{44}$OS, 464.8): calcd. C 80.12, H 9.54, S 6.90; found: C 79.04, H 9.76, S 6.63.

Specific rotation: $[\alpha]_D^{20}$ = –20.6° (c = 0.31, CHCl$_3$).

(20R)-20-((1R,2S)-2-(1-Benzyl-1H-1,2,3-triazol-4-yl)cyclopropyl)pregn-5-en-3β-ol (119)

Sterol **119** was synthesized according to **GP3** using steroid **123** (48.0 mg, 93 μmol, 1.00 equiv.) and *p*-TsOH (2.67 mg, 14.0 μmol, 0.150 equiv.) in 5 mL of 1,4-dioxane/H$_2$O (4:1). The residue was purified by flash column chromatography on silica gel (*n*-pentane/EtOAc 4:1) to yield sterol **119** as a colorless solid (13.2 mg, 26.4 μmol, 28% yield).

TLC: R_f = 0.22 (*n*-pentane/EtOAc 2:1).

Melting Point: 238–242 °C, decomp.

^{1}H NMR (500 MHz, CDCl$_3$): δ [ppm] = 7.40 – 7.33 (m, 3H, ArH), 7.26 – 7.23 (m, 2H, ArH), 7.09 (s, 1H, H$_{\text{Triazole}}$), 5.54 – 5.40 (m, 2H, CH$_2$Ar), 5.34 (dt, J = 5.4, 2.0 Hz, 1H, 6-H), 3.52 (tt, J = 10.7, 4.2 Hz, 1H, 3-H), 2.29 (ddd, J = 13.0, 5.1, 2.1 Hz, 1H, 4-CHH), 2.23 (ddq, J = 13.4, 11.1, 2.7 Hz, 1H, 4-CHH), 2.03 – 1.90 (m, 2H), 1.87 – 1.76 (m, 4H), 1.59 – 1.38 (m, 7H), 1.28 (q, J = 9.4 Hz, 1H), 1.17 (td, J = 12.8, 4.6 Hz, 1H), 1.12 – 0.89 (m, 12H, contains: 1.03 (d, J = 6.5 Hz, 3H, 21-CH$_3$), 1.00 (s, 3H, 19-CH$_3$)), 0.89 – 0.79 (m, 1H), 0.69 – 0.62 (m, 4H, contains: 0.64 (s, 3H, 18-CH$_3$)).

^{13}C NMR (126 MHz, CDCl$_3$): δ [ppm] = 150.8 (C$_q$, C$_{\text{Triazole}}$), 140.9 (C$_q$, C-5), 135.1 (C$_q$, C-Ar), 129.2 (+, 2C, CH-Ar), 128.7 (+, CH-Ar), 128.1 (+, 2C, CH-Ar), 121.8 (+, CH-6), 119.2 (+, CH$_{\text{Triazole}}$), 71.9 (+, CH-3), 58.1 (+, CH), 56.6 (+, CH), 54.1 (–, CH$_2$Ar), 50.3 (+, CH), 42.6 (C$_q$ C-13), 42.4 (–, CH$_2$-4), 40.5 (+, CH-20), 39.7 (–, CH$_2$), 37.4 (–, CH$_2$), 36.6 (C$_q$, C-10), 32.1 (+, CH), 32.0 (–, CH$_2$), 31.8 (–, CH$_2$), 30.4 (+, CH-22), 28.2 (–, CH$_2$), 24.5 (–, CH$_2$), 21.2 (–,

CH$_2$), 19.7 (+, CH$_3$-21), 19.5 (+, CH$_3$-19), 16.4 (+, CH-23), 12.8 (–, CH$_2$-22^1), 12.0 (+, CH$_3$-18).

HRMS (ESI, m/z): calcd. for C$_{33}$H$_{46}$N$_3$O, [M+H]$^+$: 500.3630; found: 500.3629.

IR (ATR): $\tilde{v}$ [cm^{-1}] = 3490 (w), 3092 (vw), 3064 (vw), 2942 (m), 2900 (m), 1567 (w), 1459 (m), 1439 (m), 1343 (w), 1215 (w), 1129 (w), 1052 (vs), 1038 (s), 1024 (s), 958 (m), 901 (w), 836 (m), 820 (m), 800 (m), 727 (s), 718 (vs), 697 (vs), 581 (m), 477 (m).

Specific rotation: $[\alpha]_D^{20}$ = –15.8° (c = 0.29, CHCl$_3$).

(22R,23S)-22,23-Methylene-24-(4-phenyl-1H-1,2,3-triazol-1-yl)-chol-5-en-3β-ol (120)

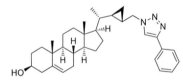

Sterol **120** was synthesized according to **GP3** using steroid **124** (31.8 mg, 62 μmol, 1.00 equiv.) and p-TsOH (1.77 mg, 9.3 μmol, 0.150 equiv.) in 5 mL of 1,4-dioxane/H$_2$O (4:1). The residue was purified by flash column chromatography on silica gel (n-pentane/EtOAc 2:1 + 1% NEt$_3$) to yield sterol **120** as a colorless solid (11.2 mg, 22.4 μmol, 36% yield).

TLC: R_f = 0.41 (n-pentane/EtOAc 1:1).

Melting Point: 232–235 °C, decomp.

^{1}H NMR (500 MHz, CDCl$_3$): δ [ppm] = 7.87 – 7.80 (m, 3H, ArH and H$_{Triazole}$), 7.46 – 7.40 (m, 2H, ArH), 7.38 – 7.31 (m, 1H, ArH), 5.34 (dt, J = 5.0, 2.4 Hz, 1H, 6-H), 4.59 (dd, J = 14.1, 5.6 Hz, 1H, 24-CHH), 3.94 (dd, J = 14.2, 8.7 Hz, 1H, 24-CHH), 3.52 (tt, J = 10.8, 4.4 Hz, 1H, 3-H), 2.33 – 2.27 (m, 1H, 4-CHH), 2.27 – 2.19 (m, 1H, 4-CHH), 2.03 – 1.91 (m, 2H), 1.88 – 1.79 (m, 2H), 1.68 (dtd, J = 14.6, 9.0, 5.2 Hz, 1H), 1.61 – 1.34 (m, 7H), 1.31 – 1.21 (m, 2H), 1.18 (td, J = 12.8, 4.3 Hz, 1H), 1.13 – 0.90 (m, 10H, contains: 1.00 (d, J = 7.4 Hz, 3H, 21-CH$_3$), 1.00 (s, 3H, 19-CH$_3$)), 0.83 – 0.75 (m, 1H), 0.68 – 0.59 (m, 4H, contains: 0.62 (s, 3H, 18-CH$_3$)), 0.53 (dt, J = 9.0, 4.8 Hz, 1H, 22^1-CHH), 0.42 (dt, J = 8.0, 5.3 Hz, 1H, 22^1-CHH).

^{13}C NMR (126 MHz, CDCl$_3$): δ [ppm] = 147.9 (C$_q$, C$_{Triazole}$), 140.9 (C$_q$, C-5), 131.0 (C$_q$, C-Ar), 129.0 (+, 2C, CH-Ar), 128.2 (+, CH-Ar), 125.9 (+, 2C, CH-Ar), 121.8 (+, CH-6), 119.4 (+, CH$_{Triazole}$), 71.9 (+, CH-3), 57.8 (+, CH), 56.5 (+, CH), 54.5 (–, CH$_2$-24), 50.3 (+, CH), 42.6 (C$_q$ C-13), 42.4 (–, CH$_2$-4), 39.9 (+, CH), 39.7 (–, CH$_2$), 37.4 (–, CH$_2$), 36.6 (C$_q$, C-10), 32.1 (+, CH), 32.0 (–, CH$_2$), 31.8 (–, CH$_2$), 27.8 (–, CH$_2$), 26.2 (+, CH-22), 24.4 (–, CH$_2$), 21.2 (–, CH$_2$), 20.5 (+, CH-23), 19.8 (+, CH$_3$-21), 19.5 (+, CH$_3$-19), 12.0 (+, CH$_3$-18), 9.4 (–, CH$_2$-22^1).

Experimental

HRMS (ESI, m/z): calcd. for $C_{33}H_{46}N_3O$, $[M+H]^+$: 500.3635; found: 500.3629.

IR (ATR): $\tilde{v}$ [cm^{-1}] = 3452 (vw), 3115 (vw), 3084 (vw), 3061 (vw), 2927 (vs), 2854 (m), 1741 (vw), 1674 (vw), 1611 (vw), 1462 (m), 1442 (m), 1381 (w), 1366 (w), 1220 (w), 1176 (w), 1054 (s), 837 (m), 802 (w), 764 (vs), 691 (vs), 511 (m).

Specific rotation: $[\alpha]_D^{20}$ = –40.0° (c = 0.25, CHCl$_3$).

(22R,23S)-6β-Methoxy-22,23-methylene-3α,5-cyclo-5α-cholan-24-oic acid (92)

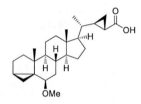

A solution of the ester **80** (100 mg, 233 μmol, 1.00 equiv.) and potassium hydroxide (200 mg, 3.57 mmol, 15.3 equiv.) in 15 mL of MeOH was refluxed for 1 h. After cooling down to room temperature, the solution was acidified with aq. 1 M HCl and extracted with Et$_2$O (3 × 15 mL). The combined organic extracts were dried over Na$_2$SO$_4$, and the solvent was removed under reduced pressure. The residue was purified by flash column chromatography on silica gel (*n*-pentane/EtOAc 4:1 to 2:1) to yield the acid **92** as a white solid (85.0 mg, 212 μmol, 91% yield).

TLC: R_f = 0.28 (*n*-pentane/EtOAc 2:1).

Melting Point: 176–178 °C.

^{1}H NMR (500 MHz, DMSO-d$_6$): δ [ppm] = 11.97 (brs, 1H, COOH), 3.21 (s, 3H, OCH$_3$), 2.73 (d, J = 2.9 Hz, 1H, 6-CH), 1.90 (dt, J = 12.3, 3.2 Hz, 1H), 1.82 – 1.67 (m, 3H), 1.67 – 1.55 (m, 2H), 1.54 – 1.37 (m, 5H), 1.35 – 1.21 (m, 2H), 1.14 (td, J = 12.6, 3.9 Hz, 1H), 1.09 – 0.92 (m, 10H, contains: 0.97 (d, J = 6.6 Hz, 3H, 21-CH$_3$), 0.94 (s, 3H, 19-CH$_3$)), 0.92 – 0.73 (m, 5H), 0.65 – 0.55 (m, 5H, contains: 0.62 (s, 3H, 18-CH$_3$)), 0.40 (dd, J = 8.0, 5.0 Hz, 1H, 4-CHH).

^{13}C NMR (126 MHz, DMSO-d$_6$): δ [ppm] = 174.9 (C$_q$, COOH), 81.2 (+, CH-6), 57.3 (+, CH), 56.0 (+, OCH$_3$), 55.5 (+, CH), 47.3 (+, CH), 42.9 (C$_q$, C-10), 42.4 (C$_q$, C-13), 39.4 (–, CH$_2$), 38.6 (+, CH), 34.88 (C$_q$, C-5), 34.86 (–, CH$_2$), 32.8 (–, CH$_2$), 30.1, 29.6, 27.2 (–, CH$_2$), 24.6 (–, CH$_2$), 23.8 (–, CH$_2$), 22.3 (–, CH$_2$), 21.9 (+, CH), 20.7 (+, CH), 19.7 (+, CH$_3$-21), 19.2 (+, CH$_3$-19), 12.8 (–, CH$_2$-4), 12.1 (–, CH$_2$-22^1), 12.0 (+, CH$_3$-18).

MS (FAB, 3-NBA): m/z (%) = 400 (15) [M]$^+$, 399 (17) [M–H]$^+$, 385 (8) [M–CH$_3$]$^+$, 369 (100) [M–OCH$_3$]$^+$, 345 (11), 255 (5) [C$_{19}$H$_{27}$]$^+$.

HRMS (FAB, 3-NBA, m/z): calcd. for $C_{26}H_{40}O_3$, $[M]^+$: 400.2977; found: 400.2976.

IR (ATR): ṽ [cm⁻¹]: 3058 (w), 2931 (s), 2868 (s), 2849 (m), 1725 (m), 1693 (vs), 1455 (m), 1228 (m), 1201 (m), 1181 (m), 1096 (vs), 1084 (s), 942 (m), 919 (m), 615 (w).

EA (C$_{26}$H$_{40}$O$_3$, 400.6): calcd.: C 77.95, H 10.06; found: C 77.59, H 10.22.

Specific rotation: $[\alpha]_D^{20}$ = +68.7° (c = 0.27, CHCl$_3$).

(NH$_3$-Trp(Boc)-OtBu)TFA (126)

A solution of DCC (215 mg, 1.04 mmol, 1.04 equiv.) in 2.0 mL of CH$_2$Cl$_2$ was added dropwise at 0 °C and under vigorous stirring to a solution containing the amino acid **125** (527 mg, 1.00 mmol, 1.00 equiv.), *t*-BuOH (148 mg, 2.00 mmol, 2.00 equiv) and DMAP (19.5 mg, 160 μmol, 0.160 equiv) in 4.0 mL of CH$_2$Cl$_2$. After the addition was complete, the reaction mixture was allowed to reach room temperature and stirred over the weekend. The formed dicyclohexylurea (DCU) was filtered off, the solvent evaporated and the residue dissolved in DMF containing 20% piperidine. After stirring for half an hour, the solvent was removed under reduced pressure and the residue purified by reversed-phase HPLC to yield (NH$_3$-Trp(Boc)-OtBu)TFA (**126**) as a yellowish amorphous solid (307 mg, 647 μmol, 65% yield).

¹H NMR (400 MHz, CDCl$_3$): δ [ppm] = 8.08 (d, J = 7.7 Hz, 1H, 7-ArH), 7.59 (s, 1H, 2-ArH), 7.55 (d, J = 7.7 Hz, 1H, 4-ArH), 7.42 (brs, 3H, NH$_3$), 7.29 (ddd, J = 8.4, 7.2, 1.3 Hz, 1H, 6-ArH), 7.22 (td, J = 7.5, 1.1 Hz, 1H, 5-ArH), 4.16 (dd, J = 7.5, 6.0 Hz, 1H, CH-α), 3.45 – 3.26 (m, 2H, CH$_2$-β), 1.61 (s, 9H, *t*Bu), 1.37 (s, 9H, *t*Bu).

¹³C NMR (101 MHz, CDCl$_3$): δ [ppm] = 167.9 (C$_q$, COO*t*Bu), 162.0 (C$_q$, q, J = 35.9 Hz, CF$_3$COO), 149.8 (C$_q$, NCOO*t*Bu), 135.6 (C$_q$, C-3a), 129.7 (C$_q$, C-7a), 125.5 (+, CH-2), 125.0 (+, CH-6), 123.0 (+, CH-5), 118.8 (+, CH-4), 116.4 (C$_q$, q, J = 292.2 Hz, CF$_3$), 115.6 (+, CH-7), 113.0 (C$_q$, C-1), 84.9 (C$_q$, C-*t*Bu), 84.3 (C$_q$, C-*t*Bu), 53.4 (+, CH-α), 28.2 (+, CH$_3$-*t*Bu), 27.8 (+, CH$_3$-*t*Bu), 26.2 (−, CH$_2$-β).

HRMS (ESI, m/z): calcd. for C$_{20}$H$_{29}$N$_2$O$_4$, [M–TFA]⁺: 361.2122; found: 361.2115.

IR (ATR): ṽ [cm⁻¹]: 2982 (w), 2934 (w), 2649 (vw), 1734 (s), 1670 (s), 1452 (m), 1368 (vs), 1255 (s), 1200 (vs), 1150 (vs), 1133 (vs), 1084 (vs), 834 (s), 745 (vs), 721 (vs), 424 (m).

EA (C$_{22}$H$_{29}$F$_3$N$_2$O$_6$, 474.5): calcd.: C 55.69, N 5.90, H 6.16; found: C 55.69, N 5.96, H 6.14.

Specific rotation: $[\alpha]_D^{20}$ = –0.8° (c = 0.25, CHCl$_3$).

tert-Butyl   N³-*tert*-butyloxycarbonyl-Nᵅ-((22R,23S)-6β-methoxy-22,23-methylene-3α,5-cyclo-5α-cholan-24-oyl)tryptophanoate (127)

To a mixture of steroidal acid (**92**) (80.0 mg, 200 μmol, 1.32 equiv.) and HOBt (35.1 mg, 260 μmol, 1.71 equiv.) in 2.0 mL of CH₂Cl₂ chilled in an ice-water bath, was add DCC (53.6 mg, 260 μmol, 1.71 equiv.) in one portion. The mixture was stirred for 30 min, and the ice bath was removed afterward. (NH₃-Trp(Boc)-OtBu)TFA **126** (72.0 mg, 152 μmol, 1.00 equiv.) and DIPEA (77.4 mg, 104 μL, 599 μmol, 3.95 equiv.) were added, and the mixture stirred at rt overnight. DCU was removed by filtration, and the solvent was removed under reduced pressure. The crude product was purified by flash column chromatography on silica gel (*n*-pentane/EtOAc 10:1 to 7:1) to yield the desired steroid **127** as a thick colorless oil (25.0 mg, 33.6 μmol, 22% yield), which was used in the next reaction without further purification.

TLC: R_f = 0.35 (*n*-pentane/EtOAc 5:1).

¹H NMR (400 MHz, CDCl₃): δ [ppm] = 8.12 (d, J = 8.3 Hz, 1H, 7-ArH), 7.54 (d, J = 7.8 Hz, 1H, 4-ArH), 7.39 (s, 1H, 2-ArH), 7.30 (ddd, J = 8.4, 7.2, 1.3 Hz, 1H, 6-ArH), 7.22 (td, J = 7.5, 1.1 Hz, 1H, 5-ArH), 6.09 (d, J = 7.6 Hz, 1H, NH), 4.85 (dt, J = 7.6, 5.4 Hz, 1H, CH-α), 3.31 (s, 3H, OCH₃), 3.29 – 3.13 (m, 2H, CH₂-β), 2.76 (t, J = 2.9 Hz, 1H, 6-CH), 2.00 – 0.94 (m, 42H, contains: 1.65 (s, 9H, *t*Bu), 1.41 (s, 9H, *t*Bu), 1.01 (s, 3H, 19-CH₃), 0.99 (d, J = 6.6 Hz, 3H, 21-CH₃)), 0.93 – 0.73 (m, 5H), 0.69 – 0.58 (m, 4H, contains: 0.63 (s, 3H, 18-CH₃)), 0.52 (ddd, J = 8.1, 6.3, 3.9 Hz, 1H), 0.42 (dd, J = 8.0, 5.0 Hz, 1H, 4-CH*H*).

Ethyl   (1'S,2S,2'R)-2'-((20R)-6β-methoxy-3α,5-cyclo-5α-pregnan-20-yl)-[1,1'-bi(cyclopropane)]-2-carboxylate (129)

Alkene **107c** (679 mg, 1.77 mmol, 1.00 equiv.) and Ru-catalyst **79** (67.4 mg, 106 μmol, 6 mol%) were weighed in a flame-dried Schlenk flask, evacuated, and backfilled with argon three times. Dry CH₂Cl₂ (0.7 mL) was added, and the solution was cooled to 0 °C. Ethyl diazoacetate (2.03 g, 1.87 mL, 15.4 mmol, 8.70 equiv.) was added over a period of 8 h with the help of a syringe pump, while the reaction was kept at 0 °C. After complete addition, the reaction was stirred overnight at room temperature. CH_2Cl_2 was removed under reduced pressure, and the crude product was purified by flash column chromatography on silica gel (*n*-pentane/Et$_2$O 10:1). Volatile dimerization products were removed under a high vacuum to yield the ester **129** as a thick colorless oil (765 mg, 1.63 mmol, 92% yield). Compound **129** was obtained with a 61.5:33.1:3.1:2.3 diastereomeric ratio as determined by GC-MS using a HP-5MS column (120 °C, 3 min, 20 °C/min, 270 °C, 45 min; $\tau_{(1R,1'S,2S,2'R)}$= 38.2 min, $\tau_{(1S,1'S,2S,2'R)}$= 38.6 min, $\tau_{(1S,1'S,2R,2'R)}$= 39.6 min, $\tau_{(1R,1'S,2R,2'R)}$= 40.4 min).

TLC: R_f = 0.20 (*n*-pentane/Et$_2$O 10:1).

^{1}H NMR (500 MHz, CDCl$_3$): δ [ppm] = 4.16 (q, J = 7.2 Hz, 2H, OCH$_{2,\text{ trans}}$), 4.11 (q, J = 7.1 Hz, 2H, OCH$_{2,\text{ cis}}$), 3.33 (s, 3H, OCH$_3$), 2.77 (t, J = 2.9 Hz, 1H, 6-H), 2.05 – 1.87 (m, 3H), 1.81 – 1.59 (m, 4H), 1.56 – 1.46 (m, 4H), 1.45 – 1.35 (m, 3H), 1.32 – 1.23 (m, 7H, contains: 1.27 (t, J = 7.1 Hz, 3H, CH$_{3,\text{ trans}}$), 1.25 (t, J = 7.1 Hz, 3H, CH$_{3,\text{ cis}}$)), 1.23 – 0.93 (m, 16H, contains: 1.20 (ddd, J = 7.1, 5.5, 4.7 Hz, 1H, 3$_{\text{cycloprop}}$-C*H*H$_{\text{trans}}$), 1.02 (s, 3H, 19-CH$_3$), 0.96 (d, J = 6.6 Hz, 3H, 21-CH$_{3,\text{ trans}}$), 0.96 (d, J = 6.6 Hz, 3H, 21-CH$_{3,\text{ cis}}$), 0.92 – 0.57 (m, 15H, contains 0.65 (s, 3H, 18-CH$_{3,\text{ cis}}$), 0.65 (s, 3H, 18-CH$_{3,\text{ trans}}$)), 0.47 – 0.39 (m, 2H), 0.35 – 0.28 (m, 1H), 0.23 (dt, J = 8.6, 4.7 Hz, 1H), 0.16 – 0.06 (m, 2H), 0.02 (dt, J = 8.6, 5.6, 4.9 Hz, 1H)

^{13}C NMR (126 MHz, CDCl$_3$): δ [ppm] = 174.6 (C$_q$, COOEt$_{\text{cis}}$), 173.2 (C$_q$, COOEt$_{\text{trans}}$), 82.6 (+, CH-6), 60.45 (–, OCH$_{2,\text{ cis}}$), 60.35 (–, OCH$_{2,\text{ trans}}$), 58.5 (+, CH$_{\text{trans}}$), 58.4 (+, CH$_{\text{cis}}$), 56.73 (+, OCH$_{3,\text{ cis}}$), 56.71 (+, OCH$_{3,\text{ trans}}$), 56.5 (+, CH$_{\text{trans}}$), 56.4 (+, CH$_{\text{cis}}$), 48.3 (+, CH$_{\text{trans}}$), 48.2 (+, CH$_{\text{cis}}$), 43.5 (C$_q$, C-10), 43.0 (C$_q$, C-13), 40.4 (+, CH$_{\text{cis}}$), 40.32 (–, CH$_{2,\text{ trans}}$), 40.30 (+, CH$_{\text{trans}}$), 40.27 (–, CH$_{2,\text{ cis}}$), 35.5 (C$_q$, C-5$_{\text{trans}}$), 35.4 (C$_q$, C-5$_{\text{cis}}$), 35.2 (–, CH$_2$), 33.5 (–, CH$_2$), 30.7 (+, CH), 28.2 (–, CH$_{2,\text{ cis}}$), 28.1 (–, CH$_{2,\text{ trans}}$), 27.7 (+, CH$_{\text{trans}}$), 26.7 (+, CH$_{\text{cis}}$), 26.4 (+, CH$_{\text{trans}}$), 25.1 (–, CH$_2$), 24.6 (+, CH$_{\text{cis}}$), 24.5 (–, CH$_{2,\text{ trans}}$), 24.4 (–, CH$_{2,\text{ cis}}$), 22.9 (–, CH$_{2,}$), 21.6 (+, CH), 21.0 (+, CH$_{\text{cis}}$), 20.02 (+, CH$_3$-21$_{\text{trans}}$), 20.00 (+, CH$_3$-21$_{\text{cis}}$), 19.6 (+, CH$_{\text{cis}}$), 19.4 (+, CH$_3$-19), 18.4 (+, CH$_{\text{trans}}$), 18.2 (+, CH$_{\text{trans}}$), 14.5 (+, CH$_{3,\text{ trans}}$), 14.4 (+, CH$_{3,\text{ cis}}$), 13.8 (–, CH$_{2,\text{ trans}}$), 13.2 (–, CH$_2$-4), 12.6 (–, CH$_{2,\text{ cis}}$), 12.43 (+, CH$_3$-18$_{\text{cis}}$), 12.38 (+, CH$_3$-18$_{\text{trans}}$), 9.6 (–, CH$_{2,\text{ trans}}$), 6.9 (–, CH$_{2,\text{ cis}}$).

MS (FAB, 3-NBA): m/z (%) = 468 (12) [M]$^+$, 467 (29) [M–H]$^+$, 437 (44) [M–OCH$_3$]$^+$, 435 (13) [M–OCH$_3$–H$_2$]$^+$, 255 (18) [C$_{19}$H$_{27}$]$^+$, 253 (57) [C$_{19}$H$_{25}$]$^+$, 213 (13) [C$_{16}$H$_{21}$]$^+$.

HRMS (FAB, 3-NBA, m/z): calcd. for $C_{31}H_{47}O_3$, $[M–H]^+$: 467.3520; found: 467.3521.

IR (ATR): ṽ [cm^{-1}]: 3060 (vw), 2931 (s), 2868 (m), 2847 (w), 1724 (vs), 1455 (m), 1445 (m), 1381 (s), 1322 (w), 1266 (w), 1177 (vs), 1159 (vs), 1095 (vs), 1045 (m), 1027 (m), 1016 (m), 860 (w), 817 (w), 615 (w).

EA ($C_{31}H_{48}O_3$, 468.7): calcd.: C 79.44, H 10.32; found: C 79.29, H 10.42.

Ethyl (1S,1'S,2R,2'R)-2'-((20R)-6β-methoxy-3α,5-cyclo-5α-pregnan-20-yl)-[1,1'-bi(cyclo-propane)]-2-carboxylate (128)

Alkene **107c** (294 mg, 769 μmol, 1.00 equiv.) and Ru-catalyst **79** (29.2 mg, 46.1 μmol, 6 mol%) were weighed in a flame-dried Schlenk flask, evacuated, and backfilled with argon three times. Dry CH_2Cl_2 (0.3 mL) was added, and the solution was cooled to 0 °C. Ethyl diazoacetate (877 mg, 0.831 mL, 7.69 mmol, 10.0 equiv.) was added over a period of 8 h with the help of a syringe pump, while the reaction was kept at 0 °C. After complete addition, the reaction was stirred overnight at room temperature. CH_2Cl_2 was removed under reduced pressure, and the crude product was purified by flash column chromatography on silica gel (n-pentane/Et$_2$O 10:1). Volatile dimerization products were removed under a high vacuum to yield the ester **128** as a thick colorless oil (359 mg, 765 μmol, 99% yield). Compound **128** was obtained with a 13.6:2.9:83.5 diastereomeric ratio as determined by GC-MS using a HP-5MS column (120 °C, 3 min, 20 °C/min, 270 °C, 45 min; $\tau_{(1R,1'S,2S,2'R)}$= 38.2 min, $\tau_{(1S,1'S,2S,2'R)}$= 38.6 min, $\tau_{(1S,1'S,2R,2'R)}$= 39.6 min).

TLC: R_f = 0.30 (n-pentane/Et$_2$O 10:1).

^{1}H NMR (500 MHz, CD$_2$Cl$_2$): δ [ppm] = 4.10 – 4.02 (m, 2H, OCH$_2$), 3.28 (s, 3H, OCH$_3$), 2.74 (t, J = 2.9 Hz, 1H, 6-H), 2.00 – 1.91 (m, 2H), 1.88 (dt, J = 13.3, 3.1 Hz, 1H), 1.77 (tdd, J = 12.0, 7.9, 4.3 Hz, 1H), 1.73 – 1.62 (m, 2H), 1.54 – 1.33 (m, 6H), 1.32 – 1.20 (m, 5H, contains: 1.22 (t, J = 7.2 Hz, 3H, CH$_3$)), 1.20 – 1.01 (m, 5H), 0.99 (s, 3H, 19-CH$_3$), 0.97 (d, J = 6.6 Hz, 3H, 21-CH$_3$), 0.92 – 0.80 (m, 3H), 0.76 (ddd, J = 8.3, 6.5, 4.1 Hz, 1H), 0.72 – 0.59 (m, 6H, contains: 0.65 (s, 3H, 18-CH$_3$)), 0.40 (dd, J = 8.0, 5.0 Hz, 1H, 4-CHH), 0.39 – 0.32 (m, 1H), 0.19 (dt, J = 9.0, 4.8 Hz, 1H), 0.11 (dt, J = 8.4, 5.1 Hz, 1H).

^{13}C NMR (126 MHz, CD$_2$Cl$_2$): δ [ppm] = 174.5 (C$_q$, COOEt), 82.7 (+, CH-6), 60.6 (–, OCH$_2$), 58.6 (+, CH), 56.7 (+, OCH$_3$), 56.5 (+, CH), 48.4 (+, CH), 43.7 (C$_q$, C-10), 43.2 (C$_q$, C-13), 40.7 (+, CH), 40.5 (–, CH$_2$), 35.7 (C$_q$, C-5), 35.4 (–, CH$_2$), 33.7 (–, CH$_2$), 31.0 (+, CH), 28.5 (–, CH$_2$), 26.5 (+, CH), 25.3 (+/–, 2C, CH$_2$ and CH), 24.7 (–, CH$_2$), 23.1 (–, CH$_2$), 21.9 (+, CH), 21.6 (+, CH), 20.0 (+, CH$_3$-21), 19.5 (+, CH$_3$-19), 18.8 (+, CH), 14.5(+/–, 2C, CH$_2$ and CH), 13.2 (–, CH$_2$-4), 12.3 (+, CH$_3$-18), 8.6 (–, CH$_2$).

MS (FAB, 3-NBA): m/z (%) = 468 (5) [M]$^+$, 467 (16) [M–H]$^+$, 437 (23) [M–OCH$_3$]$^+$, 253 (40) [C$_{19}$H$_{25}$]$^+$, 213 (13) [C$_{16}$H$_{21}$]$^+$.

HRMS (FAB, 3-NBA, m/z): calcd. for C$_{31}$H$_{48}$O$_3$, [M]$^+$: 468.3598; found: 468.3596. calcd. for C$_{31}$H$_{47}$O$_3$, [M–H]$^+$: 467.3520; found: 467.3520.

IR (ATR): $\tilde{\nu}$ [cm^{-1}]: 3060 (vw), 2932 (s), 2868 (m), 1724 (vs), 1453 (m), 1445 (m), 1381 (m), 1322 (m), 1266 (m), 1174 (vs), 1095 (vs), 1041 (s), 1016 (m), 918 (m), 908 (m), 892 (m), 858 (m), 732 (s), 615 (w).

EA (C$_{31}$H$_{48}$O$_3$, 468.7): calcd.: C 79.44, H 10.32; found: C 79.57, H 10.25.

((1S,1'S,2R,2'R)-2'-((20R)-6β-methoxy-3α,5-cyclo-5α-pregnan-20-yl)-[1,1'-bi(cyclo-propane)]-2-yl)methanol (133)

A flame-dried round bottom flask was charged with the ester **128** (288 mg, 614 μmol, 1.00 equiv.) and LiAlH$_4$ (93.4 mg, 2.46 mmol, 4.00 equiv.), evacuated and backfilled with argon three times. Dry THF (10 mL) was added, and the mixture was refluxed for 4 h. After cooling down to room temperature, excess LiAlH$_4$ was quenched by slow addition of 50% aq. KOH followed by H$_2$O. The organic phase was separated, and the aqueous phase was extracted with Et$_2$O (3 × 10 mL). The combined organic layers were dried over Na$_2$SO$_4$, and the solvent was removed under reduced pressure. The crude was purified by flash column chromatography on silica gel (n-pentane/EtOAc, 6:1) to isolate the alcohol **133** as a colorless solid (263 mg, 616 μmol, quant.).

TLC: R_f = 0.30 (n-pentane/EtOAc 6:1).

^{1}H NMR (500 MHz, CD$_2$Cl$_2$): δ [ppm] = 3.34 (d, J = 7.0 Hz, 2H, CH$_2$OH), 3.28 (s, 3H, OCH$_3$), 2.74 (t, J = 2.9 Hz, 1H, 6-H), 2.01 – 1.92 (m, 2H), 1.88 (dt, J = 13.4, 3.1 Hz, 1H), 1.77 (tdd, J = 12.0, 7.9, 4.3 Hz, 1H), 1.73 – 1.61 (m, 2H), 1.55 – 1.33 (m, 5H), 1.27 (q, J = 9.8 Hz,

Experimental

1H), 1.20 – 1.01 (m, 4H), 0.99 (s, 3H, 19-CH₃), 0.97 (d, J = 6.6 Hz, 3H, 21-CH₃), 0.92 – 0.77 (m, 4H), 0.72 – 0.59 (m, 7H, contains: 0.65 (s, 3H, 18-CH₃)), 0.40 (dd, J = 8.0, 5.0 Hz, 1H, 4-CH*H*), 0.36 (dt, J = 8.4, 4.7 Hz, 1H), 0.34 – 0.23 (m, 2H), 0.10 (dt, J = 8.6, 4.5 Hz, 1H), 0.03 (dt, J = 8.2, 5.2 Hz, 1H).

¹³C NMR (126 MHz, CD₂Cl₂): δ [ppm] = 82.7 (+, CH-6), 67.2 (–, CH₂OH), 58.7 (+, CH), 56.7 (+, OCH₃), 56.6 (+, CH), 48.4 (+, CH), 43.7 (C$_q$, C-10), 43.2 (C$_q$, C-13), 40.8 (+, CH), 40.5 (–, CH₂), 35.7 (C$_q$, C-5), 35.4 (–, CH₂), 33.7 (–, CH₂), 31.0 (+, CH), 28.5 (–, CH₂), 26.7 (+, CH), 25.3 (–, CH₂), 24.7 (–, CH₂), 23.1 (–, CH₂), 21.92 (+, CH), 21.86 (+, CH), 20.1 (+, CH₃-21), 19.5 (+, CH₃-19), 19.2 (+, 2C, CH), 13.2 (–, CH₂-4), 12.3 (+, CH₃-18), 8.9 (–, CH₂), 8.2 (–, CH₂).

MS (FAB, 3-NBA): m/z (%) = 425 (27) [M–H]⁺, 395 (45) [M–OCH₃]⁺, 377 (43) [M–OCH₃–H₂O]⁺, 255 (24) [C₁₉H₂₇]⁺, 253 (81) [C₁₉H₂₅]⁺, 213 (21) [C₁₆H₂₁]⁺.

HRMS (FAB, 3-NBA, m/z): calcd. for C₂₉H₄₅O₂, [M–H]⁺: 425.3414; found: 425.3416.

IR (ATR): $\tilde{\nu}$ [cm⁻¹]: 3295 (w), 3060 (vw), 2932 (vs), 2905 (s), 2864 (s), 1453 (m), 1383 (m), 1371 (m), 1323 (w), 1271 (w), 1198 (w), 1183 (w), 1096 (vs), 1016 (vs), 967 (m), 904 (m), 861 (m), 815 (w), 615 (m).

EA (C₂₉H₄₆O₂, 426.7): calcd.: C 81.63, H 10.87; found: C 81.61, H 10.88.

(1'S,2S,2'R)-2'-((20R)-6β-methoxy-3α,5-cyclo-5α-pregnan-20-yl)-[1,1'-bi(cyclopropane)]-2-carboxaldehyd tosylhydrazone (130)

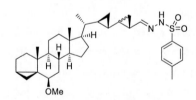

A flame-dried round bottom flask was charged with the ester **129** (197 mg, 420 μmol, 1.00 equiv.) and LiAlH₄ (79.8 mg, 2.10 mmol, 5.00 equiv.), evacuated and backfilled with argon three times. 5 mL of dry THF were added, and the mixture was refluxed for 4 h. After cooling down to room temperature, excess LiAlH₄ was destroyed by slow addition of 50% aq. KOH followed by H₂O. The organic phase was separated, and the aqueous phase was extracted with Et₂O (3 × 5 mL). The combined organic layers were dried over Na₂SO₄, and the solvent was removed under reduced pressure to yield the alcohol as a colorless solid. The alcohol and IBX (588 mg, 2.10 mmol, 5.00 equiv.) were dissolved in 5 mL of DMSO and stirred overnight. 20 mL of H₂O was added, the precipitated solids were filtered and washed thoroughly with Et₂O. The aqueous phase was extracted with Et₂O (3 × 5 mL).

The combined organic layers were washed with 5 mL of sat. NaHCO$_3$, dried over Na$_2$SO$_4$, and the solvent was removed under reduced pressure to yield the aldehyde as a colorless solid. The aldehyde and tosylhydrazide (78.3 mg, 420 μmol, 1.00 equiv.) were dissolved in 5 mL of ethanol, and then 0.2 g of powdered molecular sieve 3 Å was added. The suspension was then stirred at room temperature for 30 min and then for another 30 min at 50 °C. The solvent was removed under reduced pressure, and the remains were dissolved in chloroform, filtered through Celite, and the solvent was removed under reduced pressure to give an off-withe solid. The crude product was purified by flash column chromatography on silica gel (*n*-pentane/EtOAc 5:1) to yield the tosyl hydrazone **130** as a white solid (179 mg, 309 μmol, 72% yield).

TLC: R_f = 0.30 (*n*-pentane/EtOAc 4:1).

^{1}H NMR (500 MHz, CDCl$_3$): δ [ppm] = 7.88 – 7.84 (m, 2H), 7.83 – 7.77 (m, 2H), 7.48 (s, 1H), 7.35 – 7.28 (m, 2H), 7.06 (d, J = 8.0 Hz, 1H), 6.81 (d, J = 7.5 Hz, 1H), 6.61 (d, J = 6.7 Hz, 1H), 6.13 (d, J = 8.4 Hz, 1H), 3.33 (s, 3H, OCH$_{3, trans}$), 3.32 (s, 3H, OCH$_{3, cis}$), 2.78 (pseudo-p, J = 2.9 Hz, 1H, 6-H), 2.43 (s, 3H, ArCH$_{3, cis}$), 2.43 (s, 3H, ArCH$_{3, trans}$), 2.01 – 1.84 (m, 2H), 1.81 – 1.67 (m, 2H), 1.67 – 1.56 (m, 1H), 1.56 – 1.46 (m, 2H), 1.46 – 1.33 (m, 3H), 1.29 – 1.18 (m, 2H), 1.18 – 0.99 (m, 6H), 0.94 (d, J = 6.6 Hz, 3H), 0.93 (d, J = 6.7 Hz, 3H), 0.97 – 0.72 (m, 4H), 0.66 (s, 2H), 0.72 – 0.56 (m, 3H), 0.64 (s, 1H), 0.46 – 0.36 (m, 2H), 0.29 – 0.19 (m, 1H), 0.17 – –0.04 (m, 2H).

^{13}C NMR (126 MHz, CDCl$_3$): δ [ppm] = 157.2, 156.6, 156.1, 153.8, 151.4, 144.25, 144.17, 135.6, 135.5, 135.5, 129.8 (+, 2C, CH-Ar), 129.7 (+, 2C, CH-Ar), 128.2 (+, 2C, CH-Ar), 128.1 (+, 2C, CH-Ar), 82.5 (+, CH-6), 58.4, 58.3, 58.2, 56.73 (+, OCH$_{3, cis}$), 56.71 (+, OCH$_{3, trans}$), 56.40, 56.37, 48.24, 48.21, 43.5 (C$_q$, C-10), 43.01 (C$_q$, C-13), 42.97, 40.4, 40.3, 40.2, 40.0, 35.4 (C$_q$, C-5$_{cis}$), 35.32, 35.25, 33.5, 30.7, 28.3, 28.24, 28.19, 27.6, 26.6, 25.1, 24.5, 24.43, 24.37, 23.8, 23.2, 22.9, 21.79, 21.76, 21.60, 21.57, 21.0, 20.1, 20.0, 19.8, 19.7, 19.52, 19.49, 19.4, 18.7, 15.4, 13.65, 13.59, 13.2, 12.9, 12.43, 12.40, 12.4, 11.14, 11.11, 9.9, 9.4.

MS (FAB, 3-NBA): m/z (%) = 593 (3) [M+H]$^+$, 561 (6) [M–OCH$_3$]$^+$, 425 (28), 395 (14), 377 (24), 255 (21) [C$_{19}$H$_{27}$]$^+$, 253 (60) [C$_{19}$H$_{25}$]$^+$, 213 (20) [C$_{16}$H$_{21}$]$^+$.

HRMS (FAB, 3-NBA, m/z): calcd. for C$_{36}$H$_{53}$O$_3$N$_2$S, [M+H]$^+$: 593.3771; found: 593.3770.

IR (ATR): ṽ [cm^{-1}]: 3387 (w), 3060 (w), 2929 (vs), 2867 (vs), 1715 (vw), 1455 (s), 1380 (m), 1373 (m), 1324 (m), 1164 (m), 1095 (vs), 1016 (vs), 918 (m), 892 (m), 812 (m), 615 (m), 548 (m).

(20R)-6β-Methoxy-20-((1S,2R,2'R)-2'-vinyl-[1,1'-bi(cyclopropan)]-2-yl)-3α,5-cyclo-5α-pregnane (131a)

Alkene **131a** was synthesized according to **GP1** using dimethyl sulfone (78.6 mg, 835 μmol, 3.00 equiv.), n-BuLi (2.5 M, 367 μL, 918 μmol, 3.30 equiv.) and tosyl hydrazone **130** (165 mg, 278 μmol, 1.00 equiv.) in 6 mL of dry THF. The residue was purified by flash column chromatography on silica gel (n-pentane/EtOAc 30:1) to yield alkene **131a** as a thick colorless oil (83.3 mg, 197 μmol, 71%).

TLC: R_f = 0.50 (n-pentane/EtOAc 30:1).

^{1}H NMR (500 MHz, CDCl$_3$): δ [ppm] = 5.66 (ddd, J = 17.0, 10.3, 9.0 Hz, 1H, CH$_{vinyl, trans}$), 5.38 (ddd, J = 17.1, 10.3, 8.8 Hz, 1H, CH$_{vinyl, cis}$), 5.13 (dd, J = 17.1, 2.0 Hz, 1H, CH$H_{vinyl, trans}$), 5.03 – 4.98 (m, 1H, CH$H_{vinyl, cis}$), 4.98 (dd, J = 10.4, 2.0 Hz, 1H, CH$H_{vinyl, trans}$), 4.81 (dd, J = 10.3, 1.8 Hz, 1H, CH$H_{vinyl, cis}$), 3.33 (s, 3H, OCH$_3$), 2.78 (t, J = 2.9 Hz, 1H, 6-H), 2.09 – 1.87 (m, 3H), 1.81 – 1.59 (m, 3H), 1.57 – 1.34 (m, 6H), 1.33 – 0.99 (m, 9H, contains: 1.02 (s, 3H, 19-CH$_3$)), 0.96 (d, J = 6.6 Hz, 3H, 21-CH$_{3, cis}$), 0.95 (d, J = 6.7 Hz, 3H, 21-CH$_{3, trans}$), 0.92 – 0.77 (m, 5H), 0.76 – 0.58 (m, 10H, contains: 0.66 (s, 3H, 18-CH$_{3, trans}$), 0.65 (s, 3H, 18-CH$_{3, cis}$), 0.53 – 0.37 (m, 5H), 0.33 (tt, J = 8.3, 4.5 Hz, 1H), 0.31 – 0.22 (m, 1H), 0.17 (dt, J = 8.4, 5.0 Hz, 1H), 0.08 (dt, J = 9.0, 4.8 Hz, 1H), -0.01 (dt, J = 8.5, 5.1 Hz, 1H).

^{13}C NMR (126 MHz, CDCl$_3$): δ [ppm] = 142.2 (+, CH$_{vinyl, cis}$), 139.4 (+, CH$_{vinyl, trans}$), 113.5 (–, CH$_{2, vinyl, trans}$), 111.1 (–, CH$_{2, vinyl, cis}$), 82.6 (+, CH-6), 58.5 (+, CH$_{cis}$), 58.4 (+, CH$_{trans}$), 56.7 (+, OCH$_3$), 56.5 (+, CH$_{trans}$), 56.4 (+, CH$_{cis}$), 48.3 (+, CH), 43.5 (C$_q$, C-10), 43.01 (C$_q$, C-13$_{trans}$), 42.99 (C$_q$, C-13$_{cis}$), 40.5 (+, CH$_{cis}$), 40.3 (–/+, 2C, CH$_2$ and CH$_{trans}$), 35.5 (C$_q$, C-5$_{cis}$), 35.4 (C$_q$, C-5$_{trans}$), 35.2 (–, CH$_2$), 33.5 (–, CH$_2$), 30.7 (+, CH), 28.3 (–, CH$_{2, trans}$), 28.2 (–, CH$_{2, cis}$), 27.3 (+, CH$_{trans}$), 26.4 (+, CH$_{cis}$), 25.1 (–, CH$_2$), 24.5 (–, CH$_{2, trans}$), 24.4 (–, CH$_{2, cis}$), 23.1 (+, CH$_{trans}$), 22.93 (–, CH$_2$), 22.85 (+, CH$_{cis}$), 21.7 (+, CH$_{cis}$), 21.64 (+, CH), 21.58 (+, CH$_{cis}$), 20.1 (+, CH$_3$-21$_{cis}$), 19.9 (+, CH$_{trans}$), 19.7 (+, CH$_3$-21$_{trans}$), 19.5(+, CH$_{trans}$), 19.4 (+, CH$_3$-19), 13.2 (–, CH$_2$-4), 13.0 (–, CH$_{2, trans}$), 12.43 (+, CH$_3$-18$_{cis}$), 12.38 (+, CH$_3$-18$_{trans}$), 11.2 (–, CH$_{2, cis}$), 9.7 (–, CH$_{2, trans}$), 7.1 (–, CH$_{2, cis}$).

MS (FAB, 3-NBA): m/z (%) = 422 (12) [M]$^+$, 421 (33) [M–H]$^+$, 391 (22) [M–OCH$_3$]$^+$, 253 (83) [C$_{19}$H$_{25}$]$^+$, 227 (17) [C$_{17}$H$_{23}$]$^+$, 213 (20) [C$_{16}$H$_{21}$]$^+$.

HRMS (FAB, 3-NBA, m/z): calcd. for C$_{30}$H$_{45}$O, [M–H]$^+$: 421.3465; found: 421.3467.

Experimental

IR (ATR): ṽ [cm⁻¹]: 3060 (w), 2929 (vs), 2867 (s), 2849 (s), 1636 (m), 1455 (s), 1373 (s), 1268 (m), 1198 (m), 1184 (m), 1096 (vs), 1016 (s), 984 (s), 891 (vs), 615 (m).

EA (C₃₀H₄₆O, 422.7): calcd.: C 85.25, H 10.97; found: C 85.38, H 10.96.

(20*R*)-20-((1*R*,2*R*,2'*S*)-2'-Ethyl-[1,1'-bi(cyclopropan)]-2-yl)-6β-methoxy-3α,5-cyclo-5α-pregnane (131b)

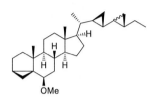

Alkane **131b** was synthesized according to **GP2** using alkene **131a** (151 mg, 357 µmol, 1.00 equiv.), tosyl hydrazide (665 mg, 3.57 mmol, 10.0 equiv.), and sodium acetate (381 mg, 4.64 mmol, 13.0 equiv.) in 10 mL of THF/H₂O (1:1). The residue was purified by flash column chromatography on silica gel (*n*-pentane/EtOAc 30:1) to yield alkane **131b** as a colorless solid (137 mg, 322 µmol, 90% yield).

TLC: R_f = 0.47 (*n*-pentane/EtOAc 30:1).

¹H NMR (500 MHz, CD₂Cl₂): δ [ppm] = 3.28 (s, 3H, OCH₃), 2.74 (t, *J* = 2.9 Hz, 1H, 6-H), 2.10 – 1.92 (m, 2H), 1.88 (dt, *J* = 13.4, 3.1 Hz, 1H), 1.78 (tdd, *J* = 12.0, 7.9, 4.3 Hz, 1H), 1.74 – 1.58 (m, 2H), 1.55 – 1.32 (m, 7H), 1.34 – 1.21 (m, 2H), 1.21 – 0.80 (m, 23H, contains: 1.02 (t, *J* = 7.4 Hz, 3H, CH₃, trans), 0.99 (s, 3H, 19-CH₃), 0.97 (d, *J* = 6.7 Hz, 3H, 21-CH₃, trans), 0.96 (d, *J* = 6.7 Hz, 3H, 21-CH₃, cis), 0.93 (t, *J* = 7.3 Hz, 3H, CH₃, cis)), 0.73 – 0.54 (m, 9H, contains: 0.65 (s, 3H, 18-CH₃), 0.61 (dd, *J* = 4.9, 3.7 Hz, 1H, 4-C*H*H)), 0.51 – 0.34 (m, 4H, contains: 0.40 (dd, *J* = 8.2, 5.1 Hz, 1H, 4-CH*H*)), 0.28 – 0.11 (m, 6H), 0.10 – -0.07 (m, 4H).

¹³C NMR (126 MHz, CD₂Cl₂): δ [ppm] = 82.8 (+, CH-6), 58.84 (+, CH_cis), 58.78 (+, CH_trans), 56.7 (+, OCH₃), 56.63 (+, CH_trans), 56.59 (+, CH_cis), 48.4 (+, CH), 43.7 (C_q, C-10), 43.2 (C_q, C-13), 40.9 (+, CH_cis), 40.7 (+, CH_trans), 40.6 (–, CH₂), 35.7 (C_q, C-5), 35.4 (–, CH₂), 33.7 (–, CH₂), 31.0 (+, CH), 28.51 (–, CH₂, trans), 28.45 (–, CH₂, cis), 27.7 (–, CH₂, cis), 27.5 (+, CH_trans), 26.6 (+, CH_cis), 25.3 (–, CH₂), 24.7 (–, CH₂), 23.1 (–, 2C, CH₂ and CH₂, trans), 22.6 (+, CH_cis), 21.94 (+, CH_cis), 21.92 (+, CH_trans), 20.8 (+, CH_cis), 20.5 (+, CH_trans), 20.2 (+, CH₃-21_cis), 19.9 (+, CH₃-21_trans), 19.6 (+, CH_cis), 19.5 (+, CH₃-19), 19.4 (+, CH_trans), 17.5 (+, CH_trans), 14.7 (+, CH₃, trans), 13.9 (+, CH₃, cis), 13.3 (–, CH₂-4), 12.4 (+, CH₃-18_cis), 12.3 (+, CH₃-18_trans), 10.7 (–, CH₂, trans), 10.0 (–, CH₂, trans), 9.5 (–, CH₂, cis), 8.0 (–, CH₂, cis).

MS (FAB, 3-NBA): m/z (%) = 424 (22) [M]⁺, 423 (59) [M–H]⁺, 393 (26) [M–OCH₃]⁺, 391 (25) [M–OCH₃–H₂]⁺, 253 (65) [C₁₉H₂₅]⁺, 213 (15) [C₁₆H₂₁]⁺.

Experimental

HRMS (FAB, 3-NBA, m/z): calcd. for $C_{30}H_{48}O$, $[M]^+$: 424.3700; found: 424.3702. calcd. for $C_{30}H_{47}O$, $[M–H]^+$: 423.3621; found: 424.3621.

IR (ATR): $\tilde{\nu}$ [cm^{-1}]: 3060 (w), 2931 (vs), 2867 (vs), 1455 (s), 1373 (m), 1200 (w), 1184 (w), 1096 (vs), 1017 (s), 904 (m), 891 (m), 806 (w), 615 (w).

EA ($C_{30}H_{48}O$, 424.7): calcd.: C 84.84, H 11.39; found: C 84.76, H 11.41.

(20*R*)-20-((1*S*,2*R*,2'*R*)-2'-Vinyl-[1,1'-bi(cyclopropan)]-2-yl)pregn-5-en-3β-ol (132a)

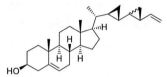

Sterol **132a** was synthesized according to **GP3** using steroid **131a** (73.3 mg, 173 μmol, 1.00 equiv.) and *p*-TsOH (4.95 mg, 26.0 μmol, 0.150 equiv.) in 7 mL of 1,4-dioxane/H$_2$O (4:1). The residue was purified by flash column chromatography on silica gel (*n*-pentane/EtOAc 4:1) to yield sterol **132a** as a colorless solid (59.2 mg, 145 μmol, 84% yield).

TLC: R_f = 0.47 (*n*-pentane/EtOAc 4:1).

^{1}H NMR (500 MHz, CD$_2$Cl$_2$): δ [ppm] = 5.65 (ddd, J = 17.0, 10.3, 9.1 Hz, 1H, CH$_{vinyl, \, trans}$), 5.42 – 5.33 (m, 2H, CH$_{vinyl, \, cis}$ and 6-H), 5.11 (dd, J = 17.0, 2.0 Hz, 1H, CH*H*$_{vinyl, \, trans}$), 4.99 (dd, J = 17.0, 1.9 Hz, 1H, CH*H*$_{vinyl, \, cis}$), 4.96 (dd, J = 10.2, 2.1 Hz, 1H, CH*H*$_{vinyl, \, trans}$), 4.79 (dd, J = 10.2, 1.9 Hz, 1H, CH*H*$_{vinyl, \, cis}$), 3.46 (tt, J = 11.1, 4.7 Hz, 1H, 3-H), 2.26 (ddd, J = 13.0, 5.1, 2.3 Hz, 1H, 4-C*H*H), 2.19 (ddq, J = 13.2, 11.0, 2.7 Hz, 1H, 4-CH*H*), 2.09 – 1.93 (m, 3H), 1.87 – 1.76 (m, 2H, contains: 1.84 (dt, J = 13.2, 3.5 Hz, 1H)), 1.68 – 1.59 (m, 1H), 1.59 – 1.39 (m, 7H), 1.33 – 0.91 (m, 16H, contains: 1.29 (q, J = 9.8 Hz, 1H), 1.00 (s, 3H, 19-CH$_3$), 0.97 (d, J = 6.6 Hz, 3H, 21-CH$_{3, \, cis}$), 0.96 (d, J = 6.7 Hz, 3H, 21-CH$_{3, \, trans}$)), 0.89 (td, J = 8.3, 4.5 Hz, 1H), 0.82 (ddd, J = 10.3, 8.8, 4.9 Hz, 1H), 0.74 – 0.61 (m, 6H, contains: 0.63 (pseudo-d, J = 1.6 Hz, 3H, 18-CH$_3$)), 0.54 – 0.38 (m, 5H), 0.37 – 0.26 (m, 2H), 0.23 (dt, J = 8.8, 4.7 Hz, 1H), 0.17 (ddd, J = 8.4, 5.4, 4.4 Hz, 1H), 0.10 (dt, J = 9.0, 4.7 Hz, 1H), 0.01 (dt, J = 8.4, 5.2 Hz, 1H).

^{13}C NMR (126 MHz, CD$_2$Cl$_2$): δ [ppm] = 142.5 (+, CH$_{vinyl, \, cis}$), 141.4 (C$_q$, C-5), 139.8 (+, CH$_{vinyl, \, trans}$), 121.9 (+, CH-6), 113.4 (–, CH$_{2, \, vinyl, \, trans}$), 111.1 (–, CH$_{2, \, vinyl, \, cis}$), 72.1 (+, CH-3), 58.7 (+, CH$_{cis}$), 58.6 (+, CH$_{trans}$), 57.0 (+, CH$_{trans}$), 56.9 (+, CH$_{cis}$), 50.7 (+, CH), 42.78 (C$_q$, C-13), 42.76 (–, CH$_2$-4), 40.7 (+, CH$_{cis}$), 40.5 (+, CH$_{trans}$), 40.1 (–, CH$_2$), 37.7 (–, CH$_2$), 36.9 (C$_q$, C-10), 32.4 (+, CH), 32.3 (–, CH$_2$), 32.1 (–, CH$_2$), 28.44 (–, CH$_{2, \, trans}$), 28.36 (–, CH$_{2, \, cis}$),

27.6 (+, CH$_{trans}$), 26.6 (+, CH$_{cis}$), 24.7 (–, CH$_2$), 23.3 (+, CH$_{trans}$), 23.1 (+, CH$_{cis}$), 22.0 (+, CH$_{cis}$), 21.8 (+, CH$_{cis}$), 21.5 (–, CH$_2$), 20.1 (+, 2C, CH$_3$-21$_{cis}$ and CH$_{trans}$), 19.8 (+, CH$_3$-21$_{trans}$), 19.8 (+, CH$_{trans}$), 19.6 (+, CH$_3$-19), 13.0 (–, CH$_{2,\,trans}$), 12.03 (+, CH$_3$-18$_{cis}$), 11.99 (+, CH$_3$-18$_{trans}$), 11.3 (–, CH$_{2,\,cis}$), 9.7 (–, CH$_{2,\,trans}$), 7.3 (–, CH$_{2,\,cis}$).

MS (FAB, 3-NBA): m/z (%) = 408 (24) [M]$^+$, 391 (76) [M–OH]$^+$, 307 (17), 289 (15), 271 (57) [C$_{19}$H$_{27}$O]$^+$, 255 (15) [C$_{19}$H$_{27}$]$^+$, 205 (24).

HRMS (FAB, 3-NBA, m/z): calcd. for C$_{29}$H$_{44}$O, [M]$^+$: 408.3387; found: 408.3388.

IR (ATR): ṽ [cm^{-1}]: 3449 (w), 3064 (vw), 2934 (vs), 2901 (vs), 2888 (s), 2866 (s), 1633 (w), 1458 (s), 1442 (s), 1366 (m), 1188 (w), 1106 (w), 1058 (vs), 1023 (vs), 987 (m), 955 (s), 887 (vs), 837 (m), 799 (m), 589 (m), 500 (m), 456 (m).

EA (C$_{29}$H$_{44}$O, 408.7): calcd.: C 85.23, H 10.85; found: C 84.73, H 10.83.

(20*R*)-20-((1*R*,2*R*,2'*S*)-2'-Ethyl-[1,1'-bi(cyclopropan)]-2-yl)pregn-5-en-3*β*-ol (132b)

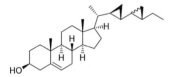

Sterol **132b** was synthesized according to **GP3** using steroid **131b** (107 mg, 251 *μ*mol, 1.00 equiv.) and *p*-TsOH (7.18 mg, 37.7 *μ*mol, 0.150 equiv.) in 10 mL of 1,4-dioxane/H$_2$O (4:1). The residue was purified by flash column chromatography on silica gel (*n*-pentane/EtOAc 4:1) to yield sterol **132b** as a colorless solid (90.3 mg, 220 *μ*mol, 87% yield).

TLC: R_f = 0.37 (*n*-pentane/EtOAc 4:1).

^{1}H NMR (500 MHz, CD$_2$Cl$_2$): δ [ppm] = 5.35 (dt, *J* = 5.3, 2.1 Hz, 1H, 6-H), 3.46 (tt, *J* = 11.0, 4.7 Hz, 1H, 3-H), 2.25 (ddd, *J* = 13.0, 5.1, 2.3 Hz, 1H, 4-C*H*H), 2.19 (ddq, *J* = 13.1, 11.1, 2.7 Hz, 1H, 4-CH*H*), 2.08 – 1.93 (m, 3H), 1.84 (dt, *J* = 13.2, 3.5 Hz, 1H), 1.82 – 1.73 (m, 1H), 1.68 – 1.34 (m, 9H), 1.32 – 0.86 (m, 23H, contains: 1.02 (t, *J* = 7.3 Hz, 3H, CH$_{3,\,trans}$), 1.00 (s, 3H, 19-CH$_3$), 0.97 (d, *J* = 6.6 Hz, 3H, 21-CH$_{3,\,trans}$), 0.97 (d, *J* = 6.6 Hz, 3H, 21-CH$_{3,\,cis}$), 0.93 (t, *J* = 7.3 Hz, 3H, CH$_{3,\,cis}$), 0.73 – 0.55 (m, 11H, contains: 0.63 (s, 3H, 18-CH$_{3,\,trans}$), 0.62 (s, 3H, 18-CH$_{3,\,cis}$)), 0.51 – 0.35 (m, 3H), 0.28 – 0.12 (m, 6H), 0.09 – -0.08 (m, 4H).

^{13}C NMR (126 MHz, CD$_2$Cl$_2$): δ [ppm] = 141.4 (C$_q$, C-5), 121.9 (+, CH-6), 72.1 (+, CH-3), 58.7 (+, CH$_{cis}$), 58.6 (+, CH$_{trans}$), 57.0 (+, CH$_{trans}$), 56.9 (+, CH$_{cis}$), 50.7 (+, CH), 42.8 (C$_q$/–, 2C, C-13 and CH$_2$-4), 40.8 (+, CH$_{cis}$), 40.6 (+, CH$_{trans}$), 40.1 (–, CH$_2$), 37.7 (–, CH$_2$), 36.9 (C$_q$, C-10), 32.4 (+, CH), 32.3 (–, CH$_2$), 32.1 (–, CH$_2$), 28.43 (–, CH$_{2,\,trans}$), 28.37 (–, CH$_{2,\,cis}$), 27.7

Experimental

$(-, CH_{2, cis})$, 27.5 $(+, CH_{trans})$, 26.6 $(+, CH_{cis})$, 24.7 $(-, CH_2)$, 23.1 $(-, CH_{2, trans})$, 22.6 $(+, CH_{cis})$, 21.5 $(-, CH_2)$, 20.8 $(+, CH_{cis})$, 20.5 $(+, CH_{trans})$, 20.2 $(+, CH_3\text{-}21_{cis})$, 19.9 $(+, CH_3\text{-}21_{trans})$, 19.59 $(+, CH_3\text{-}19)$, 19.57 $(+, CH_{cis})$, 19.3 $(+, CH_{trans})$, 17.5 $(+, CH_{trans})$, 14.7 $(+, CH_{3, trans})$, 13.9 $(+, CH_{3, cis})$, 12.02 $(+, CH_3\text{-}18_{cis})$, 12.00 $(+, CH_3\text{-}18_{trans})$, 10.7 $(-, CH_{2, trans})$, 10.0 $(-, CH_{2, trans})$, 9.5 $(-, CH_{2, cis})$, 8.0 $(-, CH_{2, cis})$.

MS (FAB, 3-NBA): m/z (%) = 409 (9) $[M–H]^+$, 393 (37) $[M–OH]^+$, 271 (22) $[C_{19}H_{27}O]^+$, 255 (9) $[C_{19}H_{27}]^+$, 253 (6) $[C_{19}H_{25}]^+$, 213 (6) $[C_{16}H_{21}]^+$.

HRMS (FAB, 3-NBA, m/z): calcd. for $C_{29}H_{45}O$, $[M–H]^+$: 409.3465; found: 409.3462.

IR (ATR): $\tilde{v}$ [cm^{-1}]: 3350 (w), 3060 (w), 2956 (vs), 2931 (vs), 2900 (vs), 2867 (vs), 1737 (vw), 1666 (vw), 1456 (s), 1371 (s), 1057 (vs), 1023 (vs), 953 (m), 904 (s), 837 (m), 799 (m), 742 (m), 591 (m), 500 (m).

EA ($C_{29}H_{46}O$, 410.7): calcd.: C 84.81, H 11.29; found: C 84.15, H 11.26.

(22*R*,23*S*)-3*β*-Hydroxy-22,23-methylenechol-5-en-24-al (134)

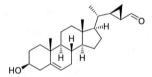

Sterol **134** was synthesized according to **GP3** using steroid **87** (77.1 mg, 200 μmol, 1.00 equiv.) and *p*-TsOH (5.72 mg, 30.1 μmol, 0.150 equiv.) in 2.5 mL of 1,4-dioxane/H$_2$O (4:1). The residue was purified by flash column chromatography on silica gel (*n*-pentane/EtOAc 4:1) to yield sterol **134** as a colorless solid (65.6 mg, 177 μmol, 88% yield).

TLC: R_f = 0.48 (*n*-pentane/EtOAc 2:1).

Melting Point: 160 °C.

^{1}H NMR (500 MHz, CDCl$_3$): δ [ppm] = 8.93 (d, *J* = 5.8 Hz, 1H, 24-H), 5.35 (dt, *J* = 5.0, 2.2 Hz, 1H, 6-H), 3.52 (tt, *J* = 11.2, 4.5 Hz, 1H, 3-H), 2.29 (ddd, *J* = 13.0, 5.1, 2.2 Hz, 1H, 4-C*H*H), 2.23 (ddq, *J* = 13.3, 11.1, 2.7 Hz, 1H, 4-CH*H*), 2.02 – 1.93 (m, 2H), 1.88 – 1.74 (m, 4H), 1.65 – 1.39 (m, 7H), 1.33 – 1.24 (m, 3H), 1.23 – 1.15 (m, 2H), 1.13 – 0.90 (m, 11H, contains: 1.05 (d, *J* = 6.5 Hz, 3H, 21-CH$_3$), 1.00 (s, 3H, 19-CH$_3$)), 0.85 (ddd, *J* = 8.2, 6.8, 4.7 Hz, 1H, 22^1-CH*H*), 0.64 (s, 3H, 18-CH$_3$).

^{13}C NMR (126 MHz, CDCl$_3$): δ [ppm] = 201.0 (+, CHO-24), 140.9 (C_q, C-5), 121.8 (+, CH-6), 71.9 (+, CH-3), 57.7, (+, CH), 56.5 (+, CH), 50.2 (+, CH), 42.7 (C_q C-13), 42.4 (–, CH$_2$-4), 39.7 (–, CH$_2$), 39.2 (+, CH), 37.4 (–, CH$_2$), 36.6 (C_q, C-10), 32.6 (+, CH), 32.1 (+, CH), 32.0

180

(–, CH$_2$), 31.8 (–, CH$_2$), 29.6 (+, CH), 28.0 (–, CH$_2$), 24.4 (–, CH$_2$), 21.2 (–, CH$_2$), 19.9 (+, CH$_3$-21), 19.5 (+, CH$_3$-19), 12.2 (–, CH$_2$-22^1), 12.0 (+, CH$_3$-18).

MS (FAB, 3-NBA): m/z (%) = 371 (5) [M+H]$^+$, 353 (15) [M–OH]$^+$, 307 (15), 289 (11), 281 (10), 267 (5), 221 (10), 207 (13).

HRMS (FAB, 3-NBA, m/z): calcd. for C$_{25}$H$_{39}$O$_2$, [M+H]$^+$: 371.2945; found: 371.2946.

IR (ATR): $\tilde{v}$ [cm^{-1}] = 3465 (w), 3414 (w), 2932 (vs), 2888 (m), 2853 (m), 1686 (vs), 1459 (w), 1438 (w), 1374 (w), 1364 (w), 1191 (w), 1054 (vs), 1020 (s), 955 (w), 846 (w), 840 (w), 800 (w), 550 (w), 499 (w).

EA (C$_{25}$H$_{38}$O$_2$, 370.6): calcd. C 81.03, H 10.34; found: C 80.14, H 10.10.

Specific rotation: $[\alpha]_D^{20}$ = –63.7° (c = 0.30, CHCl$_3$).

(20R)-20-((1R,2S)-2-(3-(Benzylamino)imidazo[1,2-a]pyridin-2-yl)cyclopropyl)pregn-5-en-3β-ol (135a)

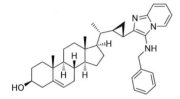

Steroid **135a** was synthesized according to **GP4** using steroidal aldehyde **134** (52.0 mg, 140 μmol, 1.00 equiv.), 2-aminopyridine (26.4 mg, 281 μmol, 2.00 equiv.), benzyl isocyanide (32.9 mg, 34.2 μL, 281 μmol, 2.00 equiv.) and perchloric acid (1 M in MeOH, 14.0 μL, 14.0 μmol, 0.100 equiv.) in 1.5 mL of MeOH/CH$_2$Cl$_2$ (2:1). The residue was purified by flash column chromatography on silica gel (n-hexane/EtOAc 2:1 to 1:2 + 1% NEt$_3$) and further purified by recrystallization from iPrOH/H$_2$O to yield the fluorophore **135a** as yellow needles (40.3 mg, 71.5 μmol, 51% yield).

TLC: R_f = 0.43 (n-pentane/EtOAc 1:2 + 1% NEt$_3$).

Melting Point: 235 °C, decomp.

^{1}H NMR (500 MHz, CDCl$_3$): δ [ppm] = 7.91 (d, J = 6.8 Hz, 1H, 4-H$_{Het}$), 7.41 (d, J = 8.1 Hz, 1H, 7-H$_{Het}$), 7.41 – 7.31 (m, 4H, ArH$_{Bn}$), 7.33 – 7.26 (m, 1H, ArH$_{Bn}$), 7.03 (t, J = 7.9 Hz, 1H, 6-H$_{Het}$), 6.67 (t, J = 6.8 Hz, 1H, 5-H$_{Het}$), 5.31 (dt, J = 5.4, 2.3 Hz, 1H, 6-H), 4.19 (d, J = 4.0 Hz, 2H, CH$_2$Ar), 3.52 (tt, J = 11.1, 4.7 Hz, 1H, 3-H), 3.27 (t, J = 6.3 Hz, 1H, NH), 2.30 – 2.18 (m, 2H, 4-CH$_2$), 2.01 (dt, J = 12.7, 3.5 Hz, 1H), 1.96 – 1.89 (m, 1H), 1.89 – 1.80 (m, 3H), 1.78 (dt, J = 9.0, 4.7 Hz, 1H), 1.69 (s, 1H, OH), 1.56 – 1.38 (m, 7H), 1.37 – 1.24 (m, 2H), 1.18 (td,

J = 12.7, 4.5 Hz, 1H), 1.13 – 0.82 (m, 12H, contains: 1.08 (d, J = 6.7 Hz, 3H, 21-CH$_3$), 1.00 (s, 3H, 19-CH$_3$)), 0.67 (s, 3H, 18-CH$_3$), 0.68 – 0.62 (m, 1H, 22^1-CHH).

^{13}C NMR (126 MHz, CDCl$_3$): δ [ppm] = 141.3 (C$_q$, C-7a$_{Het}$), 140.8 (C$_q$, C-5), 140.5 (C$_q$, C-2$_{Het}$), 139.6 (C$_q$, C$_{Bn}$), 128.7 (+, 2C, CH$_{Bn}$), 128.3 (+, 2C, CH$_{Bn}$), 127.6 (+, CH$_{Bn}$), 125.2 (C$_q$, C-3$_{Het}$), 122.9 (+, CH-6$_{Het}$), 121.7 (+, CH-4$_{Het}$), 121.6 (+, CH-6), 116.7 (+, CH-7$_{Het}$), 111.0 (+, CH-5$_{Het}$), 71.8 (+, CH-3), 58.0 (+, CH), 56.4 (+, CH), 53.5 (–, CH$_2$Ar), 50.2 (+, CH), 42.4 (C$_q$ C-13), 42.3 (–, CH$_2$-4), 40.5 (+, CH), 39.6 (–, CH$_2$), 37.3 (–, CH$_2$), 36.5 (C$_q$, C-10), 31.9 (+, CH), 31.8 (–, CH$_2$), 31.7 (–, CH$_2$), 29.9 (+, CH), 28.4 (–, CH$_2$), 24.2 (–, CH$_2$), 21.1 (–, CH$_2$), 19.6 (+, CH$_3$-21), 19.4 (+, CH$_3$-19), 17.6 (+, CH), 13.2 (–, CH$_2$-22^1), 11.9 (+, CH$_3$-18).

MS (FAB, 3-NBA): m/z (%) = 564 (100) [M+H]$^+$, 563 (46) [M]$^+$, 562 (31) [M–H]$^+$, 546 (7) [M–OH]$^+$, 515 (7), 472 (21), 307 (7), 290 (7).

HRMS (FAB, 3-NBA, m/z): calcd. for C$_{38}$H$_{50}$N$_3$O, [M+H]$^+$: 564.3948; found: 564.3947.

IR (ATR): $\tilde{v}$ [cm^{-1}] = 3366 (w), 3312 (w), 3070 (vw), 3020 (vw), 2959 (m), 2949 (m), 2929 (m), 2884 (w), 2847 (m), 1635 (vw), 1579 (m), 1451 (m), 1349 (s), 1232 (w), 1176 (w), 1119 (w), 1058 (s), 1027 (m), 952 (w), 882 (w), 875 (w), 759 (vs), 737 (vs), 694 (s), 459 (m), 411 (w).

EA (C$_{38}$H$_{49}$N$_3$O, 563.8): calcd. C 80.95, H 8.76, N 7.45; found: C 79.71, H 8.90, N 7.03.

Specific rotation: $[\alpha]_D^{20}$ = –13.1° (c = 0.26, CHCl$_3$).

Methyl 3-(benzylamino)-2-((1S,2R)-2-(3β-hydroxypregn-5-en-20R-yl)cyclopropyl) imidazo[1,2-a]pyridine-5-carboxylate (135b)

Steroid **135b** was synthesized according to **GP4** using steroidal aldehyde **134** (95.0 mg, 256 μmol, 1.00 equiv.), methyl 6-aminopyridine-2-carboxylate (78.0 mg, 513 μmol, 2.00 equiv.), benzyl isocyanide (60.1 mg, 62.4 μL, 513 μmol, 2.00 equiv.) and perchloric acid (1 M in MeOH, 25.6 μL, 25.6 μmol, 0.100 equiv.) in 1.5 mL of MeOH/CH$_2$Cl$_2$ (2:1). The residue was purified by flash column chromatography on silica gel (*n*-hexane/EtOAc 2:1 to 1:2 + 1% NEt$_3$), and then further purified by recrystallization from iPrOH/H$_2$O to yield the fluorophore **135b** as a bright orange solid (115 mg, 184 μmol, 72% yield).

TLC: R_f = 0.49 (cyclohexane/EtOAc 1:1).

Melting Point: 163–165 °C, decomp.

¹H NMR (500 MHz, CDCl₃): δ [ppm] = 7.60 (dd, J = 8.8, 1.2 Hz, 1H, 7-H$_{Het}$), 7.25 – 7.21 (m, 4H, 3 ArH$_{Bn}$ and 5-H$_{Het}$), 7.16 (dd, J = 7.5, 2.0 Hz, 2H, ArH$_{Bn}$), 7.01 (dd, J = 8.8, 7.0 Hz, 1H, 6-H$_{Het}$), 5.30 (d, J = 4.9 Hz, 1H, 6-H), 4.12 – 4.00 (m, 2H, CH₂Ar), 3.88 (s, 3H, OCH₃), 3.91 – 3.82 (m, 1H, NH), 3.52 (tt, J = 10.6, 4.7 Hz, 1H, 3-H), 2.30 – 2.18 (m, 2H, 4-CH₂), 2.13 (dt, J = 9.0, 4.7 Hz, 1H, 1-H$_{cycloprop}$), 2.02 (dt, J = 12.7, 3.6 Hz, 1H), 1.95 – 1.77 (m, 4H), 1.59 – 1.39 (m, 8H), 1.35 (q, J = 9.7 Hz, 1H), 1.19 (td, J = 12.9, 4.6 Hz, 1H), 1.13 – 0.86 (m, 12H, contains: 1.10 (d, J = 6.5 Hz, 3H, 21-CH₃), 1.00 (s, 3H, 19-CH₃)), 0.74 (ddd, J = 8.7, 6.0, 4.1 Hz, 1H, 3-CHH$_{cycloprop}$), 0.67 (s, 3H, 18-CH₃).

¹³C NMR (126 MHz, CDCl₃): δ [ppm] = 163.6 (C$_q$, COOMe), 143.8 (C$_q$, C-2$_{Het}$), 142.3 (C$_q$, C-7a$_{Het}$), 140.9 (C$_q$, C-5), 140.0 (C$_q$, C$_{Bn}$), 128.63 (+, 2C, CH$_{Bn}$), 128.60 (C$_q$, C-3$_{Het}$), 128.1 (+, 2C, CH$_{Bn}$), 127.4 (+, CH$_{Bn}$), 126.4 (C$_q$, C-4$_{Het}$), 121.8 (+, CH-6), 120.9 (+, CH-7$_{Het}$), 120.6 (+, CH-6$_{Het}$), 117.5 (+, CH-5$_{Het}$), 71.9 (+, CH-3), 58.1 (+, CH), 56.6 (+, CH), 53.8 (–, CH₂Ar), 53.0 (+, OCH₃), 50.3 (+, CH), 42.6 (C$_q$ C-13), 42.5 (–, CH₂-4), 40.4 (+, CH), 39.8 (–, CH₂), 37.4 (–, CH₂), 36.6 (C$_q$, C-10), 32.1 (+, CH), 32.0 (–, CH₂), 31.8 (–, CH₂), 29.9 (+, CH), 28.4 (–, CH₂), 24.4 (–, CH₂), 21.2 (–, CH₂), 19.7 (+, CH₃-21), 19.5 (+, CH₃-19), 17.9 (+, CH-1$_{cycloprop}$), 14.1 (–, CH₂-3$_{cycloprop}$), 12.0 (+, CH₃-18).

HRMS (ESI, m/z): calcd. for C₄₀H₅₂N₃O₃, [M+H]⁺: 622.4003; found: 622.3996.

IR (ATR): $\tilde{v}$ [cm⁻¹] = 3376 (w), 3251 (w), 2962 (m), 2924 (s), 2854 (m), 1706 (vs), 1565 (m), 1449 (s), 1434 (s), 1327 (s), 1281 (vs), 1245 (s), 1204 (vs), 1140 (vs), 1072 (vs), 1024 (s), 863 (m), 795 (s), 742 (vs), 694 (s).

Specific rotation: $[\alpha]_D^{20}$ = –13.5° (c = 0.51, CHCl₃).

(20*R*)-20-((1*R*,2*S*)-2-(3-((((*S*)-1-Phenylethyl)amino)imidazo[1,2-*a*]pyrazin-2-yl) cyclopropyl)pregn-5-en-3β-ol (135e)

Steroid **135e** was synthesized according to **GP4** using steroidal aldehyde **134** (100 mg, 270 μmol, 1.00 equiv.), 2-aminopyrazine (51.3 mg, 540 μmol, 2.00 equiv.), (1*S*)-(1-isocyanoethyl)benzene (70.8 mg, 73.0 μL, 540 μmol, 2.00 equiv.) and perchloric acid (1 M in MeOH, 27.0 μL, 27.0 μmol, 0.100 equiv.) in 3 mL of MeOH/CH₂Cl₂ (2:1). The residue was purified by flash column chromatography on silica gel (*n*-hexane/EtOAc 2:1 to 1:2 + 1%

NEt$_3$), and then purified further by recrystallization from iPrOH/H$_2$O to yield the fluorophore **135e** as an off-white crystalline solid (35.0 mg, 60.5 μmol, 22% yield).

TLC: R_f = 0.31 (*n*-pentane/EtOAc 1:2 + 1% NEt$_3$).

Melting Point: 226–228 °C, decomp.

^{1}H NMR (500 MHz, CDCl$_3$): δ [ppm] = 8.79 (d, J = 1.5 Hz, 1H, 7-H$_{Het}$), 7.79 (dd, J = 4.6, 1.5 Hz, 1H, 5-H$_{Het}$), 7.70 (d, J = 4.5 Hz, 1H, 4-H$_{Het}$), 7.40 – 7.36 (m, 2H, ArH$_{Bn}$), 7.35 – 7.30 (m, 2H, ArH$_{Bn}$), 7.30 – 7.24 (m, 1H, ArH$_{Bn}$), 5.32 (dt, J = 5.7, 1.9 Hz, 1H, 6-H), 4.40 (qd, J = 6.6, 4.0 Hz, 1H, CHAr), 3.57 – 3.43 (m, 1H, 3-H), 3.30 (d, J = 4.2 Hz, 1H, NH), 2.31 – 2.18 (m, 2H, 4-CH$_2$), 2.02 (dt, J = 12.7, 3.5 Hz, 1H), 1.94 (dtd, J = 16.7, 4.8, 2.3 Hz, 1H), 1.89 – 1.74 (m, 4H), 1.68 (s, 1H, OH), 1.57 – 1.34 (m, 12H, contains: 1.48 (d, J = 6.6 Hz, 3H, CH$_3$), 1.34 (q, J = 9.5 Hz, 1H)), 1.20 (td, J = 12.8, 4.5 Hz, 1H), 1.13 – 0.89 (m, 12H, contains: 1.09 (d, J = 6.6 Hz, 3H, 21-CH$_3$), 1.01 (s, 3H, 19-CH$_3$)), 0.77 (ddd, J = 8.5, 6.1, 4.1 Hz, 1H, 22^1-CHH), 0.68 (s, 3H, 18-CH$_3$).

^{13}C NMR (126 MHz, CDCl$_3$): δ [ppm] = 145.0 (C$_q$, C-2$_{Het}$), 144.3 (C$_q$, C$_{Ph}$), 142.2 (+, CH-7$_{Het}$), 141.0 (C$_q$, C-5), 136.9 (C$_q$, C-7a$_{Het}$), 128.9 (+, 2C, CH$_{Ph}$), 128.8 (+, CH-4$_{Het}$), 127.9 (+, CH$_{Ph}$), 126.6 (+, 2C, CH$_{Ph}$), 126.0 (C$_q$, C-3$_{Het}$), 121.7 (+, CH-6), 115.1 (+, CH-5$_{Het}$), 71.9 (+, CH-3), 58.8 (+, CHAr), 58.0 (+, CH), 56.5 (+, CH), 50.3 (+, CH), 42.6 (C$_q$ C-13), 42.4 (–, CH$_2$-4), 40.4 (+, CH), 39.7 (–, CH$_2$), 37.4 (–, CH$_2$), 36.6 (C$_q$, C-10), 32.1 (+, CH), 32.0 (–, CH$_2$), 31.8 (–, CH$_2$), 30.4 (+, CH), 28.4 (–, CH$_2$), 24.4 (–, CH$_2$), 23.2 (+, CH$_3$), 21.2 (–, CH$_2$), 19.6 (+, CH$_3$-21), 19.5 (+, CH$_3$-19), 17.8 (+, CH-23), 14.2 (–, CH$_2$-22^1), 12.0 (+, CH$_3$-18).

HRMS (ESI, m/z): calcd. for C$_{38}$H$_{51}$N$_4$O, [M+H]$^+$: 579.4057; found: 579.4054.

IR (ATR): $\tilde{v}$ [cm^{-1}] = 3309 (w), 3235 (w), 3030 (vw), 2963 (w), 2945 (m), 2924 (m), 2863 (m), 2827 (w), 1550 (s), 1493 (m), 1455 (m), 1350 (s), 1224 (m), 1179 (m), 1157 (m), 1061 (vs), 1023 (m), 914 (m), 788 (vs), 762 (s), 698 (vs), 541 (m), 407 (m).

EA (C$_{38}$H$_{50}$N$_4$O, 578.8): calcd. C 78.85, H 8.71, N 9.68; found: C 77.67, H 8.51, N 9.42.

Specific rotation: $[\alpha]_D^{20}$ = –20.2° (c = 0.49, CHCl$_3$).

(20R)-20-((1R,2S)-2-(3-(tert-Butylamino)imidazo[1,2-a]pyridin-2-yl)cyclopropyl)pregn-5-en-3β-ol (135f)

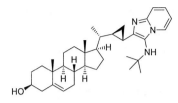

Steroid **135f** was synthesized according to **GP4** using steroidal aldehyde **134** (95.0 mg, 256 μmol, 1.00 equiv.), 2-aminopyridine (48.3 mg, 513 μmol, 2.00 equiv.), tert-butyl isocyanide (42.6 mg, 58.0 μL, 513 μmol, 2.00 equiv.) and perchloric acid (1 M in MeOH, 14.0 μL, 14.0 μmol, 0.100 equiv.) in 3 mL of MeOH/CH$_2$Cl$_2$ (2:1). The residue was purified by flash column chromatography on silica gel (n-hexane/EtOAc 2:1 to 1:2 + 1% NEt$_3$) and purified further by recrystallization from iPrOH/H$_2$O to yield the fluorophore **135f** as colorless crystals (64.3 mg, 121 μmol, 47% yield).

TLC: R_f = 0.42 (n-pentane/EtOAc 1:2 + 1% NEt$_3$).

Melting Point: 241–244 °C.

^{1}H NMR (500 MHz, CDCl$_3$): δ [ppm] = 8.12 (dt, J = 6.8, 1.3 Hz, 1H, 4-H$_{Het}$), 7.39 (dt, J = 9.0, 1.2, 1.2 Hz, 1H, 7-H$_{Het}$), 7.02 (ddd, J = 9.0, 6.6, 1.4 Hz, 1H, 6-H$_{Het}$), 6.68 (td, J = 6.8, 1.2 Hz, 1H, 5-H$_{Het}$), 5.29 (d, J = 5.5 Hz, 1H, 6-H), 3.53 (tt, J = 10.4, 4.6 Hz, 1H, 3-H), 2.78 (s, 1H, NH), 2.29 – 2.17 (m, 2H, 4-CH$_2$), 2.12 (s, 1H, OH), 2.01 (dt, J = 12.7, 3.4 Hz, 1H), 1.97 – 1.70 (m, 5H), 1.56 – 1.34 (m, 9H, contains: 1.32 (q, J = 9.5 Hz, 1H)), 1.23 (s, 9H, tBu), 1.22 – 1.13 (m, 1H), 1.12 – 0.88 (m, 12H, contains: 1.07 (d, J = 6.5 Hz, 3H, 21-CH$_3$), 1.00 (s, 3H, 19-CH$_3$)), 0.69 (ddd, J = 8.6, 6.0, 4.1 Hz, 1H, 22^1-CHH), 0.67 (s, 3H, 18-CH$_3$).

^{13}C NMR (126 MHz, CDCl$_3$): δ [ppm] = 142.7 (C$_q$, C-3$_{Het}$), 141.9 (C$_q$, C-7a$_{Het}$), 141.0 (C$_q$, C-5), 123.2 (C$_q$, C-2$_{Het}$), 123.1 (+, CH-6$_{Het}$), 122.9 (+, CH-4$_{Het}$), 121.6 (+, CH-6), 116.6 (+, CH-7$_{Het}$), 110.7 (+, CH-5$_{Het}$), 71.8 (+, CH-3), 58.0 (+, CH), 56.6 (+, CH), 55.8 (C$_q$, C$_{tBu}$), 50.4 (+, CH), 42.53 (C$_q$ C-13), 42.51 (–, CH$_2$-4), 40.4 (+, CH), 39.7 (–, CH$_2$), 37.5 (–, CH$_2$), 36.6 (C$_q$, C-10), 32.0 (+, CH), 31.9 (–, CH$_2$), 31.7 (–, CH$_2$), 30.6 (+, 3C, CH$_3$), 29.8 (+, CH), 28.4 (–, CH$_2$), 24.4 (–, CH$_2$), 21.2 (–, CH$_2$), 19.55 (+, CH$_3$-19), 19.47 (+, CH$_3$-21), 18.3 (+, CH), 13.6 (–, CH$_2$-22^1), 12.0 (+, CH$_3$-18).

HRMS (ESI, m/z): calcd. for C$_{35}$H$_{52}$N$_3$O, [M+H]$^+$: 530.4105; found: 530.4098.

IR (ATR): ṽ [cm^{-1}] = 3339 (w), 3201 (w), 3077 (vw), 2963 (m), 2946 (s), 2925 (s), 2884 (m), 2863 (m), 2827 (w), 1633 (w), 1585 (w), 1506 (w), 1465 (m), 1445 (m), 1373 (m), 1356 (s), 1218 (m), 1203 (m), 1074 (m), 1065 (s), 905 (m), 748 (s), 730 (vs), 497 (m), 458 (m).

Specific rotation: $[\alpha]_D^{20}$ = +42.3° (c = 0.57, CHCl$_3$).

(20*R*)-3*β*-(2-(*tert*-Butoxy)-2-oxoethoxy)-20-((1*S*,2*S*)-2-propylcyclopropyl)pregn-5-ene (137)

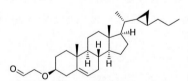

Under argon atmosphere at 0 °C, sodium hydride (20.5 mg, 512 μmol, 1.20 equiv.) was slowly added to a solution of the alcohol **108h** (164 mg, 426 μmol, 1.00 equiv.) and 15-crown-5 (9.39 mg, 42.6 μmol, 0.100 equiv.) in 2.0 mL of dry THF, and then stirred for 20 min. Subsequently, *tert*-butyl bromoacetate (87.3 mg, 66.1 μL, 448 μmol, 1.05 equiv.) was added dropwise. The reaction was stirred for 6 h, then quenched at 0 °C with water. The mixture was concentrated under reduced pressure and extracted with CH$_2$Cl$_2$ (3 × 15 mL). The combined organic extracts were washed with brine (15 mL), dried over Na$_2$SO$_4$, and the solvent was removed under reduced pressure. The residue was purified by flash column chromatography on silica gel (*n*-pentane/EtOAc 10:1 to 4:1) to yield the ester **137** as a colorless solid (82.5 mg, 165 μmol, 39% yield).

TLC: R_f = 0.62 (*n*-pentane/EtOAc 10:1).
^{1}H NMR (400 MHz, CDCl$_3$): δ [ppm] = 5.40 – 5.30 (m, 1H, 6-H), 4.00 (s, 2H, OCH$_2$), 3.23 (tt,
J = 11.3, 4.5 Hz, 1H, 3-H), 2.39 (ddd, J = 13.1, 4.9, 2.3 Hz, 1H, 4-C*H*H), 2.32 – 2.20 (m, 1H, 4-CH*H*), 2.06 – 1.81 (m, 5H), 1.66 – 1.30 (m, 19H, contains: 1.48 (s, 9H, *t*Bu)), 1.29 – 1.12 (m, 2H), 1.12 – 0.76 (m, 14H, contains: 1.00 (s, 3H, 19-CH$_3$), 0.96 (d, J = 6.7 Hz, 3H, 21-CH$_3$), 0.89 (t, J = 7.3 Hz, 3H, 26-CH$_3$)), 0.71 – 0.50 (m, 5H, contains: 0.62 (s, 3H, 18-CH$_3$)), 0.19 (tt, J = 8.9, 4.8 Hz, 1H), 0.12 – 0.02 (m, 2H).

(20*R*)-3*β*-(2-Oxoethoxy)-20-((1*S*,2*S*)-2-propylcyclopropyl)pregn-5-ene (138)

A flame-dried round bottom flask was charged with the ester **137** (136 mg, 273 μmol, 1.00 equiv.) and LiAlH$_4$ (41.5 mg, 1.09 mmol, 4.00 equiv.). 6 mL of dry THF were added, and the mixture was refluxed for 4 h. After cooling down to room temperature, excess LiAlH$_4$ was destroyed by the slow addition of 50% KOH followed by water. The organic phase was separated, and the aqueous phase was extracted with Et$_2$O (3 × 10 mL). The combined organic layers were dried over

Na$_2$SO$_4$, and the solvent was removed under reduced pressure to yield the alcohol as a colorless solid. The alcohol and IBX (382 mg, 1.37 mmol, 5.00 equiv.) were dissolved in 6 mL of DMSO and stirred overnight. 50 mL of water were added, the precipitated solids were filtered and washed thoroughly with Et$_2$O. The aqueous phase was extracted with Et$_2$O (3 × 10 mL). The combined organic layers were washed with 10 mL of sat. aq. NaHCO$_3$, dried over Na$_2$SO$_4$, and the solvent was removed under reduced pressure. The residue was purified by flash column chromatography on silica gel (*n*-pentane/EtOAc 20:1) to yield the aldehyde as a colorless solid **138** (60.1 mg, 141 μmol, 52% yield).

TLC: R_f = 0.47 (*n*-pentane/EtOAc 10:1).

^{1}H NMR (400 MHz, CDCl$_3$): δ [ppm] = 9.74 (t, J = 0.8 Hz, 1H, CHO), 5.36 (dt, J = 4.6, 2.0 Hz, 1H, 6-H), 4.11 (d, J = 1.0 Hz, 2H, OCH$_2$), 3.24 (tt, J = 11.3, 4.5 Hz, 1H, 3-H), 2.38 (ddd, J = 13.1, 5.0, 2.3 Hz, 1H, 4-C*H*H), 2.28 (tq, J = 13.5, 2.7 Hz, 1H, 4-CH*H*), 2.07 – 1.83 (m, 5H), 1.67 – 1.30 (m, 10H), 1.30 – 1.12 (m, 2H), 1.12 – 0.77 (m, 14H, contains: 1.01 (s, 3H, 19-CH$_3$), 0.96 (d, J = 6.6 Hz, 3H, 21-CH$_3$), 0.89 (t, J = 7.3 Hz, 3H, 26-CH$_3$)), 0.72 – 0.50 (m, 5H, contains: 0.62 (s, 3H, 18-CH$_3$)), 0.19 (tt, J = 9.0, 4.8 Hz, 1H), 0.12 – 0.01 (m, 2H).

(20*R*)-3β-((3-(Cyclohexylamino)imidazo[1,2-*a*]pyridin-2-yl)methoxy)-20-((1*S*,2*S*)-2-propylcyclopropyl)pregn-5-en (139)

Steroid **139** was synthesized according to **GP4** using steroidal aldehyde **138** (52.0 mg, 122 μmol, 1.00 equiv.), 2-aminopyridine (22.9 mg, 244 μmol, 2.00 equiv.), isocyanocyclohexane (26.6 mg, 29.9 μL, 244 μmol, 2.00 equiv.) and perchloric acid (1 M in MeOH, 12.2 μL, 12.2 μmol, 0.100 equiv.) in 1.5 mL of MeOH/CH$_2$Cl$_2$ (2:1). The residue was purified by flash column chromatography on silica gel (*n*-pentane/EtOAc 1:1 + 1% NEt3) to yield the fluorophore **139** as a yellow solid (66.7 mg, 109 μmol, 89% yield).

TLC: R_f = 0.25 (*n*-pentane/EtOAc 1:2 + 1% NEt$_3$).

Melting Point: 158–162 °C, decomp.

^{1}H NMR (500 MHz, CDCl$_3$): δ [ppm] = 8.02 (dt, J = 6.9, 1.2 Hz, 1H, 4-H$_{Het}$), 7.46 (dt, J = 9.0, 1.2 Hz, 1H, 7-H$_{Het}$), 7.07 (ddd, J = 9.1, 6.6, 1.3 Hz, 1H, 6-H$_{Het}$), 6.74 (td, J = 6.7, 1.2 Hz, 1H,

5-H$_{Het}$), 5.36 (dt, J = 5.6, 2.1 Hz, 1H, 6-H), 4.82 – 4.68 (m, 2H, OCH$_2$), 3.35 (tt, J = 11.2, 4.5 Hz, 1H, 3-H), 3.24 (s, 1H, NH), 2.97 – 2.84 (m, 1H, CH$_{cyclohex}$), 2.46 (ddd, J = 13.2, 4.8, 2.4 Hz, 1H, 4-CHH), 2.28 (tq, J = 13.4, 11.4, 2.7 Hz, 1H, 4-CHH), 2.06 – 1.83 (m, 7H), 1.81 – 1.70 (m, 2H), 1.66 – 1.32 (m, 11H), 1.31 – 1.13 (m, 7H), 1.12 – 0.86 (m, 13H, contains: 1.00 (s, 3H, 19-CH$_3$), 0.96 (d, J = 6.6 Hz, 3H, 21-CH$_3$), 0.89 (t, J = 7.4 Hz, 3H, CH$_3$)), 0.82 (dtd, J = 13.3, 8.5, 6.5 Hz, 1H), 0.70 – 0.59 (m, 1H), 0.62 (s, 3H, 18-CH$_3$), 0.59 – 0.52 (m, 1H), 0.19 (tt, J = 9.0, 4.8 Hz, 1H), 0.10 – 0.03 (m, 2H).

^{13}C NMR (126 MHz, CDCl$_3$): δ [ppm] = 141.3 (C$_q$, C-7a$_{Het}$), 140.9 (C$_q$, C-5), 134.7 (C$_q$, C-2$_{Het}$), 127.0 (C$_q$, C-3$_{Het}$), 123.1 (+, CH-6$_{Het}$), 122.6 (+, CH-4$_{Het}$), 121.7 (+, CH-6), 117.6 (+, CH-7$_{Het}$), 111.4 (+, CH-5$_{Het}$), 78.8 (+, CH-3), 64.1 (–, OCH$_2$), 58.2 (+, CH), 57.1 (+, CH), 56.6 (+, CH), 50.3 (+, CH), 42.4 (C$_q$ C-13), 40.4 (+, CH), 39.7 (–, CH$_2$), 39.1 (–, CH$_2$-4), 37.2 (–, CH$_2$), 36.9 (C$_q$, C-10), 36.5 (–, CH$_2$), 34.3 (–, 2C, CH$_2$), 32.0 (–/+, 2C, CH$_2$ and CH), 28.3 (–, CH$_2$), 27.8 (–, CH$_2$), 26.9 (+, CH), 25.8 (–, CH$_2$), 25.0 (–, 2C, CH$_2$), 24.4 (–, CH$_2$), 22.4 (–, CH$_2$), 21.1 (–, CH$_2$), 20.5 (+, CH), 19.9 (+, CH$_3$-21), 19.4 (+, CH$_3$-19), 14.2 (+, CH$_3$), 11.9 (+, CH$_3$-18), 9.5 (–, CH$_2$-22^1).

HRMS (ESI, m/z): calcd. for C$_{41}$H$_{62}$N$_3$O, [M+H]$^+$: 612.4887; found: 612.4871.

IR (ATR): $\tilde{v}$ [cm^{-1}] = 3281 (vw), 3055 (vw), 2927 (vs), 2850 (s), 1632 (vw), 1567 (w), 1504 (w), 1452 (m), 1445 (m), 1336 (s), 1079 (vs), 1017 (m), 803 (w), 752 (s), 735 (vs), 596 (w), 426 (w).

EA (C$_{41}$H$_{61}$N$_3$O, 612.0): calcd. C 80.47, H 10.05, N 6.87; found: C 80.11, H 9.99, N 6.73.

Specific rotation: $[\alpha]_D^{20}$ = –13.2° (c = 0.33, CHCl$_3$).

5.2.4 Synthetic Methods and Characterization Data for Chapter 3.2

Ethyl (*E*)-4-diazobut-2-enoate (172a)

To a solution of ethyl (*E*)-4-oxobut-2-enoate (5.70 g, 44.5 mmol, 1.00 equiv.) in dry CH_2Cl_2 (28.5 ml) was added *p*-toluenesulfonyl hydrazide (8.28 g, 44.5 mmol, 1.00 equiv.). The mixture was then cooled in an ice bath under an argon atmosphere. Triethylamine (9.00 g, 12.4 mL, 89.0 mmol, 2.00 equiv.) was added, followed by DBU (13.5 g, 13.3 mL, 89.0 mmol, 2.00 equiv.), and the mixture was stirred for 10 min. The crude reaction mixture was immediately loaded onto a silica gel column and purified by flash column chromatography (*n*-pentane/Et$_2$O 9:1 to 1:1). Product fractions were collected in Erlenmeyer flasks (each cooled with ice and wrapped in aluminum foil). The solvent was removed under reduced pressure, while the distillation flask was cooled with ice and shielded from light to yield the desired diazo ester **172a** as a red oil (4.14 g, 29.5 mmol, 66% yield). The diazo ester **172a** was stored as a 1–2 M solution in CH_2Cl_2 under an argon atmosphere at –20 °C. Spectroscopic properties were identical to those present in the literature.[127]

TLC: R_f = 0.86 (*n*-pentane/Et$_2$O 1:1).

^{1}H NMR (400 MHz, CDCl$_3$): δ [ppm] = 7.22 (dd, J = 15.2, 9.1 Hz, 1H, 3-H), 5.55 (d, J = 15.2 Hz, 1H, 2-H), 4.83 (d, J = 9.0 Hz, 1H, 4-H), 4.18 (q, J = 7.1 Hz, 2H, CH$_2$), 1.28 (t, J = 7.1 Hz, 3H, CH$_3$).

Ethyl (*E*)-3-(2-(naphthalen-2-yl)cyclopropyl)acrylate (175/176)

The general procedure **GP5** was applied using Rh$_2$(PCP)$_4$ (5.03 mg, 4.15 μmol, 1 mol%), alkene **174** (64.0 mg, 0.415 mmol, 1.00 equiv.) and diazo ester **172a** (1.66 M in CH_2Cl_2, 1.12 mL, 1.86 mmol, 3.00 equiv.), which was added over a period of 2 h at a temperature of 40 °C. The crude product was purified by flash column chromatography on silica gel (*n*-pentane/Et$_2$O 30:1) to yield the cyclopropylacrylate **175/176** as a colorless oil (66.3 mg, 249 μmol, 60% yield) with a *cis/trans*-ratio of 3.4:1.

TLC: R_f = 0.44 (*n*-pentane/Et$_2$O 10:1).

Experimental

^{1}H NMR (500 MHz, CDCl$_3$): δ [ppm] = 7.85 – 7.75 (m, 6H, ArH$_{trans+cis}$), 7.70 – 7.66 (m, 1H, ArH$_{cis}$), 7.55 (d, J = 1.7 Hz, 1H, ArH$_{trans}$), 7.51 – 7.40 (m, 4H, ArH$_{trans+cis}$), 7.36 (dd, J = 8.4, 1.8 Hz, 1H, ArH$_{cis}$), 7.21 (dd, J = 8.5, 1.9 Hz, 1H, ArH$_{trans}$), 6.67 (dd, J = 15.4, 9.9 Hz, 1H, 3-H$_{trans}$), 6.28 (dd, J = 15.4, 10.6 Hz, 1H, 3-H$_{cis}$), 5.97 (d, J = 15.4 Hz, 1H, 2-H$_{cis}$), 5.95 (d, J = 15.4 Hz, 1H, 2-H$_{trans}$), 4.22 (q, J = 7.1 Hz, 2H, OCH$_{2, trans}$), 4.12 – 3.99 (m, 2H, OCH$_{2, cis}$), 2.73 (tdd, J = 8.2, 6.7, 1.0 Hz, 1H, CH$_{cycloprop, cis}$), 2.36 (ddd, J = 9.0, 6.2, 4.1 Hz, 1H, CH$_{cycloprop, trans}$), 2.08 (dtd, J = 10.6, 8.5, 5.3 Hz, 1H, CH$_{cycloprop, cis}$), 1.93 (dddd, J = 9.6, 8.3, 5.3, 4.0 Hz, 1H, CH$_{cycloprop, trans}$), 1.58 (ddd, J = 8.4, 6.1, 5.2 Hz, 1H, CH$H_{cycloprop, trans}$), 1.54 (td, J = 8.2, 5.3 Hz, 1H, CH$H_{cycloprop, cis}$), 1.44 (dt, J = 6.9, 5.3 Hz, 1H, CHH$_{cycloprop, cis}$), 1.38 (dt, J = 8.9, 5.3 Hz, 1H, CHH$_{cycloprop, trans}$), 1.31 (t, J = 7.1 Hz, 3H, CH$_{3, trans}$), 1.17 (t, J = 7.1 Hz, 3H, CH$_{3, cis}$).

^{13}C NMR (125 MHz, CDCl$_3$): δ [ppm] = 166.8 (C$_q$, C-1$_{trans}$), 166.3 (C$_q$, C-1$_{cis}$), 151.6 (+, CH-3$_{trans}$), 149.8(+, CH-3$_{cis}$), 138.3 (C$_q$, C-Ar$_{trans}$), 135.2 (C$_q$, C-Ar$_{cis}$), 133.5 (C$_q$, C-Ar$_{trans}$), 133.5 (C$_q$, C-Ar$_{cis}$), 132.5 (C$_q$, C-Ar$_{cis}$), 132.3 (C$_q$, C-Ar$_{trans}$), 128.3 (+, CH-Ar$_{trans}$), 128.1 (+, CH-Ar$_{cis}$), 127.8 (+, CH-Ar$_{cis}$), 127.72 (+, 2C, CH-Ar$_{trans+cis}$), 127.68 (+, CH-Ar$_{cis}$), 127.45 (+, CH-Ar$_{trans}$), 127.35 (+, CH-Ar$_{cis}$), 126.3 (+, CH-Ar$_{trans}$), 126.2 (+, CH-Ar$_{cis}$), 125.6 (+, CH-Ar$_{cis}$), 125.5 (+, CH-Ar$_{trans}$), 124.6 (+, CH-Ar$_{trans}$), 124.3 (+, CH-Ar$_{trans}$), 120.5 (+, CH-2$_{cis}$), 119.1 (+, CH-2$_{trans}$), 60.3 (–, OCH$_{2, trans}$), 60.0 (–, OCH$_{2, cis}$), 27.2 (+, CH$_{cycloprop, trans}$), 26.9 (+, CH$_{cycloprop, trans}$), 25.8 (+, CH$_{cycloprop, cis}$), 22.7 (+, CH$_{cycloprop, cis}$), 17.8 (–, CH$_{2, cycloprop, trans}$), 14.4 (+, CH$_{3, trans}$), 14.3 (+, CH$_{3, cis}$), 13.8 (–, CH$_{2, cycloprop, cis}$).

MS (EI, 70 eV, 30 °C): m/z (%) = 266 (25) [M]$^+$, 195 (23) [C$_{15}$H$_{13}$]$^+$, 193 (28) [C$_{15}$H$_{11}$], 178 (22), 161 (100), 155 (32), 154 (30), 151 (31), 149 (28), 127 (27), 91 (22), 77 (30), 73 (68), 72 (44), 57 (47).

HRMS (EI, 70 eV, 30 °C, m/z): calcd. for C$_{18}$H$_{18}$O$_2$, [M]$^+$: 266.1307; found: 266.1305.

IR (ATR): $\tilde{\nu}$ [cm^{-1}]: 3051 (w), 2979 (w), 1707 (vs), 1642 (vs), 1259 (vs), 1143 (vs), 1035 (vs), 977 (vs), 858 (s), 819 (s), 749 (vs), 477 (s).

Diethyl (2E,6E)-octa-2,4,6-trienedioate (178)

The triene is the side product arising from dimerization of the vinylogous diazo ester **172a**, obtained as a 1:1 mixture of E/Z-isomers of the central double bond. Spectroscopic properties were identical to those present in the literature.[111]

TLC: R_f = 0.32 (*n*-pentane/EtOAc 10:1).

^{1}H NMR (500 MHz, CDCl$_3$): δ [ppm] = 7.86 – 7.74 (m, 2H, 3,6-H$_{4Z}$), 7.37 – 7.26 (m, 2H, 3,6-H$_{4E}$), 6.66 – 6.57 (m, 2H, 4,5-H$_{4E}$), 6.43 – 6.34 (m, 2H, 4,5-H$_{4Z}$), 6.03 (d, J = 15.3 Hz, 2H, 2,7-H$_{4E}$), 6.01 (d, J = 15.1 Hz, 2H, 2,7-H$_{4Z}$), 4.25 (q, J = 7.1 Hz, 4H, CH$_{2,\ 4Z}$), 4.22 (q, J = 7.1 Hz, 4H, CH$_{2,\ 4E}$), 1.32 (t, J = 7.1 Hz, 6H, CH$_{3,\ 4Z}$), 1.30 (t, J = 7.1 Hz, 6H, CH$_{3,\ 4E}$).

^{13}C NMR (125 MHz, CDCl$_3$): δ [ppm] = 166.6 (C$_q$, 4C, C-1,8$_{4E+4Z}$), 142.8 (+, 2C, CH-3,6$_{4E}$), 137.7 (+, 2C, CH-3,6$_{4Z}$), 137.1 (+, 2C, CH-4,5$_{4E}$), 133.6 (+, 2C, CH-4,5$_{4Z}$), 125.2 (+, 2C, CH-2,7$_{4Z}$), 124.8 (+, 2C, CH-2,7$_{4E}$), 60.9 (–, 2C, CH$_{2,\ 4Z}$), 60.8 (–, 2C, CH$_{2,\ 4E}$), 14.44 (+, 2C, CH$_{3,\ 4Z}$), 14.41 (+, 2C, CH$_{3,\ 4E}$).

MS (EI, 70 eV, 20 °C): m/z (%) = 224 (94) [M]$^+$, 195 (93) [M–C$_2$H$_5$]$^+$, 181 (54) [M–C$_2$H$_3$O]$^+$, 179 (66) [M–C$_2$H$_5$O]$^+$, 167 (67), 151 (56), 149 (100), 131 (51), 123 (52), 105 (38), 79 (42), 69 (87).

HRMS (EI, 70 eV, 20 °C, m/z): calcd. for C$_{12}$H$_{16}$O$_4$, [M]$^+$: 224.1043; found: 224.1045.

IR (ATR): $\tilde{v}$ [cm^{-1}]: 2978 (w), 2931 (w), 2908 (w), 2870 (w), 1703 (vs), 1619 (vs), 1445 (w), 1425 (w), 1366 (m), 1340 (w), 1309 (s), 1261 (s), 1234 (s), 1203 (vs), 1157 (s), 1129 (vs), 1014 (vs), 979 (vs), 885 (vs), 864 (vs), 728 (s), 700 (s), 516 (w), 382 (s).

Ethyl (*E*)-3-(2-(*p*-tolyl)cyclopropyl)acrylate (180a)

The general procedure **GP5** was applied using Rh$_2$(PCP)$_4$ (7.49 mg, 6.19 μmol, 1 mol%), alkene **179a** (73.1 mg, 80.3 μL, 619 μmol, 1.00 equiv.) and diazo ester **172a** (1.66 M in CH$_2$Cl$_2$, 1.12 mL, 1.86 mmol, 3.00 equiv.), which was added over a period of 2 h. The crude product was purified by flash column chromatography on silica gel (*n*-pentane/Et$_2$O 30:1) to yield the cyclopropylacrylate **180a** as a colorless oil (98.8 mg, 429 μmol, 69% yield) with a *cis/trans*-ratio of 3:1.

TLC: R_f = 0.33 (*n*-pentane/Et$_2$O 10:1).

^{1}H NMR (500 MHz, CDCl$_3$): δ [ppm] = 7.16 – 7.06 (m, 6H, ArH$_{cis+trans}$), 7.02 – 6.96 (m, 2H, ArH$_{trans}$), 6.62 (dd, J = 15.4, 9.9 Hz, 1H, 3-H$_{trans}$), 6.30 (dd, J = 15.4, 10.6 Hz, 1H, 3-H$_{cis}$), 5.93 (d, J = 15.3 Hz, 1H, 2-H$_{cis}$), 5.90 (d, J = 15.3 Hz, 1H, 2-H$_{trans}$), 4.20 (q, J = 7.1 Hz, 2H, OCH$_{2,\ trans}$), 4.10 (q, J = 7.1 Hz, 2H, OCH$_{2,\ cis}$), 2.55 (td, J = 8.4, 6.8 Hz, 1H, CH$_{cycloprop,\ cis}$), 2.33 (s, 6H, ArCH$_{3,\ trans+cis}$), 2.16 (ddd, J = 8.9, 6.2, 4.0 Hz, 1H, CH$_{cycloprop,\ trans}$), 1.97 (dtd, J = 10.6, 8.4,

191

5.3 Hz, 1H, CH$_{cycloprop, cis}$), 1.83 – 1.74 (m, 1H, CH$_{cycloprop, trans}$), 1.47 – 1.39 (m, 2H, CH$H_{cycloprop, trans+cis}$), 1.30 (t, J = 7.1 Hz, 3H, CH$_{3, trans}$), 1.31 – 1.23 (m, 2H, C$HH_{cycloprop, trans+cis}$), 1.22 (t, J = 7.1 Hz, 3H, CH$_{3, cis}$).

^{13}C NMR (125 MHz, CDCl$_3$): δ [ppm] = 166.7 (C$_q$, C-1$_{trans}$), 166.3 (C$_q$, C-1$_{cis}$), 151.8 (+, CH-3$_{trans}$), 150.2 (+, CH-3$_{cis}$), 137.7 (C$_q$, C-Ar$_{trans}$), 136.1 (C$_q$, C-Ar$_{cis}$), 135.8 (C$_q$, C-Ar$_{trans}$), 134.3 (C$_q$, C-Ar$_{cis}$), 129.2 (+, 2C, CH-Ar$_{trans}$), 129.1 (+, 2C, CH-Ar$_{cis}$), 128.9 (+, 2C, CH-Ar$_{cis}$), 125.9 (+, 2C, CH-Ar$_{trans}$), 120.0 (+, CH-2$_{cis}$), 118.7 (+, CH-2$_{trans}$), 60.1 (–, OCH$_{2, trans}$), 59.9 (–, OCH$_{2, cis}$), 26.7 (+, CH$_{cycloprop, trans}$), 26.6 (+, CH$_{cycloprop, trans}$), 25.2 (+, CH$_{cycloprop, cis}$), 22.4 (+, CH$_{cycloprop, cis}$), 21.1 (+, CH$_3$-Ar$_{cis}$), 21.0 (+, CH$_3$-Ar$_{trans}$), 17.7 (–, CH$_{2, cycloprop, trans}$), 14.4 (+, CH$_{3, trans}$), 14.3 (+, CH$_{3, cis}$), 13.7 (–, CH$_{2, cycloprop, cis}$).

MS (EI, 70 eV, 20 °C): m/z (%) = 230 (76) [M]$^+$, 201 (22) [M–C$_2$H$_5$]$^+$, 183 (34), 157 (100) [C$_{12}$H$_{13}$]$^+$, 142 (59), 141 (43), 125 (33), 115 (29), 112 (38), 97 (38), 84 (30).

HRMS (EI, 70 eV, 20 °C, m/z): calcd. for C$_{15}$H$_{18}$O$_2$, [M]$^+$: 230.1301; found: 230.1302.

IR (ATR): $\tilde{v}$ [cm^{-1}]: 2982 (w), 2925 (w), 2871 (vw), 1710 (vs), 1642 (vs), 1516 (m), 1259 (vs), 1143 (vs), 1035 (vs), 977 (vs), 819 (s).

Ethyl (*E*)-3-(2-(*o*-tolyl)cyclopropyl)acrylate (180b)

The general procedure **GP5** was applied using Rh$_2$(PCP)$_4$ (11.3 mg, 9.33 μmol, 1 mol%), alkene **179b** (110 mg, 121 μL, 933 μmol, 1.00 equiv.) and diazo ester **172a** (2 M in CH$_2$Cl$_2$, 1.40 mL, 2.80 mmol, 3.00 equiv.), which was added over a period of 4 h. The crude product was purified by flash column chromatography on silica gel (*n*-pentane/Et$_2$O 30:1) to yield the cyclopropylacrylate **180b** as a slightly yellow oil (173 mg, 751 μmol, 80% yield) with a *cis/trans*-ratio of 2.7:1.

TLC: R_f = 0.53 (*n*-pentane/EtOAc 10:1).

^{1}H NMR (500 MHz, CDCl$_3$): δ [ppm] = 7.20 – 7.11 (m, 7H, ArH$_{trans+cis}$), 7.02 – 6.98 (m, 1H, ArH$_{trans}$), 6.69 (dd, J = 15.4, 10.0 Hz, 1H, 3-H$_{trans}$), 6.11 (dd, J = 15.4, 10.5 Hz, 1H, 3-H$_{cis}$), 5.95 (d, J = 15.2 Hz, 1H, 2-H$_{trans}$), 5.92 (d, J = 15.4 Hz, 1H, 2-H$_{cis}$), 4.21 (q, J = 7.1 Hz, 3H, OCH$_{2, trans}$), 4.07 (q, J = 7.1 Hz, 3H, OCH$_{2, cis}$), 2.45 (q, J = 8.1 Hz, 1H, CH$_{cycloprop, cis}$), 2.36 (s, 3H, ArCH$_{3, trans}$), 2.29 (s, 3H, ArCH$_{3, cis}$), 2.20 (ddd, J = 8.8, 6.4, 4.4 Hz, 1H, CH$_{cycloprop, trans}$), 2.07 (dtd, J = 10.5, 8.3, 5.1 Hz, 1H, CH$_{cycloprop, cis}$), 1.67 (ddt, J = 9.8, 8.3, 4.8 Hz, 1H, CH$_{cycloprop,}$

_{trans}), 1.51 – 1.46 (m, 1H, CHHcycloprop, trans), 1.48 (td, J = 8.3, 5.2 Hz, 1H, CHHcycloprop, cis), 1.31 (t, J = 7.1 Hz, 1H, CH3, trans), 1.33 – 1.24 (m, 2H, CHHcycloprop, trans+cis), 1.20 (t, J = 7.1 Hz, 3H, CH3, cis).

^{13}C NMR (126 MHz, CDCl$_3$): δ [ppm] = 166.9 (C$_q$, C-1$_{trans}$), 166.3 (C$_q$, C-1$_{cis}$), 152.4 (+, CH-3$_{trans}$), 150.2 (+, CH-3$_{cis}$), 138.61 (C$_q$, C-Ar$_{trans}$), 138.58 (C$_q$, C-Ar$_{cis}$), 138.1 (C$_q$, C-Ar$_{trans}$), 135.9 (C$_q$, C-Ar$_{cis}$), 129.92 (+, CH-Ar$_{trans}$), 129.89 (+, CH-Ar$_{cis}$), 128.5 (+, CH-Ar$_{cis}$), 126.9 (+, CH-Ar$_{cis}$), 126.6 (+, CH-Ar$_{trans}$), 126.0 (+, CH-Ar$_{trans}$), 125.9 (+, CH-Ar$_{trans}$), 125.8 (+, CH-Ar$_{cis}$), 120.1 (+, CH-2$_{cis}$), 118.9 (+, CH-2$_{trans}$), 60.3 (–, OCH$_2$, trans), 60.0 (–, OCH$_2$, cis), 25.3 (+, CHcycloprop, trans), 24.9 (+, CHcycloprop, trans), 24.6 (+, CHcycloprop, cis), 22.0 (+, CHcycloprop, cis), 19.9 (+, CH$_3$-Ar$_{trans}$), 19.7 (+, CH$_3$-Ar$_{cis}$), 16.0 (–, CH$_2$, cycloprop, trans), 14.4 (+, CH$_3$, cis), 14.3 (+, CH$_3$, trans), 13.6 (–, CH$_2$, cycloprop, cis).

MS (EI, 70 eV, 30 °C): m/z (%) = 230 (42) [M]$^+$, 183 (50), 157 (100) [C$_{12}$H$_{13}$]$^+$, 142 (76), 141 (50), 129 (37), 125 (49), 115 (48), 112 (44), 97 (66), 84 (40).

HRMS (EI, 70 eV, 30 °C, m/z): calcd. for C$_{15}$H$_{18}$O$_2$, [M]$^+$: 230.1301; found: 230.1303.

IR (ATR): $\tilde{\nu}$ [cm^{-1}]: 3065 (vw), 3021 (vw), 2979 (w), 2931 (w), 2857 (vw), 1710 (vs), 1642 (vs), 1492 (m), 1459 (m), 1380 (m), 1366 (m), 1302 (m), 1258 (vs), 1143 (vs), 1105 (s), 1035 (vs), 977 (vs), 948 (s), 768 (s), 734 (vs), 446 (w).

Ethyl (E)-3-(2-mesitylcyclopropyl)acrylate (180c)

The general procedure **GP5** was applied using Rh$_2$(PCP)$_4$ (6.06 mg, 5.00 μmol, 1 mol%), alkene **179c** (73.1 mg, 80.5 μL, 500 μmol, 1.00 equiv.) and diazo ester **172a** (1.66 M in CH$_2$Cl$_2$, 905 μL, 1.50 mmol, 3.00 equiv.), which was added over a period of 2 h. The crude product was purified by flash column chromatography on silica gel (n-pentane/Et$_2$O 30:1) to yield the cyclopropylacrylate **180c** as a colorless oil (22.3 mg, 86 μmol, 17% yield) with a cis/trans-ratio of 5.4:1.

TLC: R_f = 0.20 (n-pentane/Et$_2$O 10:1).

^{1}H NMR (500 MHz, CDCl$_3$): δ [ppm] = 6.83 (s, 2H, ArH$_{trans}$), 6.79 (s, 2H, ArH$_{cis}$), 6.67 (dd, J = 15.4, 10.2 Hz, 1H, 3-H$_{trans}$), 6.16 (dd, J = 15.4, 10.6 Hz, 1H, 3-H$_{cis}$), 5.99 (d, J = 15.4 Hz, 1H, 2-H$_{trans}$), 5.92 (d, J = 15.5 Hz, 1H, 2-H$_{cis}$), 4.21 (q, J = 7.1 Hz, 2H, OCH$_2$, trans), 4.10 (q, J = 7.1 Hz, 2H, OCH$_2$, cis), 2.37 – 2.25 (m, 13H, o-ArCH$_3$, trans+cis and CHcycloprop, cis), 2.25 (s,

3H, p-ArCH$_{3, \text{trans}}$), 2.24 (s, 3H, p-ArCH$_{3, \text{cis}}$), 2.10 – 2.00 (m, 1H, CH$_{\text{cycloprop, cis}}$), 2.00 – 1.95 (m, 1H, CH$_{\text{cycloprop, trans}}$), 1.68 – 1.61 (m, 1H, CH$_{\text{cycloprop, trans}}$), 1.64 (td, J = 8.4, 5.1 Hz, 1H, CHH$_{\text{cycloprop, cis}}$), 1.35 (dt, J = 8.8, 4.9 Hz, 1H, CHH$_{\text{cycloprop, trans}}$), 1.31 (t, J = 7.1 Hz, 3H, CH$_{3, \text{trans}}$), 1.24 – 1.20 (m, 1H, CH$H_{\text{cycloprop, trans}}$), 1.22 (t, J = 7.1 Hz, 3H, CH$_{3, \text{cis}}$), 1.06 (dt, J = 7.4, 5.0 Hz, 1H, CH$H_{\text{cycloprop, cis}}$).

^{13}C NMR (125 MHz, CDCl$_3$): δ [ppm] = 166.9 (C$_q$, C-1$_{\text{trans}}$), 166.5 (C$_q$, C-1$_{\text{cis}}$), 152.8 (+, CH-3$_{\text{trans}}$), 151.5 (+, CH-3$_{\text{cis}}$), 138.7 (C$_q$, 2C, C-Ar$_{\text{trans}}$), 138.6 (br, C$_q$, 2C, C-Ar$_{\text{cis}}$), 136.4 (C$_q$, C-Ar$_{\text{trans}}$), 136.2 (C$_q$, C-Ar$_{\text{cis}}$), 133.9 (C$_q$, C-Ar$_{\text{trans}}$), 131.3 (C$_q$, C-Ar$_{\text{cis}}$), 129.2 (+, 2C, CH-Ar$_{\text{cis}}$), 129.0 (+, 2C, CH-Ar$_{\text{trans}}$), 119.7 (+, CH-2$_{\text{trans}}$), 119.2 (+, CH-2$_{\text{cis}}$), 60.3 (–, OCH$_{2, \text{trans}}$), 60.0 (–, OCH$_{2, \text{cis}}$), 25.1 (+, CH$_{\text{cycloprop, trans}}$), 23.7 (+, CH$_{\text{cycloprop, trans}}$), 22.6 (+, CH$_{\text{cycloprop, cis}}$), 22.4 (+, CH$_{\text{cycloprop, cis}}$), 20.94 (+, 2C, p-ArCH$_{3, \text{cis+trans}}$), 20.88 (+, 2C, o-ArCH$_{3, \text{trans}}$), 20.85 (+, 2C, o-ArCH$_{3, \text{cis}}$), 18.6 (–, CH$_{2, \text{cycloprop, trans}}$), 17.7 (–, CH$_{2, \text{cycloprop, cis}}$), 14.5 (+, CH$_{3, \text{trans}}$), 14.4 (+, CH$_{3, \text{cis}}$).

MS (EI, 70 eV, 20 °C): m/z (%) = 258 (70) [M]$^+$, 197 (60) [C$_{14}$H$_{13}$O$_2$]$^+$, 185 (70) [M–C$_3$H$_5$O$_2$]$^+$, 183 (52), 170 (70), 169 (100) [C$_{13}$H$_{13}$]$^+$, 157 (43), 155 (61), 147 (77), 145 (42), 143 (43), 142 (42), 141 (57), 129 (50), 128 (55), 125 (40), 115 (57), 97 (46), 91 (41), 58 (40).

HRMS (EI, 70 eV, 20 °C, m/z): calcd. for C$_{17}$H$_{22}$O$_2$, [M]$^+$: 258.1620; found: 258.1619.

IR (ATR): $\tilde{v}$ [cm^{-1}]: 2976 (w), 2955 (w), 2922 (w), 2864 (w), 1707 (vs), 1633 (vs), 1477 (w), 1443 (m), 1380 (m), 1302 (m), 1252 (vs), 1200 (s), 1169 (vs), 1149 (vs), 1136 (vs), 1037 (vs), 982 (vs), 953 (s), 932 (s), 849 (vs), 824 (s), 730 (s), 578 (w).

Ethyl (E)-3-(2-(4-methoxyphenyl)cyclopropyl)acrylate (180d)

The general procedure **GP5** was applied using Rh$_2$(PCP)$_4$ (6.06 mg, 5.00 μmol, 1 mol%), alkene **179d** (67.1 mg, 500 μmol, 1.00 equiv.) and diazo ester **172a** (1.66 M in CH$_2$Cl$_2$, 905 μL, 1.50 mmol, 3.00 equiv.), which was added over a period of 2 h. The crude product was purified by flash column chromatography on silica gel (n-pentane/Et$_2$O 30:1) to yield the cyclopropylacrylate **180d** as a slightly yellow oil (76.6 mg, 311 μmol, 62% yield) with a *cis/trans*-ratio of 4.3:1.

For the upscaled reaction, the general procedure **GP5** was applied using Rh$_2$(PCP)$_4$ (90.3 mg, 74.5 μmol, 1 mol%), alkene **179d** (1.00 g, 1.00 mL, 7.45 mmol, 1.00 equiv.) and diazo ester **172a** (2 M in CH$_2$Cl$_2$, 11.2 mL, 22.4 mmol, 3.00 equiv.), which was added over a period of 8 h.

The crude product was purified by flash column chromatography on silica gel (*n*-pentane/EtOAc 30:1) to yield the cyclopropylacrylate **180d** as a slightly yellow oil (1.20 g, 4.86 mmol, 65% yield) with a *cis/trans*-ratio of 3.4:1.

Spectroscopic properties of the trans-isomer were identical to those present in the literature.[115]

TLC: R_f = 0.10 (*n*-pentane/Et$_2$O 10:1).

^{1}H NMR (500 MHz, CDCl$_3$): δ [ppm] = 7.18 – 7.10 (m, 2H, ArH$_{cis}$), 7.04 – 6.98 (m, 2H, ArH$_{trans}$), 6.87 – 6.77 (m, 4H, ArH$_{trans+cis}$), 6.59 (dd, J = 15.4, 9.9 Hz, 1H, 3-H$_{trans}$), 6.24 (dd, J = 15.4, 10.5 Hz, 1H, 3-H$_{cis}$), 5.90 (d, J = 15.4 Hz, 1H, 2-H$_{cis}$), 5.88 (d, J = 15.5 Hz, 1H, 2-H$_{trans}$), 4.18 (q, J = 7.1 Hz, 2H, OCH$_{2, \text{ trans}}$), 4.09 (q, J = 7.1 Hz, 2H, OCH$_{2, \text{ cis}}$), 3.79 (s, 3H, OCH$_{3, \text{ cis}}$), 3.78 (s, 3H, OCH$_{3, \text{ trans}}$), 2.52 (td, J = 8.4, 6.8 Hz, 1H, CH$_{cycloprop, \text{ cis}}$), 2.14 (ddd, J = 9.0, 6.2, 4.1 Hz, 1H, CH$_{cycloprop, \text{ trans}}$), 1.94 (dtd, J = 10.5, 8.4, 5.2 Hz, 1H, CH$_{cycloprop, \text{ cis}}$), 1.73 (dddd, J = 9.5, 8.2, 5.3, 4.1 Hz, 1H, CH$_{cycloprop, \text{ trans}}$), 1.42 (td, J = 8.3, 5.2 Hz, 1H, CH*H*$_{cycloprop, \text{ cis}}$), 1.41 – 1.34 (m, 1H, CH*H*$_{cycloprop, \text{ trans}}$), 1.28 (t, J = 7.1 Hz, 3H, CH$_{3, \text{ trans}}$), 1.27 – 1.24 (m, 1H, C*H*H$_{cycloprop, \text{ trans}}$), 1.21 (t, J = 7.1 Hz, 3H, CH$_{3, \text{ cis}}$), 1.23 – 1.18 (m, 1H, C*H*H$_{cycloprop, \text{ cis}}$).

^{13}C NMR (126 MHz, CDCl$_3$): δ [ppm] = 166.9 (C$_q$, C-1$_{trans}$), 166.5 (C$_q$, C-1$_{cis}$), 158.4 (C$_q$, COMe-Ar$_{cis}$), 158.3 (C$_q$, COMe-Ar$_{trans}$), 152.0 (+, CH-3$_{trans}$), 150.4 (+, CH-3$_{cis}$), 132.8 (C$_q$, C-Ar$_{trans}$), 130.2 (+, 2C, CH-Ar$_{cis}$), 129.6 (C$_q$, C-Ar$_{cis}$), 127.2 (+, 2C, CH-Ar$_{trans}$), 120.1 (+, CH-2$_{cis}$), 118.7 (+, CH-2$_{trans}$), 114.1 (+, 2C, CH-Ar$_{trans}$), 113.9 (+, 2C, CH-Ar$_{cis}$), 60.3 (–, OCH$_{2, \text{ trans}}$), 60.0 (–, OCH$_{2, \text{ cis}}$), 55.5 (+, OCH$_{3, \text{ trans}}$), 55.4 (+, OCH$_{3, \text{ cis}}$), 26.5 (+, CH$_{cycloprop, trans}$), 26.4 (+, CH$_{cycloprop, \text{ trans}}$), 24.9 (+, CH$_{cycloprop, \text{ cis}}$), 22.4 (+, CH$_{cycloprop, \text{ cis}}$), 17.5 (–, CH$_{2, \text{ cycloprop, trans}}$), 14.5 (+, CH$_{3, \text{ trans}}$), 14.4 (+, CH$_{3, \text{ cis}}$), 13.9 (–, CH$_{2, \text{ cycloprop, cis}}$).

MS (EI, 70 eV, 20 °C): m/z (%) = 246 (16) [M]$^+$, 173 (21) [M–C$_3$H$_5$O$_2$]$^+$, 143 (83) [C$_{11}$H$_{11}$]$^+$, 135 (44), 101 (81), 97 (44), 83 (48), 81 (49), 73 (100) [C$_3$H$_5$O$_2$]$^+$, 69 (27), 57 (54).

HRMS (EI, 70 eV, 20 °C, m/z): calcd. for C$_{15}$H$_{18}$O$_3$, [M]$^+$: 246.1256; found: 246.1256.

IR (ATR): $\tilde{\nu}$ [cm^{-1}]: 2980 (w), 2935 (w), 2904 (w), 2836 (w), 1708 (vs), 1640 (vs), 1612 (m), 1514 (vs), 1463 (m), 1443 (m), 1367 (m), 1302 (s), 1247 (vs), 1176 (vs), 1145 (vs), 1033 (vs), 977 (vs), 851 (s), 830 (vs), 790 (s).

Experimental

Ethyl (*E*)-3-(2-(3-methoxyphenyl)cyclopropyl)acrylate (180e)

The general procedure **GP5** was applied using $Rh_2(PCP)_4$ (5.03 mg, 4.15 μmol, 1 mol%), alkene **179e** (64.0 mg, 415 μmol, 1.00 equiv.) and diazo ester **172a** (1.88 M in CH_2Cl_2, 662 μL, 1.25 mmol, 3.00 equiv.), which was added over a period of 2 h. The crude product was purified by flash column chromatography on silica gel (*n*-pentane/Et_2O 30:1) to yield the cyclopropylacrylate **180e** as a slightly yellow oil (84.0 mg, 341 μmol, 82% yield) with a *cis/trans*-ratio of 3.1:1.

TLC: R_f = 0.21 (*n*-pentane/Et_2O 10:1).

^{1}H NMR (500 MHz, CDCl$_3$): δ [ppm] = 7.19 (t, *J* = 7.8 Hz, 1H, ArH$_{cis}$), 7.19 (t, *J* = 7.9 Hz, 1H, ArH$_{trans}$), 6.80 (ddt, *J* = 7.5, 1.6, 0.8 Hz, 1H, ArH$_{cis}$), 6.78 – 6.71 (m, 3H, ArH$_{cis+trans}$), 6.67 (dt, *J* = 7.8, 1.3 Hz, 1H, ArH$_{trans}$), 6.62 (t, *J* = 2.1 Hz, 1H, ArH$_{trans}$), 6.58 (dd, *J* = 15.4, 9.9 Hz, 1H, -H$_{trans}$), 6.27 (dd, *J* = 15.4, 10.5 Hz, 1H, 3-H$_{cis}$), 5.92 (d, *J* = 15.4 Hz, 1H, 2-H$_{cis}$), 5.89 (d, *J* = 15.5 Hz, 1H, 2-H$_{trans}$), 4.18 (q, *J* = 7.1 Hz, 2H, OCH$_2$, $_{trans}$), 4.08 (q, *J* = 7.1 Hz, 2H, OCH$_2$, $_{cis}$), 3.79 (s, 3H, OCH$_3$, $_{trans}$), 3.78 (s, 3H, OCH$_3$, $_{cis}$), 2.55 (td, *J* = 8.4, 6.7 Hz, 1H, CH$_{cyclopror, cis}$), 2.15 (ddd, *J* = 8.9, 6.1, 4.1 Hz, 1H, CH$_{cyclopror, trans}$), 1.98 (dtd, *J* = 10.6, 8.5, 5.3 Hz, 1H, CH$_{cyclopror, cis}$), 1.81 (dddd, *J* = 9.7, 8.3, 5.4, 4.1 Hz, 1H, CH$_{cyclopror, trans}$), 1.43 (td, *J* = 8.4, 5.3 Hz, 1H, CH*H*$_{cyclopror, cis}$), 1.47 – 1.40 (m, 1H, CH*H*$_{cyclopror, trans}$), 1.33 – 1.24 (m, 2H, C*H*H$_{cyclopror, cis+trans}$), 1.28 (t, *J* = 7.1 Hz, 3H, CH$_3$, $_{trans}$), 1.20 (t, *J* = 7.1 Hz, 3H, CH$_3$, $_{cis}$).

^{13}C NMR (126 MHz, CDCl$_3$): δ [ppm] = 166.8 (C$_q$, C-1$_{trans}$), 166.3 (C$_q$, C-1$_{cis}$), 159.9 (C$_q$, COMe-Ar$_{trans}$), 159.7 (C$_q$, COMe-Ar$_{cis}$), 151.6 (+, CH-3$_{trans}$), 149.9 (+, CH-3$_{cis}$), 142.6 (C$_q$, C-Ar$_{trans}$), 139.1 (C$_q$, C-Ar$_{cis}$), 129.6 (+, CH-Ar$_{trans}$), 129.4 (+, CH-Ar$_{cis}$), 121.5 (+, CH-Ar$_{cis}$), 120.3 (+, CH-2$_{cis}$), 119.0 (+, CH-2$_{trans}$), 118.3 (+, CH-Ar$_{trans}$), 115.0 (+, CH-Ar$_{cis}$), 112.04 (+, CH-Ar$_{cis}$), 111.95 (+, CH-Ar$_{trans}$), 111.5 (+, CH-Ar$_{trans}$), 60.3 (–, OCH$_2$, $_{trans}$), 60.0 (–, OCH$_2$, $_{cis}$), 55.28 (+, OCH$_3$, $_{trans}$), 55.25 (+, OCH$_3$, $_{cis}$), 27.0 (+, CH$_{cyclopror, trans}$), 26.8 (+, CH$_{cyclopror, trans}$), 25.6 (+, CH$_{cyclopror, cis}$), 22.6 (+, CH$_{cyclopror, cis}$), 17.9 (–, CH$_2$, $_{cyclopror, trans}$), 14.4 (+, CH$_3$, $_{trans}$), 14.3 (+, CH$_3$, $_{cis}$), 13.8 (–, CH$_2$, $_{cyclopror, cis}$).

MS (EI, 70 eV, 30 °C): m/z (%) = 246 (70) [M]$^+$, 173 (100) [M–C$_3$H$_5$O$_2$]$^+$, 158 (44), 97 (36), 58 (78).

HRMS (EI, 70 eV, 30 °C, m/z): calcd. for C$_{15}$H$_{18}$O$_3$, [M]$^+$: 246.1256; found: 246.1255.

IR (ATR): ṽ [cm⁻¹]: 2980 (w), 2938 (w), 2904 (w), 2836 (w), 1708 (vs), 1642 (s), 1601 (s), 1581 (s), 1489 (m), 1456 (m), 1367 (m), 1258 (vs), 1143 (vs), 1037 (vs), 977 (vs), 870 (s), 781 (s), 693 (s).

Ethyl (*E*)-3-(2-(4-(chloromethyl)phenyl)cyclopropyl)acrylate (180f)

The general procedure **GP5** was applied using $Rh_2(PCP)_4$ (6.06 mg, 5.00 μmol, 1 mol%), alkene **179f** (76.3 mg, 500 μmol, 1.00 equiv.) and diazo ester **172a** (1.88 M in CH_2Cl_2, 798 μL, 1.50 mmol, 3.00 equiv.), which was added over a period of 2 h. The crude product was purified by flash column chromatography on silica gel (*n*-pentane/Et$_2$O 30:1) to yield the cyclopropylacrylate **180f** as a colorless oil (80.0 mg, 302 μmol, 60% yield) with a *cis/trans*-ratio of 2:1.

TLC: R_f = 0.33 (*n*-pentane/Et$_2$O 10:1).

¹H NMR (500 MHz, CDCl₃): δ [ppm] = 7.34 – 7.27 (m, 4H, ArH$_{cis+trans}$), 7.24 – 7.17 (m, 2H, ArH$_{cis}$), 7.10 – 7.03 (m, 2H, ArH$_{trans}$), 6.58 (dd, J = 15.4, 9.8 Hz, 1H, 3-H$_{trans}$), 6.23 (dd, J = 15.4, 10.5 Hz, 1H, 3-H$_{cis}$), 5.92 (d, J = 15.4 Hz, 1H, 2-H$_{cis}$), 5.89 (d, J = 15.4 Hz, 1H, 2-H$_{trans}$), 4.56 (s, 2H, CH$_2$Cl, $_{cis}$), 4.56 (s, 2H, CH$_2$Cl, $_{trans}$), 4.18 (q, J = 7.1 Hz, 2H, OCH$_{2, trans}$), 4.08 (q, J = 7.1 Hz, 2H, OCH$_{2, cis}$), 2.56 (td, J = 8.4, 6.7 Hz, 1H, CH$_{cycloprop, cis}$), 2.17 (ddd, J = 8.9, 6.1, 4.0 Hz, 1H, CH$_{cycloprop, trans}$), 2.01 (dtd, J = 10.5, 8.5, 5.3 Hz, 1H, CH$_{cycloprop, cis}$), 1.81 (dddd, J = 9.7, 8.4, 5.4, 4.0 Hz, 1H, CH$_{cycloprop, trans}$), 1.50 – 1.40 (m, 2H, C*H*H$_{cycloprop, cis+trans}$), 1.35 – 1.23 (m, 2H, CH*H*$_{cycloprop, cis+trans}$), 1.28 (t, J = 7.1 Hz, 3H, CH$_{3, trans}$), 1.20 (t, J = 7.1 Hz, 3H, CH$_{3, cis}$).

¹³C NMR (126 MHz, CDCl₃): δ [ppm] = 166.8 (C$_q$, C-1$_{trans}$), 166.4 (C$_q$, C-1$_{cis}$), 151.4 (+, CH-3$_{trans}$), 149.6 (+, CH-3$_{cis}$), 141.4 (C$_q$, C-Ar$_{trans}$), 138.0 (C$_q$, C-Ar$_{cis}$), 135.8 (C$_q$, C-Ar$_{cis}$), 135.6 (C$_q$, C-Ar$_{trans}$), 129.5 (+, 2C, CH-Ar$_{cis}$), 128.9 (+, 2C, CH-Ar$_{trans}$), 128.8 (+, 2C, CH-Ar$_{cis}$), 126.4 (+, 2C, CH-Ar$_{trans}$), 120.6 (+, CH-2$_{cis}$), 119.2 (+, CH-2$_{trans}$), 60.3 (–, OCH$_{2, trans}$), 60.1 (–, OCH$_{2, cis}$), 46.19 (+, CH$_2$Cl$_{cis}$), 46.17 (+, CH$_2$Cl$_{trans}$), 27.0 (+, CH$_{cycloprop, trans}$), 26.7 (+, CH$_{cycloprop, trans}$), 25.3 (+, CH$_{cycloprop, cis}$), 22.6 (+, CH$_{cycloprop, cis}$), 18.0 (–, CH$_{2, cycloprop, trans}$), 14.44 (+, CH$_{3, trans}$), 14.35 (+, CH$_{3, cis}$), 13.9 (–, CH$_{2, cycloprop, cis}$).

Experimental

MS (EI, 70 eV, 30 °C): m/z (%) = 264/266 (15/5) $[M]^+$, 191/193 (50/14) $[C_{12}H_{12}Cl]^+$, 190/192 (43/18) $[C_{12}H_{11}Cl]^+$, 155 (100), 141 (33), 125 (31) $[C_7H_6Cl]^+$, 97 (55), 91 (38), 73 (31) $[C_3H_5O_2]^+$.

HRMS (EI, 70 eV, 30 °C, m/z): calcd. for $C_{15}H_{17}O_2Cl$, $[M]^+$: 264.0917; found: 264.0916.

IR (ATR): $\tilde{\nu}$ [cm^{-1}]: 2980 (w), 2935 (w), 2904 (vw), 1707 (vs), 1642 (vs), 1517 (w), 1445 (m), 1367 (m), 1259 (vs), 1145 (vs), 1034 (vs), 977 (vs), 830 (s), 670 (s).

Ethyl (*E*)-3-(2-(4-chlorophenyl)cyclopropyl)acrylate (180g)

The general procedure **GP5** was applied using Rh$_2$(PCP)$_4$ (5.03 mg, 4.15 μmol, 1 mol%), alkene **179g** (64.0 mg, 415 μmol, 1.00 equiv.) and diazo ester **172a** (1.88 M in CH$_2$Cl$_2$, 662 μL, 1.25 mmol, 3.00 equiv.), which was added over a period of 2 h. The crude product was purified by flash column chromatography on silica gel (*n*-pentane/Et$_2$O 30:1) to yield the cyclopropylacrylate **180g** as a colorless oil (79.8 mg, 318 μmol, 77% yield) with a *cis/trans*-ratio of 2.8:1.

TLC: R_f = 0.25 (*n*-pentane/Et$_2$O 10:1).

^{1}H NMR (500 MHz, CDCl$_3$): δ [ppm] = 7.27 – 7.19 (m, 4H, ArH$_{cis+trans}$), 7.19 – 7.11 (m, 2H, ArH$_{cis}$), 7.03 – 6.97 (m, 2H, ArH$_{trans}$), 6.57 (dd, J = 15.4, 9.8 Hz, 1H, 3-H$_{trans}$), 6.19 (dd, J = 15.4, 10.5 Hz, 1H, 3-H$_{cis}$), 5.91 (d, J = 15.4 Hz, 1H, 2-H$_{cis}$), 5.90 (d, J = 15.4 Hz, 1H, 2-H$_{trans}$), 4.19 (q, J = 7.2 Hz, 2H, OCH$_{2, trans}$), 4.10 (q, J = 7.1 Hz, 2H, OCH$_{2, cis}$), 2.52 (td, J = 8.4, 6.7 Hz, 1H, CH$_{cycloprop, cis}$), 2.14 (ddd, J = 8.9, 6.1, 4.1 Hz, 1H, CH$_{cycloprop, trans}$), 2.00 (dtd, J = 10.5, 8.5, 5.3 Hz, 1H, CH$_{cycloprop, cis}$), 1.77 (dddd, J = 9.7, 8.3, 5.4, 4.0 Hz, 1H, CH$_{cycloprop, trans}$), 1.46 (td, J = 8.3, 5.4 Hz, 1H, CHH$_{cycloprop, cis}$), 1.40 (ddd, J = 8.4, 6.2, 5.3 Hz, 1H, CHH$_{cycloprop, trans}$), 1.33 – 1.28 (m, 1H, CH$H_{cycloprop, trans}$), 1.28 (t, J = 7.1 Hz, 3H, CH$_{3, trans}$), 1.26 – 1.21 (m, 1H, CH$H_{cycloprop, cis}$), 1.21 (t, J = 7.1 Hz, 3H, CH$_{3, cis}$).

^{13}C NMR (126 MHz, CDCl$_3$): δ [ppm] = 166.7 (C$_q$, C-1$_{trans}$), 166.3 (C$_q$, C-1$_{cis}$), 151.2 (+, CH-3$_{trans}$), 149.3 (+, CH-3$_{cis}$), 139.4 (C$_q$, C-Ar$_{trans}$), 136.1 (C$_q$, C-Ar$_{cis}$), 132.5 (C$_q$, C-Ar$_{cis}$), 132.0 (C$_q$, C-Ar$_{trans}$), 130.6 (+, 2C, CH-Ar$_{cis}$), 128.7 (+, 2C, CH-Ar$_{trans}$), 128.6 (+, 2C, CH-Ar$_{cis}$), 127.4 (+, 2C, CH-Ar$_{trans}$), 120.7 (+, CH-2$_{cis}$), 119.3 (+, CH-2$_{trans}$), 60.4 (–, OCH$_{2, trans}$), 60.2 (–, OCH$_{2, cis}$), 26.8 (+, CH$_{cycloprop, trans}$), 26.4 (+, CH$_{cycloprop, trans}$), 24.9 (+, CH$_{cycloprop,}$

cis), 22.4 (+, CH$_{cycloprop, cis}$), 17.9 (–, CH$_{2, cycloprop, trans}$), 14.5 (+, CH$_{3, trans}$), 14.4 (+, CH$_{3, cis}$), 13.8 (–, CH$_{2, cycloprop, cis}$).

MS (EI, 70 eV, 20 °C): m/z (%) = 250/252 (48/17) [M]$^+$, 221/223 (23/7) [M–C$_2$H$_5$]$^+$, 203/205 (18/9) [M–OC$_2$H$_5$], 177/179 (100/33) [M–C$_3$H$_5$O$_2$]$^+$, 142 (63), 141 (67), 125 (27) [C$_7$H$_6$Cl]$^+$, 115 (31), 112 (41), 97 (61), 84 (49).

HRMS (EI, 70 eV, 20 °C, m/z): calcd. for C$_{14}$H$_{15}$O$_2$Cl, [M]$^+$: 250.0761; found: 250.0759.

IR (ATR): ṽ [cm^{-1}]: 2980 (w), 2901 (vw), 1708 (vs), 1642 (vs), 1493 (vs), 1446 (w), 1378 (m), 1367 (m), 1303 (m), 1259 (vs), 1145 (vs), 1092 (vs), 1037 (vs), 1013 (s), 977 (vs), 827 (s), 754 (s), 517 (m).

Ethyl (*E*)-3-(2-(2-chlorophenyl)cyclopropyl)acrylate (180h)

The general procedure **GP5** was applied using Rh$_2$(PCP)$_4$ (6.39 mg, 5.28 μmol, 1 mol%), alkene **179h** (73.1 mg, 67.1 μL, 528 μmol, 1.00 equiv.) and diazo ester **172a** (1.66 M in CH$_2$Cl$_2$, 955 μL, 1.58 mmol, 3.00 equiv.), which was added over a period of 2 h. The crude product was purified by flash column chromatography on silica gel (*n*-pentane/Et$_2$O 30:1) to yield the cyclopropylacrylate **180h** as a colorless oil (59.2 mg, 236 μmol, 45% yield) with a *cis/trans*-ratio of 2.2:1.

TLC: R_f = 0.30 (*n*-pentane/Et$_2$O 10:1).

^{1}H NMR (500 MHz, CDCl$_3$): δ [ppm] = 7.38 – 7.30 (m, 2H, ArH$_{cis+trans}$), 7.23 – 7.11 (m, 5H, ArH$_{cis+trans}$), 6.99 (dd, J = 7.5, 1.9 Hz, 1H, ArH$_{trans}$), 6.67 (dd, J = 15.4, 9.8 Hz, 1H, 3-H$_{trans}$), 6.11 (dd, J = 15.4, 10.4 Hz, 1H, 3-H$_{cis}$), 5.94 (d, J = 15.5 Hz, 1H, 2-H$_{trans}$), 5.92 (d, J = 15.4 Hz, 1H, 2-H$_{cis}$), 4.19 (q, J = 7.1 Hz, 2H, OCH$_{2, trans}$), 4.07 (q, J = 7.1 Hz, 2H, OCH$_{2, cis}$), 2.60 (td, J = 8.4, 6.9 Hz, 1H, CH$_{cycloprop, cis}$), 2.44 (ddd, J = 8.9, 6.4, 4.4 Hz, 1H, CH$_{cycloprop, trans}$), 2.14 (dtd, J = 10.4, 8.5, 5.3 Hz, 1H, CH$_{cycloprop, cis}$), 1.73 (ddt, J = 9.7, 8.4, 4.9 Hz, 1H, CH$_{cycloprop, trans}$), 1.50 (td, J = 8.2, 5.4 Hz, 1H, C*H*H$_{cycloprop, cis}$), 1.44 (ddd, J = 8.4, 6.4, 5.2 Hz, 1H, C*H*H$_{cycloprop, trans}$), 1.33 – 1.27 (m, 2H, CH*H*$_{cycloprop, cis+trans}$), 1.29 (t, J = 7.2 Hz, 3H, CH$_{3, trans}$), 1.19 (t, J = 7.1 Hz, 3H, CH$_{3, cis}$).

^{13}C NMR (125 MHz, CDCl$_3$): δ [ppm] = 166.7 (C$_q$, C-1$_{trans}$), 166.4 (C$_q$, C-1$_{cis}$), 151.4 (+, CH-3$_{cis}$), 149.0 (+, CH-3$_{trans}$), 138.2 (C$_q$, C-Ar$_{trans}$), 136.4 (C$_q$, C-Ar$_{cis}$), 135.64 (C$_q$, C-Ar$_{trans}$), 135.57 (C$_q$, C-Ar$_{cis}$), 129.9 (+, CH-Ar$_{cis}$), 129.5 (+, CH-Ar$_{cis}$), 129.4 (+, CH-Ar$_{trans}$), 128.1 (+,

Experimental

CH-Ar$_{cis}$), 127.6 (+, CH-Ar$_{trans}$), 126.91 (+, CH-Ar$_{trans}$), 126.89 (+, CH-Ar$_{trans}$), 126.7 (+, CH-Ar$_{cis}$), 120.7 (+, CH-2$_{cis}$), 119.4 (+, CH-2$_{trans}$), 60.3 (–, OCH$_{2, trans}$), 60.0 (–, OCH$_{2, cis}$), 25.4 (+, CH$_{cycloprop, trans}$), 24.8 (+, CH$_{cycloprop, trans}$), 24.5 (+, CH$_{cycloprop, cis}$), 22.4 (+, CH$_{cycloprop, cis}$), 16.4 (–, CH$_{2, cycloprop, trans}$), 14.4 (+, CH$_{3, trans}$), 14.3 (+, CH$_{3, cis}$), 13.6 (–, CH$_{2, cycloprop, cis}$).

MS (EI, 70 eV, 20 °C): m/z (%) = 250/252 (13/4) [M]$^+$, 221 (5) [M–C$_2$H$_5$]$^+$, 215 (83) [M–Cl]$^+$, 177/179 (80/25) [M–C$_3$H$_5$O$_2$]$^+$, 162/164 (25/4) [C$_{10}$H$_7$Cl]$^+$, 142 (69), 141 (80), 131 (49), 125/127 (45/8) [C$_7$H$_6$Cl]$^+$, 115 (52), 112/114 (23/4) [C$_6$H$_5$Cl]$^+$, 97 (100), 84 (40), 77 (25).

HRMS (EI, 70 eV, 20 °C, m/z): calcd. for C$_{14}$H$_{15}$O$_2$Cl, [M]$^+$: 250.0761; found: 250.0762.

IR (ATR): ṽ [cm^{-1}]: 3065 (vw), 2980 (w), 2918 (w), 2849 (w), 1710 (vs), 1645 (vs), 1477 (m), 1442 (m), 1367 (m), 1303 (m), 1259 (vs), 1145 (vs), 1034 (vs), 976 (vs), 849 (m), 768 (s), 747 (vs), 676 (m), 452 (m).

Ethyl (*E*)-3-(2-(4-fluorophenyl)cyclopropyl)acrylate (180i)

The general procedure **GP5** was applied using Rh$_2$(PCP)$_4$ (6.06 mg, 5.00 µmol, 1 mol%), alkene **179i** (61.1 mg, 500 µmol, 1.00 equiv.) and diazo ester **172a** (1.88 M in CH$_2$Cl$_2$, 0.798 mL, 1.50 mmol, 3.00 equiv.), which was added over a period of 2 h. The crude product was purified by flash column chromatography on silica gel (*n*-pentane/Et$_2$O 30:1) to yield the cyclopropylacrylate **180i** as a colorless oil (50.0 mg, 213 µmol, 43% yield) with a *cis/trans*-ratio of 2.8:1.

TLC: R_f = 0.20 (*n*-pentane/Et$_2$O 10:1).

^{1}H NMR (500 MHz, CDCl$_3$): δ [ppm] = 7.22 – 7.14 (m, 2H, ArH$_{cis}$), 7.07 – 7.01 (m, 2H, ArH$_{trans}$), 7.00 – 6.94 (m, 4H, ArH$_{cis+trans}$), 6.58 (dd, J = 15.4, 9.9 Hz, 1H, 3-H$_{trans}$), 6.19 (dd, J = 15.4, 10.5 Hz, 1H, 3-H$_{cis}$), 5.91 (d, J = 15.4 Hz, 1H, 2-H$_{cis}$), 5.90 (d, J = 15.4 Hz, 1H, 2-H$_{trans}$), 4.19 (q, J = 7.1 Hz, 2H, OCH$_{2, trans}$), 4.09 (q, J = 7.1 Hz, 2H, OCH$_{2, cis}$), 2.59 – 2.50 (m, 1H, CH$_{cycloprop, cis}$), 2.16 (ddd, J = 9.0, 6.2, 4.1 Hz, 1H, CH$_{cycloprop, trans}$), 1.98 (dtd, J = 10.5, 8.4, 5.3 Hz, 1H, CH$_{cycloprop, cis}$), 1.75 (dddd, J = 9.7, 8.3, 5.4, 4.1 Hz, 1H, CH$_{cycloprop, trans}$), 1.45 (td, J = 8.3, 5.3 Hz, 1H, CH*H*$_{cycloprop, cis}$), 1.39 (ddd, J = 8.4, 6.2, 5.3 Hz, 1H, CH*H*$_{cycloprop, trans}$), 1.28 (t, J = 7.1 Hz, 3H, CH$_{3, trans}$), 1.31 – 1.25 (m, 1H, CH*H*$_{cycloprop, trans}$), 1.24 – 1.20 (m, 1H, CH*H*$_{cycloprop, cis}$), 1.21 (t, J = 7.1 Hz, 3H, CH$_{3, cis}$).

^{13}C NMR (126 MHz, CDCl$_3$): δ [ppm] = 166.8 (C$_q$, C-1$_{trans}$), 166.3 (C$_q$, C-1$_{cis}$), 161.77 (d, $^1J_{CF}$ = 245.2 Hz, C$_q$, C-Ar$_{cis}$), 161.58 (d, $^1J_{CF}$ = 244.3 Hz, C$_q$, C-Ar$_{trans}$), 151.4 (+, CH-3$_{trans}$), 149.7 (+, CH-3$_{cis}$), 136.47 (d, $^4J_{CF}$ = 3.4 Hz, C$_q$, C-Ar$_{trans}$), 133.24 (d, $^4J_{CF}$ = 2.8 Hz, C$_q$, C-Ar$_{cis}$), 130.75 (d, $^3J_{CF}$ = 8.1 Hz, +, 2C, CH-Ar$_{cis}$), 127.59 (d, $^3J_{CF}$ = 8.1 Hz, +, 2C, CH-Ar$_{trans}$), 120.5 (+, CH-2$_{cis}$), 119.1 (+, CH-2$_{trans}$), 115.43 (d, $^2J_{CF}$ = 21.0 Hz, +, 2C, CH-Ar$_{trans}$), 115.34 (d, $^2J_{CF}$ = 21.8 Hz, +, 2C, CH-Ar$_{cis}$), 60.3 (–, OCH$_{2,\ trans}$), 60.1 (–, OCH$_{2,\ cis}$), 26.6 (+, CH$_{cycloprop,\ trans}$), 26.3 (+, CH$_{cycloprop,\ trans}$), 24.8 (+, CH$_{cycloprop,\ cis}$), 22.2 (+, CH$_{cycloprop,\ cis}$), 17.7 (–, CH$_{2,\ cycloprop,\ trans}$), 14.45 (+, CH$_{3,\ trans}$), 14.36 (+, CH$_{3,\ cis}$), 13.9 (–, CH$_{2,\ cycloprop,\ cis}$).

MS (EI, 70 eV, 20 °C): m/z (%) = 234 (27) [M]$^+$, 205 (17) [M–C$_2$H$_5$]$^+$, 187 (20) [M–C$_2$H$_5$O–H$_2$]$^+$, 161 (100) [M–C$_3$H$_5$O$_2$]$^+$, 160 (94), 159 (73), 146 (90) [C$_{10}$H$_7$F]$^+$, 133 (47) [C$_9$H$_6$F]$^+$, 125 (22), 112 (30), 109 (44), 97 (62), 84 (44).

HRMS (EI, 70 eV, 20 °C, m/z): calcd. for C$_{14}$H$_{15}$O$_2$F, [M]$^+$: 234.1056; found: 234.1055.

IR (ATR): $\tilde{\nu}$ [cm^{-1}]: 2980 (w), 2929 (w), 1708 (vs), 1643 (s), 1510 (vs), 1448 (w), 1378 (w), 1367 (w), 1303 (m), 1259 (vs), 1224 (vs), 1143 (vs), 1098 (m), 1037 (vs), 977 (vs), 833 (vs), 806 (s), 739 (m), 578 (w), 537 (m).

Ethyl (*E*)-3-(2-(4-(trifluoromethyl)phenyl)cyclopropyl)acrylate (180j)

The general procedure **GP5** was applied using Rh$_2$(PCP)$_4$ (6.06 mg, 5.00 μmol, 1 mol%), alkene **179j** (86.1 mg, 73.9 μL, 500 μmol, 1.00 equiv.) and diazo ester **172a** (1.66 M in CH$_2$Cl$_2$, 905 μL, 1.50 mmol, 3.00 equiv.), which was added over a period of 2 h. The crude product was purified by flash column chromatography on silica gel (*n*-pentane/Et$_2$O 30:1) to yield the cyclopropylacrylate **180j** as a colorless oil (50.0 mg, 213 μmol, 43% yield) with a *cis/trans*-ratio of 2:1.

TLC: R_f = 0.16 (*n*-pentane/Et$_2$O 10:1).

^{1}H NMR (500 MHz, CDCl$_3$): δ [ppm] = 7.55 – 7.49 (m, 4H, ArH$_{cis+trans}$), 7.36 – 7.28 (m, 2H, ArH$_{cis}$), 7.20 – 7.11 (m, 2H, ArH$_{trans}$), 6.57 (dd, J = 15.5, 9.8 Hz, 1H, 3-H$_{trans}$), 6.18 (dd, J = 15.4, 10.5 Hz, 1H, 3-H$_{cis}$), 5.93 (d, J = 15.4 Hz, 1H, 2-H$_{cis}$), 5.91 (d, J = 15.4 Hz, 1H, 2-H$_{trans}$), 4.18 (q, J = 7.1 Hz, 2H, OCH$_{2,\ trans}$), 4.08 (q, J = 7.1 Hz, 2H, OCH$_{2,\ cis}$), 2.59 (q, J = 8.0 Hz, 1H, CH$_{cycloprop,\ cis}$), 2.20 (ddd, J = 9.0, 6.1, 4.1 Hz, 1H, CH$_{cycloprop,\ trans}$), 2.05 (dtd, J = 10.4, 8.5, 5.4 Hz, 1H, CH$_{cycloprop,\ cis}$), 1.84 (dddd, J = 9.7, 8.5, 5.6, 4.1 Hz, 1H,

CH$_{\text{cycloprop, trans}}$), 1.50 (td, J = 8.3, 5.5 Hz, 1H, CHH$_{\text{cycloprop, cis}}$), 1.46 (ddd, J = 8.4, 6.1, 5.4 Hz, 1H, CHH$_{\text{cycloprop, trans}}$), 1.36 (dt, J = 8.9, 5.5 Hz, 1H, CH$H_{\text{cycloprop, trans}}$), 1.32 – 1.26 (m, 1H, CH$H_{\text{cycloprop, cis}}$), 1.27 (t, J = 7.1 Hz, 3H, CH$_{3, \text{trans}}$), 1.19 (t, J = 7.1 Hz, 3H, CH$_{3, \text{cis}}$).

^{13}C NMR (126 MHz, CDCl$_3$): δ [ppm] = 166.6 (C$_q$, C-1$_{\text{trans}}$), 166.2 (C$_q$, C-1$_{\text{cis}}$), 150.7 (+, CH-3$_{\text{trans}}$), 148.7 (+, CH-3$_{\text{cis}}$), 145.2 (C$_q$, C-Ar$_{\text{trans}}$), 141.8 (C$_q$, C-Ar$_{\text{cis}}$), 129.4 (+, 2C, CH-Ar$_{\text{cis}}$), 128.89 (q, $^2J_{\text{CF}}$ = 32.5 Hz, C$_q$, C-Ar$_{\text{cis}}$), 128.52 (q, $^2J_{\text{CF}}$ = 32.7 Hz, C$_q$, C-Ar$_{\text{trans}}$), 126.2 (+, 2C, CH-Ar$_{\text{trans}}$), 125.51 (q, $^3J_{\text{CF}}$ = 3.7 Hz, +, 2C, CH-Ar$_{\text{trans}}$), 125.37 (q, $^3J_{\text{CF}}$ = 3.7 Hz, +, 2C, CH-Ar$_{\text{cis}}$), 124.32 (q, $^1J_{\text{CF}}$ = 271.6 Hz, C$_q$, 2C, CF$_{3, \text{cis+trans}}$), 121.1 (+, CH-2$_{\text{cis}}$), 119.6 (+, CH-2$_{\text{trans}}$), 60.4 (–, OCH$_{2, \text{trans}}$), 60.2 (–, OCH$_{2, \text{cis}}$), 27.2 (+, CH$_{\text{cycloprop, trans}}$), 26.6 (+, CH$_{\text{cycloprop, trans}}$), 25.2 (+, CH$_{\text{cycloprop, cis}}$), 22.6 (+, CH$_{\text{cycloprop, cis}}$), 18.2 (–, CH$_{2, \text{cycloprop, trans}}$), 14.4 (+, CH$_{3, \text{trans}}$), 14.3 (+, CH$_{3, \text{cis}}$), 13.8 (–, CH$_{2, \text{cycloprop, cis}}$).

MS (EI, 70 eV, 20 °C): m/z (%) = 284 (40) [M]$^+$, 211 (100) [C$_{12}$H$_{10}$F$_3$]$^+$, 210 (93) [C$_{12}$H$_9$F$_3$]$^+$, 191 (49), 156 (36), 142 (32), 125 (35), 97 (83), 84 (41), 57 (63).

HRMS (EI, 70 eV, 20 °C, m/z): calcd. for C$_{15}$H$_{15}$O$_2$F$_3$, [M]$^+$: 284.1024; found: 284.1023.

IR (ATR): $\tilde{v}$ [cm^{-1}]: 2983 (w), 2939 (vw), 2905 (vw), 1710 (vs), 1645 (m), 1618 (m), 1448 (w), 1370 (w), 1323 (vs), 1261 (vs), 1159 (vs), 1145 (vs), 1113 (vs), 1069 (vs), 1035 (vs), 977 (vs), 839 (s), 715 (m).

Ethyl (E)-3-(2-(3-nitrophenyl)cyclopropyl)acrylate (180k)

The general procedure **GP5** was applied using Rh$_2$(PCP)$_4$ (6.06 mg, 5.00 μmol, 1 mol%), alkene **179k** (75.1 mg, 500 μmol, 1.00 equiv.) and diazo ester **172a** (1.66 M in CH$_2$Cl$_2$, 905 μL, 1.50 mmol, 3.00 equiv.), which was added over a period of 2 h. The crude product was purified by flash column chromatography on silica gel (n-pentane/Et$_2$O 30:1) to yield the cyclopropylacrylate **180k** as a slightly yellow oil (8.70 mg, 33 μmol, 7% yield) with a *cis/trans*-ratio of 3:1.

TLC: R_f = 0.10 (n-pentane/Et$_2$O 10:1).

^{1}H NMR (500 MHz, CDCl$_3$): δ [ppm] = 8.11 – 8.05 (m, 2H, ArH$_{\text{cis}}$), 8.03 (dt, J = 7.3, 2.2 Hz, 1H, ArH$_{\text{trans}}$), 7.90 (t, J = 1.9 Hz, 1H, ArH$_{\text{trans}}$), 7.53 (dm, J = 7.7 Hz, 1H, ArH$_{\text{cis}}$), 7.46 (t, J = 8.0 Hz, 2H, ArH$_{\text{cis+trans}}$), 7.43 – 7.42 (m, 1H, ArH$_{\text{trans}}$), 6.57 (dd, J = 15.4, 9.7 Hz, 1H, 3-H$_{\text{trans}}$), 6.13 (dd, J = 15.3, 10.3 Hz, 1H, 3-H$_{\text{cis}}$), 5.94 (d, J = 15.4 Hz, 1H, 2-H$_{\text{cis}}$), 5.93 (d,

J = 15.4 Hz, 1H, 2-H$_{trans}$), 4.19 (q, J = 7.1 Hz, 2H, OCH$_{2, \text{trans}}$), 4.07 (q, J = 7.1 Hz, 2H, OCH$_{2, \text{cis}}$), 2.64 (td, J = 8.4, 6.7 Hz, 1H, CH$_{\text{cycloprop, cis}}$), 2.26 (ddd, J = 9.0, 6.1, 4.1 Hz, 1H, CH$_{\text{cycloprop, trans}}$), 2.10 (dtd, J = 10.4, 8.5, 5.4 Hz, 1H, CH$_{\text{cycloprop, cis}}$), 1.88 (dddd, J = 9.7, 8.5, 5.6, 4.1 Hz, 1H, CH$_{\text{cycloprop, trans}}$), 1.55 (td, J = 8.3, 5.6 Hz, 1H, CHH$_{\text{cycloprop, cis}}$), 1.51 (dt, J = 8.5, 5.8 Hz, 1H, CHH$_{\text{cycloprop, trans}}$), 1.40 (dt, J = 8.7, 5.5 Hz, 1H, CH$H_{\text{cycloprop, trans}}$), 1.37 – 1.31 (m, 1H, CH$H_{\text{cycloprop, cis}}$), 1.28 (t, J = 7.1 Hz, 3H, CH$_{3, \text{trans}}$), 1.19 (t, J = 7.1 Hz, 3H, CH$_{3, \text{cis}}$).

^{13}**C NMR (126 MHz, CDCl$_3$):** δ [ppm] = 166.5 (C$_q$, C-1$_{trans}$), 166.1 (C$_q$, C-1$_{cis}$), 150.2 (+, CH-3$_{trans}$), 148.6 (C$_q$, C-Ar$_{trans}$), 148.4 (C$_q$, C-Ar$_{cis}$), 148.0 (+, CH-3$_{cis}$), 143.2 (C$_q$, C-Ar$_{trans}$), 139.9 (C$_q$, C-Ar$_{cis}$), 135.3 (+, CH-Ar$_{cis}$), 132.5 (+, CH-Ar$_{trans}$), 129.5 (+, CH-Ar$_{trans}$), 129.4 (+, CH-Ar$_{cis}$), 124.1 (+, CH-Ar$_{cis}$), 121.9 (+, CH-Ar$_{cis}$), 121.6 (+, CH-2$_{cis}$), 121.4 (+, CH-Ar$_{trans}$), 120.6 (+, CH-Ar$_{trans}$), 120.0 (+, CH-2$_{trans}$), 60.4 (−, OCH$_{2, \text{trans}}$), 60.2 (−, OCH$_{2, \text{cis}}$), 27.1 (+, CH$_{\text{cycloprop, trans}}$), 26.3 (+, CH$_{\text{cycloprop, trans}}$), 24.9 (+, CH$_{\text{cycloprop, cis}}$), 22.6 (+, CH$_{\text{cycloprop, cis}}$), 18.1 (−, CH$_{2, \text{cycloprop, trans}}$), 14.4 (+, CH$_{3, \text{trans}}$), 14.3 (+, CH$_{3, \text{cis}}$), 13.8 (−, CH$_{2, \text{cycloprop, cis}}$).

MS (EI, 70 eV, 60 °C): m/z (%) = 261 (9) [M]$^+$, 243 (54) [M–H$_2$O]$^+$, 216 (31) [M–C$_2$H$_5$O]$^+$, 206 (92), 188 (60), 151 (100), 150 (50), 149 (54), 142 (68), 141 (84), 125 (55), 109 (58), 97 (86), 85 (76), 84 (54).

HRMS (EI, 70 eV, 60 °C, m/z): calcd. for C$_{14}$H$_{15}$O$_3$N, [M]$^+$: 261.1001; found: 261.1000.

IR (ATR): $\tilde{\nu}$ [cm^{-1}]: 3091 (vw), 3070 (vw), 2980 (w), 2932 (w), 2915 (w), 2868 (vw), 1704 (vs), 1642 (vs), 1524 (vs), 1378 (s), 1343 (vs), 1306 (s), 1262 (vs), 1203 (s), 1157 (vs), 1143 (vs), 1031 (vs), 973 (vs), 949 (vs), 873 (s), 805 (vs), 762 (m), 744 (vs), 718 (vs), 686 (vs), 662 (s), 380 (m).

Ethyl (*E*)-3-(2-(2,6-dichlorophenyl)cyclopropyl)acrylate (180l)

The general procedure **GP5** was applied using Rh$_2$(PCP)$_4$ (5.12 mg, 4.23 μmol, 1 mol%), alkene **179l** (73.1 mg, 91.4 μL, 423 μmol, 1.00 equiv.) and diazo ester **172a** (1.66 M in CH$_2$Cl$_2$, 765 μL, 1.27 mmol, 3.00 equiv.), which was added over a period of 2 h. The crude product was purified by flash column chromatography on silica gel (*n*-pentane/Et$_2$O 30:1) to yield the cyclopropylacrylate **180l** as a colorless oil (34.1 mg, 120 μmol, 28% yield) with a *cis/trans*-ratio of 6:1.

TLC: R_f = 0.34 (*n*-pentane/Et$_2$O 10:1).

Experimental

¹H NMR (500 MHz, CDCl₃): δ [ppm] = 7.28 (d, J = 8.1 Hz, 2H, m-ArH$_{trans}$), 7.27 (d, J = 8.1 Hz, 2H, m-ArH$_{cis}$), 7.11 (ddd, J = 8.4, 7.6, 0.9 Hz, 2H, p-ArH$_{cis+trans}$), 6.67 (dd, J = 15.4, 9.8 Hz, 1H, 3-H$_{trans}$), 6.14 (dd, J = 15.4, 10.2 Hz, 1H, 3-H$_{cis}$), 6.02 (d, J = 15.4 Hz, 1H, 2-H$_{trans}$), 5.89 (d, J = 15.4 Hz, 1H, 2-H$_{cis}$), 4.20 (q, J = 7.1 Hz, 2H, OCH$_{2, trans}$), 4.09 (qd, J = 7.1, 1.6 Hz, 2H, OCH$_{2, cis}$), 2.39 – 2.30 (m, 1H, CH$_{cycloprop, cis}$), 2.24 (dtd, J = 10.2, 8.1, 5.5 Hz, 1H, CH$_{cycloprop, cis}$), 2.07 – 1.99 (m, 1H, CH$_{cycloprop, trans}$), 1.91 – 1.81 (m, 1H, CH$_{cycloprop, trans}$), 1.75 (td, J = 8.4, 5.9 Hz, 1H, CHH$_{cycloprop, cis}$), 1.49 (dt, J = 9.0, 5.5 Hz, 1H, CHH$_{cycloprop, trans}$), 1.46 – 1.41 (m, 1H, CH$H_{cycloprop, trans}$), 1.43 (dt, J = 7.4, 5.7 Hz, 1H, CH$H_{cycloprop, cis}$), 1.30 (t, J = 7.1 Hz, 3H, CH$_{3, trans}$), 1.22 (t, J = 7.1 Hz, 3H, CH$_{3, cis}$).

¹³C NMR (126 MHz, CDCl₃): δ [ppm] = 166.9 (C$_q$, C-1$_{trans}$), 166.5 (C$_q$, C-1$_{cis}$), 151.5 (+, CH-3$_{trans}$), 149.4 (+, CH-3$_{cis}$), 137.9 (C$_q$, 2C, C-Ar$_{trans}$), 137.8 (C$_q$, 2C, C-Ar$_{cis}$), 135.6 (C$_q$, C-Ar$_{trans}$), 133.4 (C$_q$, C-Ar$_{cis}$), 128.74 (+, 2C, CH-Ar$_{cis}$), 128.71 (+, CH-Ar$_{cis}$), 128.6 (+, CH-Ar$_{trans}$), 128.5 (+, 2C, CH-Ar$_{trans}$), 120.5 (+, CH-2$_{cis}$), 120.0 (+, CH-2$_{trans}$), 60.3 (–, OCH$_{2, trans}$), 60.1 (–, OCH$_{2, cis}$), 25.8 (+, CH$_{cycloprop, trans}$), 24.2 (+, CH$_{cycloprop, trans}$), 23.41 (+, CH$_{cycloprop, cis}$), 23.38 (+, CH$_{cycloprop, cis}$), 18.9 (–, CH$_{2, cycloprop, trans}$), 18.1 (–, CH$_{2, cycloprop, trans}$), 14.5 (+, CH$_{3, trans}$), 14.4 (+, CH$_{3, cis}$).

MS (EI, 70 eV, 40 °C): m/z (%) = 284/286/288 (23/15/2) [M]⁺, 249/251 (86/29) [M–Cl]⁺, 211/213 (80/52) [C₁₁H₁₂O₂Cl]⁺, 176 (44), 175 (30), 159 (29), 141 (35), 125 (100) [C₇H₈O₂]⁺, 97 (85).

HRMS (EI, 70 eV, 40 °C, m/z): calcd. for C₁₄H₁₄O₂Cl₂, [M]⁺: 284.0371; found: 284.0373.

IR (ATR): $\tilde{\nu}$ [cm⁻¹]: 3080 (vw), 2982 (w), 2929 (vw), 2904 (vw), 2871 (vw), 1710 (vs), 1645 (s), 1557 (m), 1429 (vs), 1378 (m), 1303 (m), 1258 (vs), 1197 (vs), 1145 (vs), 1094 (s), 1037 (vs), 976 (vs), 778 (vs), 713 (m).

Ethyl (*E*)-3-(2-methyl-2-phenylcyclopropyl)acrylate (180o)

The general procedure **GP5** was applied using Rh$_2$(PCP)$_4$ (7.49 mg, 6.19 μmol, 1 mol%), alkene **179o** (73.1 mg, 80.3 μL, 619 μmol, 1.00 equiv.) and diazo ester **172a** (1.66 M in CH$_2$Cl$_2$, 1.12 mL, 1.86 mmol, 3.00 equiv.), which was added over a period of 2 h. The crude product was purified by flash column chromatography on silica gel (*n*-pentane/Et$_2$O 30:1) to yield the cyclopropylacrylate **180o** as a colorless oil (131 mg, 567 μmol, 92% yield) with a *cis/trans*-ratio of 1.25:1. Spectroscopic properties of the *trans* isomer were identical to those present in the literature.[122]

TLC: R_f = 0.43 (*n*-pentane/Et$_2$O 10:1).

^{1}H NMR (500 MHz, CDCl$_3$): δ [ppm] = 7.29 – 7.18 (m, 8H, ArH$_{cis+trans}$), 7.19 – 7.11 (m, 2H, ArH$_{cis+trans}$), 6.84 (dd, *J* = 15.3, 10.1 Hz, 1H, 3-H$_{trans}$), 6.04 (dd, *J* = 15.4, 10.5 Hz, 1H, 3-H$_{cis}$), 5.95 (dd, *J* = 15.3, 0.6 Hz, 1H, 2-H$_{trans}$), 5.84 (d, *J* = 15.4 Hz, 1H, 2-H$_{cis}$), 4.23 – 4.10 (m, 2H, OCH$_{2, \, trans}$), 4.04 (q, *J* = 7.1 Hz, 2H, OCH$_{2, \, cis}$), 1.86 – 1.78 (m, 1H, CH$_{cycloprop, \, trans}$), 1.76 (ddd, *J* = 10.5, 8.2, 5.0 Hz, 1H, CH$_{cycloprop, \, cis}$), 1.53 (dd, *J* = 8.6, 5.0 Hz, 1H, C*H*H$_{cycloprop, \, trans}$), 1.45 (s, 3H, CH$_{3, \, cycloprop, \, trans}$), 1.39 (s, 3H, CH$_{3, \, cycloprop, \, cis}$), 1.26 (t, *J* = 5.1 Hz, 1H, CH*H*$_{cycloprop, \, cis}$), 1.25 (t, *J* = 7.1 Hz, 3H, CH$_{3, \, trans}$), 1.21 (dd, *J* = 8.2, 4.8 Hz, 1H, C*H*H$_{cycloprop, \, cis}$), 1.15 (t, *J* = 7.1 Hz, 3H, CH$_{3, \, cis}$), 1.02 (t, *J* = 5.3 Hz, 1H, CH*H*$_{cycloprop, \, trans}$).

^{13}C NMR (125 MHz, CDCl$_3$): δ [ppm] = 166.5 (C$_q$, C-1$_{trans}$), 166.3 (C$_q$, C-1$_{cis}$), 151.3 (+, CH-3$_{cis}$), 149.4 (+, CH-3$_{trans}$), 146.4 (C$_q$, C-Ar$_{trans}$), 142.3 (C$_q$, C-Ar$_{cis}$), 129.2 (+, 2C, CH-Ar$_{cis}$), 128.5 (+, 2C, CH-Ar$_{cis}$), 128.4 (+, 2C, CH-Ar$_{trans}$), 126.9 (+, 2C, CH-Ar$_{trans}$), 126.7 (+, CH-Ar$_{cis}$), 126.2 (+, CH-Ar$_{trans}$), 121.0 (+, CH-2$_{trans}$), 118.9 (+, CH-2$_{cis}$), 60.1 (–, OCH$_{2, \, trans}$), 59.8 (–, OCH$_{2, \, cis}$), 31.6 (C$_q$, C$_{cycloprop, \, cis}$), 29.9 (C$_q$, C$_{cycloprop, \, trans}$), 29.6 (+, CH$_{cycloprop, \, trans}$), 29.2 (+, CH$_{cycloprop, \, cis}$), 28.6 (+, CH$_{3, \, cycloprop, \, cis}$), 23.4 (–, CH$_{2, \, cycloprop, \, trans}$), 22.2 (–, CH$_{2, \, cycloprop, \, cis}$), 21.6 (+, CH$_{3, \, cycloprop, \, trans}$), 14.3 (+, CH$_{3, \, trans}$), 14.2 (+, CH$_{3, \, cis}$).

MS (EI, 70 eV, 20 °C): m/z (%) = 230 (100) [M]$^+$, 183 (46), 157 (62) [C$_{12}$H$_{13}$]$^+$, 155 (68) [C$_{12}$H$_{11}$]$^+$, 142 (50), 141 (57), 129 (51), 125 (44), 115 (47), 112 (89), 97 (48), 91 (37), 84 (41).

HRMS (EI, 70 eV, 20 °C, m/z): calcd. for C$_{15}$H$_{18}$O$_2$, [M]$^+$: 230.1301; found: 230.1303.

IR (ATR): $\tilde{\nu}$ [cm^{-1}]: 3060 (vw), 3024 (vw), 2979 (w), 2958 (w), 2928 (w), 2870 (vw), 1710 (vs), 1639 (vs), 1445 (m), 1305 (m), 1262 (vs), 1145 (vs), 1052 (vs), 1038 (vs), 979 (s), 860 (m), 765 (s), 700 (vs), 541 (m).

Ethyl (*E*)-3-(2-(*tert*-butoxy)cyclopropyl)acrylate (180q)

The general procedure **GP5** was applied using Rh$_2$(PCP)$_4$ (6.06 mg, 5.00 μmol, 1 mol%), alkene **179q** (50.1 mg, 500 μmol, 1.00 equiv.) and diazo ester **172a** (1.66 M in CH$_2$Cl$_2$, 905 μL, 1.5 mmol, 3.00 equiv.), which was added over a period of 2 h. The crude product was purified by flash column chromatography on silica gel (*n*-pentane/Et$_2$O 30:1) to yield the cyclopropylacrylate **180q** as a colorless oil (22.0 mg, 104 μmol, 21% yield) with a *cis/trans*-ratio of 4.3:1.

TLC: R_f = 0.25 (*n*-pentane/Et$_2$O 10:1).

^{1}H NMR (500 MHz, CDCl$_3$): δ [ppm] = 6.75 (dd, *J* = 15.6, 10.5 Hz, 1H, 3-H$_{cis}$), 6.49 (dd, *J* = 15.5, 9.9 Hz, 1H, 3-H$_{trans}$), 5.85 (d, *J* = 15.6 Hz, 1H, 2-H$_{cis}$), 5.73 (d, *J* = 15.5 Hz, 1H, 2-H$_{trans}$), 4.22 – 4.07 (m, 4H, OCH$_2$, $_{cis+trans}$), 3.52 (td, *J* = 6.3, 4.2 Hz, 1H, CH$_{cycloprop, cis}$), 3.23 (ddd, *J* = 6.7, 4.1, 2.3 Hz, 1H, CH$_{cycloprop, trans}$), 1.60 – 1.53 (m, 1H, CH$_{cycloprop, trans}$), 1.53 (ddt, *J* = 10.6, 9.3, 6.0 Hz, 1H, CH$_{cycloprop, cis}$), 1.28 – 1.23 (m, 3H, CH$_{3, trans}$), 1.23 (t, *J* = 7.1 Hz, 3H, CH$_{3, cis}$), 1.19 (s, 9H, C(CH$_3$)$_3$, $_{trans}$), 1.18 (s, 9H, C(CH$_3$)$_3$, $_{cis}$), 1.17 – 1.13 (m, 1H, C*H*H$_{cycloprop, trans}$), 1.12 (dt, *J* = 9.2, 6.2 Hz, 1H, C*H*H$_{cycloprop, cis}$), 0.89 (dt, *J* = 7.1, 6.0 Hz, 1H, CH*H*$_{cycloprop, trans}$), 0.85 (td, *J* = 6.0, 4.2 Hz, 1H, CH*H*$_{cycloprop, cis}$).

^{13}C NMR (126 MHz, CDCl$_3$): δ [ppm] = 166.7 (C$_q$, C-1$_{trans}$), 166.6 (C$_q$, C-1$_{cis}$), 150.0 (+, CH-3$_{trans}$), 149.9 (+, CH-3$_{cis}$), 119.2 (+, CH-2$_{cis}$), 118.4 (+, CH-2$_{trans}$), 75.5 (C$_q$, C$_{tbu, trans}$), 75.2 (C$_q$, C$_{tbu, cis}$), 60.1 (–, OCH$_2$, $_{trans}$), 59.9 (–, OCH$_2$, $_{cis}$), 55.5 (+, CH$_{cycloprop, trans}$), 53.3 (+, CH$_{cycloprop, cis}$), 28.1 (+, 3C, CH$_{3, tbu, trans}$), 28.0 (+, 3C, CH$_{3, tbu, cis}$), 24.0 (+, CH$_{cycloprop, trans}$), 21.7 (+, CH$_{cycloprop, cis}$), 15.8 (–, CH$_2$, $_{cycloprop, trans}$), 15.7 (–, CH$_2$, $_{cycloprop, cis}$), 14.4 (+, CH$_{3, cis}$), 14.3 (+, CH$_{3, trans}$).

MS (EI, 70 eV, 20 °C): m/z (%) = 212 (0) [M]$^+$, 156 (57) [M–C$_4$H$_8$]$^+$, 127 (35), 110 (24), 99 (31), 82 (13), 81 (15), 57 (100) [C$_4$H$_9$]$^+$.

HRMS (EI, 70 eV, 20 °C, m/z): calcd. for C$_{12}$H$_{20}$O$_3$, [M]$^+$: 212.1412; found: 212.1413.

IR (ATR): $\tilde{\nu}$ [cm^{-1}]: 2980 (w), 2901 (vw), 1708 (vs), 1642 (vs), 1493 (vs), 1446 (w), 1378 (m), 1367 (m), 1303 (m), 1259 (vs), 1145 (vs), 1092 (vs), 1037 (vs), 1013 (s), 977 (vs), 827 (s), 754 (s), 517 (m).

Ethyl (*E*)-3-(2-acetoxycyclopropyl)acrylate (180r)

The general procedure **GP5** was applied using $Rh_2(PCP)_4$ (11.3 mg, 9.33 μmol, 1 mol%), alkene **179r** (80.3 mg, 86.0 μL, 933 μmol, 1.00 equiv.) and diazo ester **172a** (2 M in CH_2Cl_2, 1.40 mL, 2.80 mmol, 3.00 equiv.), which was added over a period of 4 h. The crude product was purified by flash column chromatography on silica gel (*n*-pentane/Et$_2$O 10:1) to yield the cyclopropylacrylate **180r** as a colorless oil (47.5 mg, 240 μmol, 26% yield) with a *cis/trans*-ratio of 6:1.

TLC: R_f = 0.45 (*n*-pentane/EtOAc 4:1).

^{1}H NMR (500 MHz, CDCl$_3$): δ [ppm] = 6.63 (dd, J = 15.6, 10.1 Hz, 1H, 3-H$_{cis}$), 6.53 (dd, J = 15.5, 9.5 Hz, 1H, 3-H$_{trans}$), 5.97 (d, J = 15.5 Hz, 1H, 2-H$_{cis}$), 5.85 (dd, J = 15.5, 0.6 Hz, 1H, 2-H$_{trans}$), 4.39 (td, J = 6.6, 4.1 Hz, 1H, CH$_{cycloprop, cis}$), 4.20 – 4.14 (m, 1H, CH$_{cycloprop, trans}$), 4.18 (q, J = 7.1 Hz, 2H, OCH$_{2, cis}$), 4.16 (q, J = 7.1 Hz, 2H, OCH$_{2, trans}$), 2.07 (s, 3H, CH$_{3, Ac, cis}$), 2.04 (s, 3H, CH$_{3, Ac, trans}$), 1.85 (tt, J = 9.7, 6.6 Hz, 1H, CH$_{cycloprop, cis}$), 1.84 – 1.78 (m, 1H, CH$_{cycloprop, trans}$), 1.33 (dt, J = 9.3, 6.7 Hz, 1H, CHH$_{cycloprop, cis}$), 1.33 – 1.27 (m, 1H, CHH$_{cycloprop, trans}$), 1.28 (t, J = 7.1 Hz, 3H, CH$_{3, cis}$), 1.27 (t, J = 7.1 Hz, 3H, CH$_{3, trans}$), 1.12 – 1.05 (m, 1H, CHH$_{cycloprop, trans}$), 1.04 (td, J = 6.6, 4.1 Hz, 1H, CHH$_{cycloprop, cis}$).

^{13}C NMR (126 MHz, CDCl$_3$): δ [ppm] = 171.4 (C$_q$, C$_{Ac, cis}$), 171.2 (C$_q$, C$_{Ac, trans}$), 166.4(C$_q$, 2C, C-1$_{cis+trans}$), 147.6 (+, CH-3$_{trans}$), 145.9 (+, CH-3$_{cis}$), 121.8 (+, CH-2$_{cis}$), 120.5 (+, CH-2$_{trans}$), 60.4 (–, OCH$_{2, trans}$), 60.3 (–, OCH$_{2, cis}$), 55.8 (+, CH$_{cycloprop, trans}$), 54.3 (+, CH$_{cycloprop, cis}$), 21.4 (+, CH$_{cycloprop, trans}$), 20.9 (+, CH$_{3, Ac, trans}$), 20.8 (+, CH$_{3, Ac, cis}$), 20.1 (+, CH$_{cycloprop, cis}$), 14.9 (–, CH$_{2, cycloprop, trans}$), 14.5 (+, CH$_{3, cis}$), 14.4 (–/+, 2C, CH$_{2, cycloprop, cis}$ and CH$_{3, trans}$).

MS (EI, 70 eV, 20 °C): m/z (%) = 198 (1), 156 (100) [M–C$_2$H$_2$O]$^+$, 127 (36), 110 (24), 99 (46) [C$_5$H$_7$O$_2$]$^+$, 81 (26).

HRMS (EI, 70 eV, 20 °C, m/z): calcd. for C$_{10}$H$_{14}$O$_4$, [M]$^+$: 198.0887; found: 198.0885.

IR (ATR): $\tilde{\nu}$ [cm^{-1}]: 2982 (w), 2927 (w), 2853 (vw), 1749 (vs), 1711 (vs), 1646 (s), 1445 (w), 1370 (s), 1305 (m), 1261 (vs), 1224 (vs), 1186 (vs), 1145 (vs), 1136 (vs), 1034 (vs), 982 (s), 860 (m), 605 (m).

Ethyl (*E*)-3-(2-hexylcyclopropyl)acrylate (180t)

The general procedure **GP5** was applied using Rh$_2$(PCP)$_4$ (11.3 mg, 9.33 μmol, 1 mol%), alkene **179t** (105 mg, 148 μL, 933 μmol, 1.00 equiv.) and diazo ester **172a** (2 M in CH$_2$Cl$_2$, 1.40 mL, 2.80 mmol, 3.00 equiv.), which was added over a period of 4 h. The crude product was purified by flash column chromatography on silica gel (*n*-pentane/Et$_2$O 50:1 to 25:1) to yield the cyclopropylacrylate **180t** as a colorless oil (49.3 mg, 220 μmol, 24% yield) with a *cis/trans*-ratio of 1.6:1.

TLC: R_f = 0.68 (*n*-pentane/EtOAc 10:1).

^{1}H NMR (500 MHz, CDCl$_3$): δ [ppm] = 6.68 (dd, J = 15.4, 10.5 Hz, 1H, 3-H$_{cis}$), 6.47 (dd, J = 15.4, 10.1 Hz, 1H, 3-H$_{trans}$), 5.91 (d, J = 15.5 Hz, 1H, 2-H$_{cis}$), 5.82 (d, J = 15.4 Hz, 1H, 2-H$_{trans}$), 4.17 (q, J = 7.1 Hz, 2H, OCH$_2$, $_{cis}$), 4.16 (q, J = 7.2 Hz, 2H, OCH$_2$, $_{trans}$), 1.66 – 1.57 (m, 1H, CH$_{cycloprop, cis}$), 1.44 – 1.16 (m, 22H), 1.28 (t, J = 7.1 Hz, 3H, CH$_3$, $_{cis}$), 1.27 (t, J = 7.1 Hz, 3H, CH$_3$, $_{trans}$), 1.10 (td, J = 8.1, 4.6 Hz, 1H, C*H*H$_{cycloprop, cis}$), 1.04 – 0.95 (m, 1H, CH$_{cycloprop, trans}$), 0.92 – 0.84 (m, 6H, CH$_3$, $_{hexyl, cis+trans}$), 0.80 (dt, J = 8.7, 4.6 Hz, 1H, C*H*H$_{cycloprop, trans}$), 0.74 (ddd, J = 8.0, 6.1, 4.6 Hz, 1H, CH*H*$_{cycloprop, trans}$), 0.49 (dt, J = 6.4, 4.9 Hz, 1H, CH*H*$_{cycloprop, cis}$).

^{13}C NMR (126 MHz, CDCl$_3$): δ [ppm] = 167.0 (C$_q$, C-1$_{trans}$), 166.8 (C$_q$, C-1$_{cis}$), 154.0 (+, CH-3$_{trans}$), 151.3 (+, CH-3$_{cis}$), 119.9 (+, CH-2$_{cis}$), 117.5 (+, CH-2$_{trans}$), 60.1 (–, 2C, OCH$_2$, $_{cis + trans}$), 33.7 (–, CH$_2$, $_{hexyl, trans}$), 32.0 (–, CH$_2$, $_{hexyl, trans}$), 31.9 (–, CH$_2$, $_{hexyl, cis}$), 29.7 (–, CH$_2$, $_{hexyl, cis}$), 29.5 (–, CH$_2$, $_{hexyl, cis}$), 29.3 (–, CH$_2$, $_{hexyl, trans}$), 29.2 (–, 2C, CH$_2$, $_{hexyl, cis + trans}$), 23.5 (+, CH$_{cycloprop, trans}$), 22.8 (–, 2C, CH$_2$, $_{hexyl, cis + trans}$), 22.3 (+, CH$_{cycloprop, trans}$), 21.9 (+, CH$_{cycloprop, cis}$), 19.7 (+, CH$_{cycloprop, cis}$), 16.2 (–, CH$_2$, $_{cycloprop, trans}$), 15.7 (–, CH$_2$, $_{cycloprop, cis}$), 14.5 (+, 2C, CH$_3$, $_{cis+trans}$), 14.2 (+, 2C, CH$_3$, $_{hexyl, cis+trans}$).

MS (EI, 70 eV, 20 °C): m/z (%) = 224 (35) [M]$^+$, 179 (42) [M–C$_2$H$_5$O]$^+$, 156 (41), 150 (34), 142 (35), 136 (38), 127 (83), 125 (86), 99 (72), 98 (82), 97 (66), 95 (46), 93 (38), 82 (51), 81 (100), 80 (35), 79 (80), 77 (37), 67 (97), 55 (72), 53 (62).

HRMS (EI, 70 eV, 20 °C, m/z): calcd. for C$_{14}$H$_{24}$O$_2$, [M]$^+$: 224.1771; found: 224.1770.

IR (ATR): $\tilde{\nu}$ [cm^{-1}]: 3068 (vw), 2956 (w), 2924 (m), 2854 (w), 1714 (vs), 1642 (vs), 1459 (w), 1375 (m), 1367 (m), 1305 (m), 1259 (vs), 1183 (s), 1142 (vs), 1040 (vs), 977 (s), 853 (m), 725 (m), 380 (w).

Ethyl (*E*)-3-(2-(2-phenylethyl)cyclopropyl)acrylate (180u)

The general procedure **GP5** was applied using $Rh_2(PCP)_4$ (11.3 mg, 9.33 μmol, 1 mol%), alkene **179u** (123 mg, 134 μL, 933 μmol, 1.00 equiv.) and diazo ester **172a** (2 M in CH_2Cl_2, 1.40 mL, 2.80 mmol, 3.00 equiv.), which was added over a period of 4 h. The crude product was purified by flash column chromatography on silica gel (*n*-pentane/Et_2O 50:1 to 25:1) to yield the cyclopropylacrylate **180u** as a colorless oil (50.1 mg, 205 μmol, 22% yield) with a *cis/trans*-ratio of 1.4:1.

TLC: R_f = 0.53 (*n*-pentane/EtOAc 10:1).

^{1}H NMR (500 MHz, CDCl$_3$): δ [ppm] = 7.29 – 7.22 (m, 4H, ArH$_{cis+trans}$), 7.19 – 7.13 (m, 6H, ArH$_{cis+trans}$), 6.67 (dd, J = 15.4, 10.4 Hz, 1H, 3-H$_{cis}$), 6.43 (dd, J = 15.4, 10.0 Hz, 1H, 3-H$_{trans}$), 5.90 (d, J = 15.3 Hz, 1H, 2-H$_{cis}$), 5.78 (d, J = 15.4 Hz, 1H, 2-H$_{trans}$), 4.16 (pseudo-p, J = 7.0 Hz, 4H, OCH$_{2, cis+trans}$), 2.76 – 2.61 (m, 4H, ArCH$_{2, cis+trans}$), 1.81 – 1.53 (m, 5H, ArCH$_2$C$H_{2, cis+trans}$ and CH$_{cycloprop, cis}$), 1.28 (t, J = 7.2 Hz, 3H, CH$_{3, cis}$), 1.26 (t, J = 7.2 Hz, 3H, CH$_{3, trans}$), 1.30 – 1.17 (m, 2H, CH$_{cycloprop, cis+trans}$), 1.09 (td, J = 8.2, 4.8 Hz, 1H, CHH$_{cycloprop, cis}$), 1.06 – 0.97 (m, 1H, CH$_{cycloprop, trans}$), 0.80 (dt, J = 8.8, 4.7 Hz, 1H, CHH$_{cycloprop, trans}$), 0.75 (ddd, J = 8.1, 6.1, 4.7 Hz, 1H, CH$H_{cycloprop, trans}$), 0.51 (dt, J = 6.4, 5.0 Hz, 1H, CH$H_{cycloprop, cis}$).

^{13}C NMR (126 MHz, CDCl$_3$): δ [ppm] = 166.9 (C$_q$, C-1$_{trans}$), 166.6 (C$_q$, C-1$_{cis}$), 153.5 (+, CH-3$_{trans}$), 150.5 (+, CH-3$_{cis}$), 142.0 (C$_q$, C-Ar$_{cis}$), 141.9 (C$_q$, C-Ar$_{trans}$), 128.59 (+, 2C, CH-Ar$_{cis}$), 128.57 (+, 2C, CH-Ar$_{trans}$), 128.44 (+, 2C, CH-Ar$_{trans}$), 128.42 (+, 2C, CH-Ar$_{cis}$), 126.0 (+, CH-Ar$_{trans}$), 125.9 (+, CH-Ar$_{cis}$), 120.2 (+, CH-2$_{cis}$), 117.9 (+, CH-2$_{trans}$), 60.1 (–, 2C, OCH$_{2, cis + trans}$), 36.0 (–, ArCH$_{2, cis}$), 35.63 (–, ArCH$_{2, trans}$ or ArCH$_2$CH$_{2, trans}$), 35.60 (–, ArCH$_{2, trans}$ or ArCH$_2$CH$_{2, trans}$), 31.6 (–, ArCH$_2$CH$_{2, cis}$), 22.9 (+, CH$_{cycloprop, trans}$), 22.3 (+, CH$_{cycloprop, trans}$), 21.2 (+, CH$_{cycloprop, cis}$), 19.6 (+, CH$_{cycloprop, cis}$), 16.0 (–, CH$_{2, cycloprop, trans}$), 15.5 (–, CH$_{2, cycloprop, cis}$), 14.5 (+, 2C, CH$_{3, cis+trans}$).

MS (EI, 70 eV, 40 °C): m/z (%) = 244 (8) [M]$^+$, 198 (7) [M–C_2H_6O]$^+$, 170 (6), 156 (11), 131 (12), 129 (14), 127 (15), 118 (26), 117 (34), 114 (19), 105 (12), 91 (100) [C_7H_7]$^+$, 79 (20), 77 (12).

HRMS (EI, 70 eV, 40 °C, m/z): calcd. for $C_{16}H_{20}O_2$, [M]$^+$: 244.1458; found: 244.1459.

IR (ATR): $\tilde{\nu}$ [cm^{-1}]: 3064 (vw), 3026 (w), 2980 (w), 2927 (w), 2856 (w), 1710 (vs), 1640 (vs), 1453 (m), 1367 (m), 1305 (m), 1261 (vs), 1179 (s), 1145 (vs), 1038 (vs), 977 (s), 748 (s), 698 (vs), 504 (w).

Ethyl (*E*)-3-(2-cyclohexylcyclopropyl)acrylate (180v)

The general procedure **GP5** was applied using Rh$_2$(PCP)$_4$ (11.3 mg, 9.33 μmol, 1 mol%), alkene **179v** (103 mg, 128 μL, 933 μmol, 1.00 equiv.) and diazo ester **172a** (2 M in CH$_2$Cl$_2$, 1.40 mL, 2.80 mmol, 3.00 equiv.), which was added over a period of 4 h. The crude product was purified by flash column chromatography on silica gel (*n*-pentane/Et$_2$O 30:1) to yield the cyclopropylacrylate **180v** as a colorless oil (29.1 mg, 131 μmol, 14% yield) with a *cis/trans*-ratio of 1:1. Spectroscopic properties of the trans-isomer were identical to those present in the literature.[112]

TLC: R_f = 0.64 (*n*-pentane/EtOAc 20:1).

^{1}H NMR (500 MHz, CDCl$_3$): δ [ppm] = 6.68 (dd, J = 15.3, 10.5 Hz, 1H, 3-H$_{cis}$), 6.47 (dd, J = 15.4, 10.0 Hz, 1H, 3-H$_{trans}$), 5.92 (d, J = 15.3 Hz, 1H, 2-H$_{cis}$), 5.81 (d, J = 15.4 Hz, 1H, 2-H$_{trans}$), 4.16 (pseudo-p, J = 7.3 Hz, 4H, OCH$_2$, cis+trans), 1.84 – 1.77 (m, 1H), 1.76 – 1.56 (m, 10H), 1.27 (q, J = 6.7 Hz, 6H, CH$_3$, cis+trans), 1.37 – 0.81 (m, 15H), 0.81 – 0.72 (m, 2H), 0.71 – 0.60 (m, 1H), 0.50 (q, J = 5.3 Hz, 1H).

^{13}C NMR (126 MHz, CDCl$_3$): δ [ppm] = 167.1 (C$_q$, C-1$_{trans}$), 166.8 (C$_q$, C-1$_{cis}$), 154.2 (+, CH-3$_{trans}$), 151.4 (+, CH-3$_{cis}$), 119.9 (+, CH-2$_{cis}$), 117.3 (+, CH-2$_{trans}$), 60.08 (–, OCH$_2$, cis or trans), 60.06 (–, OCH$_2$, cis or trans), 42.5 (+, CH$_{cyclohex}$), 38.6 (+, CH$_{cyclohex}$), 33.5 (–, CH$_2$, cyclohex), 33.2 (–, CH$_2$, cyclohex), 32.8 (–, CH$_2$, cyclohex), 32.7 (–, CH$_2$, cyclohex), 29.9 (+, CH$_{cycloprop}$), 28.6 (+, CH$_{cycloprop}$), 26.5 (–, 2C, CH$_2$, cyclohex), 26.31 (–, CH$_2$, cyclohex), 26.30 (–, CH$_2$, cyclohex), 26.2 (–, CH$_2$, cyclohex), 26.1 (–, CH$_2$, cyclohex), 21.0 (+, CH$_{cycloprop}$), 19.5 (+, CH$_{cycloprop}$), 14.9 (–, CH$_2$, cycloprop), 14.7 (–, CH$_2$, cycloprop), 14.4 (+, 2C, CH$_3$, cis+trans).

MS (EI, 70 eV, 20 °C): m/z (%) = 222 (10) [M]$^+$, 177 (13) [M–C$_2$H$_5$O]$^+$, 176 (12), 148 (19), 140 (14), 135 (10), 134 (37), 127 (100), 114 (17), 99 (36), 97 (10), 96 (18), 83 (11), 81 (44), 79 (12), 68 (12), 67 (40), 55 (25), 53 (11).

HRMS (EI, 70 eV, 20 °C, m/z): calcd. for C$_{14}$H$_{22}$O$_2$, [M]$^+$: 222.1614; found: 222.1614.

IR (ATR): $\tilde{\nu}$ [cm^{-1}]: 3068 (vw), 2980 (w), 2922 (s), 2850 (m), 1714 (vs), 1642 (vs), 1448 (m), 1370 (w), 1258 (vs), 1142 (vs), 1044 (vs), 977 (vs), 846 (s), 725 (m).

Ethyl (*E*)-3-(2-(4-methoxyphenyl)cyclopropyl)acrylate (186)

A mixture of cyclopropylacrylate **180d** (50.0 mg, 203 μmol, 1.00 equiv.) and scandium triflate (15.0 mg, 30.5 μmol, 0.150 equiv.) in dry 1,2-dichloroethane (1.5 mL) was stirred in a vial under argon atmosphere at 70 °C for 24 h. The reaction mixture was concentrated under reduced pressure, and the crude product was purified by column chromatography on silica gel (*n*-pentane/Et$_2$O 20:1) to yield the isomerized cyclopropylacrylate **186** (25.4 mg, 103 μmol, 51% yield) with a *cis/trans* ratio of 1:6.8. Spectroscopic properties of the trans-isomer were identical to those present in the literature.[115]

TLC: R_f = 0.22 (*n*-pentane/EtOAc 10:1).

^{1}H NMR (500 MHz, CDCl$_3$): δ [ppm] = 7.17 – 7.10 (m, 2H, ArH$_{cis}$), 7.05 – 6.98 (m, 2H, ArH$_{trans}$), 6.86 – 6.78 (m, 4H, ArH$_{trans+cis}$), 6.59 (dd, J = 15.4, 9.9 Hz, 1H, 3-H$_{trans}$), 6.24 (dd, J = 15.4, 10.5 Hz, 1H, 3-H$_{cis}$), 5.91 (d, J = 15.4 Hz, 1H, 2-H$_{cis}$), 5.88 (d, J = 15.4 Hz, 1H, 2-H$_{trans}$), 4.18 (q, J = 7.1 Hz, 2H, OCH$_{2, \text{ trans}}$), 4.09 (q, J = 7.1 Hz, 2H, OCH$_{2, \text{ cis}}$), 3.79 (s, 3H, OCH$_{3, \text{ cis}}$), 3.78 (s, 3H, OCH$_{3, \text{ trans}}$), 2.52 (td, J = 8.4, 6.8 Hz, 1H, CH$_{\text{cycloprop, cis}}$), 2.14 (ddd, J = 8.9, 6.2, 4.0 Hz, 1H, CH$_{\text{cycloprop, trans}}$), 1.94 (dtd, J = 10.5, 8.4, 5.2 Hz, 1H, CH$_{\text{cycloprop, cis}}$), 1.73 (dddd, J = 9.7, 8.4, 5.3, 4.0 Hz, 1H, CH$_{\text{cycloprop, trans}}$), 1.45 – 1.39 (m, 1H, CH$H_{\text{cycloprop, cis}}$), 1.38 (ddd, J = 8.3, 6.2, 5.1 Hz, 1H, CH$H_{\text{cycloprop, trans}}$), 1.28 (t, J = 7.1 Hz, 3H, CH$_{3, \text{ trans}}$), 1.27 – 1.19 (m, 2H, CHH$_{\text{cycloprop, trans}}$ and CH$H_{\text{cycloprop, cis}}$), 1.21 (t, J = 7.1 Hz, 3H, CH$_{3, \text{ cis}}$).

^{13}C NMR (126 MHz, CDCl$_3$): δ [ppm] = 166.8 (C$_q$, C-1$_{trans}$), 166.4 (C$_q$, C-1$_{cis}$), 158.4 (C$_q$, COMe-Ar$_{cis}$), 158.3 (C$_q$, COMe-Ar$_{trans}$), 152.0 (+, CH-3$_{trans}$), 150.4 (+, CH-3$_{cis}$), 132.8 (C$_q$, C-Ar$_{trans}$), 130.2 (+, 2C, CH-Ar$_{cis}$), 129.3 (C$_q$, C-Ar$_{cis}$), 127.2 (+, 2C, CH-Ar$_{trans}$), 120.0 (+, CH-2$_{cis}$), 118.7 (+, CH-2$_{trans}$), 114.1 (+, 2C, CH-Ar$_{trans}$), 113.9 (+, 2C, CH-Ar$_{cis}$), 60.2 (–, OCH$_{2, \text{ trans}}$), 60.0 (–, OCH$_{2, \text{ cis}}$), 55.44 (+, OCH$_{3, \text{ trans}}$), 55.35 (+, OCH$_{3, \text{ cis}}$), 26.5 (+, CH$_{\text{cycloprop, trans}}$), 26.4 (+, CH$_{\text{cycloprop, trans}}$), 24.9 (+, CH$_{\text{cycloprop, cis}}$), 22.3 (+, CH$_{\text{cycloprop, cis}}$), 17.5 (–, CH$_{2, \text{ cycloprop, trans}}$), 14.44 (+, CH$_{3, \text{ trans}}$), 14.37 (+, CH$_{3, \text{ cis}}$), 13.9 (–, CH$_{2, \text{ cycloprop, cis}}$).

MS (EI, 70 eV, 30 °C): m/z (%) = 246 (80) [M]$^+$, 217 (45) [M–C$_2$H$_5$]$^+$, 173 (73) [M–C$_3$H$_5$O$_2$]$^+$, 172 (51), 158 (41), 149 (100), 135 (51), 125 (41), 97 (40), 79 (56), 78 (52), 77 (68), 73 (78) [C$_3$H$_5$O$_2$]$^+$, 58 (40).

HRMS (EI, 70 eV, 30 °C, m/z): calcd. for C$_{15}$H$_{18}$O$_3$, [M]$^+$: 246.1250; found: 246.1248.

Experimental

IR (ATR): ṽ [cm⁻¹]: 2980 (w), 2935 (w), 2904 (w), 2836 (w), 1707 (vs), 1640 (vs), 1514 (vs), 1443 (m), 1300 (s), 1247 (vs), 1174 (vs), 1142 (vs), 1034 (vs), 977 (s), 830 (s), 816 (s), 799 (s), 541 (m).

Ethyl 5-(4-methoxyphenyl)cyclopent-2-ene-1-carboxylate (187)

A solution of cyclopropylacrylate **180d** (100 mg, 406 μmol, 1.00 equiv.) in 4 mL of dry CH_2Cl_2 under argon atmosphere was cooled to –78 °C. Titanium tetrachloride (77.0 mg, 44.5 μL, 406 μmol, 1.00 equiv.) was added, and after stirring for 1 h at –78 °C, the solution was allowed to warm to room temperature overnight. The reaction was quenched with sat. aq. NH_4Cl, followed by sat. aq. $NaHCO_3$, extracted with CH_2Cl_2 (3 × 5 mL), and the combined organic extracts were dried over Na_2SO_4. The solvent was removed under reduced pressure, and the crude product was purified by flash column chromatography on silica gel (n-pentane/Et_2O 20:1) to yield the two isomers of the rearranged ester **187** as colorless oils (58.0 mg, 235 μmol, 58% yield, *trans*) and (24.4 mg, 99.1 μmol, 24% yield, *cis*).

Major Isomer (*trans*):

TLC: R_f = 0.42 (n-pentane/EtOAc 10:1).

¹H NMR (500 MHz, CDCl₃): δ [ppm] = 7.21 – 7.16 (m, 2H, ArH), 6.87 – 6.82 (m, 2H, ArH), 5.93 (dq, J = 5.8, 2.4 Hz, 1H, 2-H or 3-H), 5.75 (dq, J = 5.8, 2.2 Hz, 1H, 2-H or 3-H), 4.14 (q, J = 7.1 Hz, 2H, OCH₂), 3.79 (s, 3H, OCH₃), 3.75 (dt, J = 9.2, 6.9 Hz, 1H, 5-H), 3.59 (dp, J = 7.4, 2.5 Hz, 1H, 1-H), 2.94 (ddq, J = 16.6, 9.1, 2.4 Hz, 1H, 4-C*H*H), 2.49 (ddq, J = 16.9, 7.1, 2.4 Hz, 1H, 4-CH*H*), 1.24 (t, J = 7.1 Hz, 3H, CH₃).

¹³C NMR (126 MHz, CDCl₃): δ [ppm] = 174.3 (C_q, COOEt), 158.2 (C_q, COMe), 137.6 (C_q, C-Ar), 132.8 (+, CH-2 or CH-3), 128.3 (+, CH-2 or CH-3), 128.2 (+, 2C, CH-Ar), 114.0 (+, 2C, CH-Ar), 60.8 (–, OCH₂), 59.7 (+, CH-1), 55.4 (+, OCH₃), 45.8 (+, CH-5), 41.7 (–, CH₂-4), 14.4 (+, CH₃).

MS (EI, 70 eV, 20 °C): m/z (%) = 246 (100) [M]⁺, 217 (33) [M–C₂H₅]⁺, 173 (68) [M–C₃H₅O₂]⁺, 172 (44), 158 (21), 128 (18), 125 (20), 108 (20), 58 (25).

HRMS (EI, 70 eV, 20 °C, m/z): calcd. for C₁₅H₁₈O₃, [M]⁺: 246.1250; found: 246.1252.

IR (ATR): ṽ [cm⁻¹]: 3060 (vw), 2980 (w), 2934 (w), 2836 (w), 1728 (vs), 1611 (m), 1511 (vs), 1463 (m), 1443 (m), 1368 (w), 1245 (vs), 1176 (vs), 1109 (s), 1034 (vs), 829 (vs), 701 (m), 547 (m).

EA ($C_{15}H_{18}O_3$, 246.3): calcd. C 73.15, H 7.37; found: C 73.25, H 7.45.

Minor Isomer (*cis*):

TLC: R_f = 0.26 (*n*-pentane/EtOAc 10:1).

¹H NMR (500 MHz, CDCl₃): δ [ppm] = 7.18 – 7.13 (m, 2H, ArH), 6.81 – 6.75 (m, 2H, ArH), 6.11 (dq, J = 5.9, 2.2 Hz, 1H, 2-H or 3-H), 5.80 (dq, J = 6.1, 2.1 Hz, 1H, 2-H or 3-H), 3.85 (dp, J = 9.2, 2.1 Hz, 1H, 1-H), 3.81 – 3.75 (m, 1H, 5-H), 3.76 (s, 3H, OCH₃), 3.75 (dq, J = 10.8, 7.2 Hz, 1H, OC*H*H), 3.66 (dq, J = 10.8, 7.1 Hz, 1H, OCH*H*), 2.84 – 2.70 (m, 2H, 4-CH), 0.88 (t, J = 7.2 Hz, 3H, CH₃).

¹³C NMR (126 MHz, CDCl₃): δ [ppm] = 172.9 (C_q, COOEt), 158.4 (C_q, COMe), 134.4 (+, CH-2 or CH-3), 134.2 (C_q, C-Ar), 129.0 (+, 2C, CH-Ar), 128.6 (+, CH-2 or CH-3), 113.5 (+, 2C, CH-Ar), 60.2 (–, OCH₂), 56.5 (+, CH-1), 55.4 (+, OCH₃), 46.2 (+, CH-5), 39.3 (–, CH₂-4), 13.9 (+, CH₃).

Ethyl (*E*)-3-(9-vinyl-9,10-dihydro-9,10-methanoanthracen-11-yl)acrylate (192) and ethyl 10-vinyl-9,10-dihydro-9,10-prop[1]enoanthracene-11-carboxylate (193)

The general procedure **GP5** was applied using Rh₂(PCP)₄ (11.3 mg, 9.33 μmol, 1 mol%), alkene **191** (191 mg, 933 μmol, 1.00 equiv.) and diazo ester **172a** (2 M in CH₂Cl₂, 1.40 mL, 2.80 mmol, 3.00 equiv.), which was added over a period of 4 h. The crude product was purified by flash column chromatography on silica gel (*n*-pentane/Et₂O 50:1) to yield an inseparable mixture of the products **192** and **193** as a thick colorless oil (234 mg, 739 μmol, 79% yield) with a ratio of the [4+1]- and the [4+3]-isomer of 2.1:1.

TLC: R_f = 0.54 (*n*-pentane/EtOAc 10:1).

¹H NMR (500 MHz, CDCl₃): δ [ppm] = 7.51 – 7.46 (m, 2H, ArH_minor), 7.30 – 7.21 (m, 7H, ArH_major+minor), 7.21 – 7.16 (m, 3H, ArH_minor), 7.06 – 6.95 (m, 4H, ArH_major), 6.53 (dd, J = 17.9,

11.2 Hz, 1H, CHCH$_{2, \text{major}}$), 6.51 (dd, J = 15.7, 9.1 Hz, 1H, 3-H$_{\text{major}}$), 6.48 (ddd, J = 11.0, 8.4, 2.7 Hz, 1H, 13-H$_{\text{minor}}$), 6.36 (dd, J = 18.2, 11.4 Hz, 1H, CHCH$_{2, \text{minor}}$), 5.89 (dd, J = 15.7, 0.9 Hz, 1H, 2-H$_{\text{major}}$), 5.74 (d, J = 11.4 Hz, 1H, CHH$_{\text{minor}}$), 5.65 (dd, J = 11.1, 1.3 Hz, 1H, CHH_{major}), 5.54 (d, J = 18.2 Hz, 1H, CHH_{minor}), 5.53 (dd, J = 17.9, 1.3 Hz, 1H, CHH_{major}), 5.16 (dd, J = 10.8, 3.6 Hz, 1H, 12-H$_{\text{minor}}$), 4.28 (d, J = 8.5 Hz, 1H, 9-H$_{\text{minor}}$), 4.22 (d, J = 1.4 Hz, 1H, 10-H$_{\text{major}}$), 4.12 (q, J = 7.1 Hz, 2H, OCH$_{2, \text{major}}$), 4.08 – 4.00 (m, 2H, OCH$_{2, \text{minor}}$), 3.64 (dd, J = 3.6, 2.7 Hz, 1H, 11-H$_{\text{minor}}$), 3.60 (dt, J = 8.9, 1.1 Hz, 1H, 11-H$_{\text{major}}$), 1.23 (t, J = 7.2 Hz, 3H, CH$_{3, \text{major}}$), 1.16 (t, J = 7.1 Hz, 3H, CH$_{3, \text{minor}}$).

^{13}C NMR (126 MHz, CDCl$_3$): δ [ppm] = 171.8 (C$_q$, COOEt$_{\text{minor}}$), 166.3 (C$_q$, C-1$_{\text{major}}$), 151.6 (C$_q$, C-Ar$_{\text{major}}$), 149.8 (C$_q$, C-Ar$_{\text{major}}$), 148.3 (C$_q$, C-Ar$_{\text{major}}$), 147.6 (C$_q$, C-Ar$_{\text{major}}$), 145.8 (C$_q$, C-Ar$_{\text{minor}}$), 145.7 (+, CH-3$_{\text{major}}$), 145.2 (C$_q$, C-Ar$_{\text{minor}}$), 141.1 (+, CHCH$_{2, \text{minor}}$), 140.9 (C$_q$, C-Ar$_{\text{minor}}$), 139.7 (C$_q$, C-Ar$_{\text{minor}}$), 133.7 (+, CH-13$_{\text{minor}}$), 132.2 (+, CHCH$_{2, \text{major}}$), 130.0 (+, CH-Ar$_{\text{minor}}$), 126.9 (+, CH-Ar$_{\text{minor}}$), 126.6 (+, CH-Ar$_{\text{minor}}$), 126.5 (+, CH-Ar$_{\text{minor}}$), 126.3 (+, CH-Ar$_{\text{minor}}$), 125.8 (+, 2C, CH-Ar$_{\text{major}}$), 125.6 (+, CH-Ar$_{\text{minor}}$), 125.4 (+, 2C, CH-Ar$_{\text{major}}$), 125.2 (+, CH-2$_{\text{major}}$), 124.8 (+, CH-12$_{\text{minor}}$), 124.4 (+, CH-Ar$_{\text{minor}}$), 124.2 (+, CH-Ar$_{\text{minor}}$), 123.3 (+, CH-Ar$_{\text{major}}$), 122.2 (+, CH-Ar$_{\text{major}}$), 121.7 (+, CH-Ar$_{\text{major}}$), 121.0 (+, CH-Ar$_{\text{major}}$), 120.3 (–, CHCH$_{2, \text{major}}$), 116.6 (–, CHCH$_{2, \text{minor}}$), 84.1 (+, CH-11$_{\text{major}}$), 64.7 (C$_q$, C-9$_{\text{major}}$), 60.7 (–, OCH$_{2, \text{minor}}$), 60.5 (–, OCH$_{2, \text{major}}$), 54.8 (+, CH-10$_{\text{major}}$), 51.1 (C$_q$, C-10$_{\text{minor}}$), 49.9 (+, CH-11$_{\text{minor}}$), 46.4 (+, CH-9$_{\text{minor}}$), 14.3 (+, CH$_{3, \text{major}}$), 14.1 (+, CH$_{3, \text{minor}}$).

MS (EI, 70 eV, 60 °C): m/z (%) = 316 (42) [M]$^+$, 241 (45) [C$_{19}$H$_{13}$]$^+$, 215 (59) [C$_{17}$H$_{11}$]$^+$, 204 (71), 203 (100) [C$_{16}$H$_{11}$]$^+$, 202 (59).

HRMS (EI, 70 eV, 60 °C, m/z): calcd. for C$_{22}$H$_{20}$O$_2$, [M]$^+$: 316.1458; found: 316.1458.

IR (ATR): $\tilde{\nu}$ [cm^{-1}]: 3067 (w), 2979 (w), 2931 (w), 1747 (m), 1714 (vs), 1649 (m), 1442 (s), 1367 (s), 1254 (vs), 1173 (vs), 1156 (vs), 1140 (vs), 1034 (vs), 986 (vs), 922 (s), 739 (vs).

Ethyl diazo(4-bromophenyl)acetate (198)

To a stirred solution of ethyl 2-(4-bromophenyl)acetate (4.86 g, 20.0 mmol, 1.00 equiv.) and *N*-(4-azidosulfonylphenyl)acetamide (5.77 g, 24.0 mmol, 1.20 equiv.) in dry MeCN (40 mL) under argon atmosphere was added a solution of DBU (3.81 g, 3.74 mL, 25.0 mmol, 1.25 equiv.) in dry MeCN (10 mL) dropwise at 0 °C. The mixture was stirred overnight, and the solvent was removed under reduced pressure. The solid residue was dissolved in CH_2Cl_2 and washed with sat. aq. NH_4Cl, H_2O, and brine. The solution was dried over Na_2SO_4, and the solvent was removed under reduced pressure. The crude was purified by flash column chromatography on silica gel (*n*-pentane/Et_2O 9:1) to yield the diazo compound **198** as an orange crystalline solid (4.99 g, 18.6 mmol, 93% yield). Spectroscopic properties of the trans-isomer were identical to those present in the literature.[145]

TLC: R_f = 0.60 (*n*-pentane/Et_2O 9:1).

^{1}H NMR (400 MHz, CDCl$_3$): δ [ppm] = 7.53 – 7.45 (m, 2H, ArH), 7.40 – 7.32 (m, 2H, ArH), 4.33 (q, *J* = 7.1 Hz, 2H, CH$_2$), 1.34 (t, *J* = 7.1 Hz, 3H, CH$_3$).

^{13}C NMR (101 MHz, CDCl$_3$): δ [ppm] = 165.0 (C$_q$, COOEt), 132.1 (+. 2C, CH-Ar), 125.5 (+. 2C, CH-Ar), 125.0 (C$_q$, C-Ar), 119.4 (C$_q$, C-Ar), 63.5 (C$_q$, CN$_2$), 61.3 (–, CH$_2$), 14.6 (+, CH$_3$).

MS (EI, 70 eV, 30 °C): m/z (%) = 268/270 (41/40) [M]$^+$, 196/198 (59/57) [C$_7$H$_6$BrN$_2$]$^+$, 183/185 (100/96) [C$_7$H$_6$BrN]$^+$, 167/169 (16/16) [C$_7$H$_6$Br]$^+$, 155/157 (41/41) [C$_6$H$_4$Br]$^+$, 89 (21), 88 (31), 76 (17), 62 (17).

HRMS (EI, 70 eV, 30 °C, m/z): calcd. for C$_{10}$H$_9$O$_2$N$_2$^{79}Br, [M]$^+$: 246.1250; found: 246.1248.

IR (ATR): $\tilde{v}$ [cm^{-1}]: 2990 (m), 2985 (m), 2911 (w), 2091 (vs), 1691 (vs), 1487 (s), 1477 (s), 1442 (m), 1388 (m), 1370 (vs), 1337 (vs), 1273 (s), 1237 (vs), 1167 (vs), 1075 (vs), 1045 (vs), 990 (s), 826 (vs), 813 (vs), 738 (vs), 698 (s), 516 (s), 494 (vs), 421 (m).

EA (C$_{10}$H$_9$BrN$_2$O$_2$, 269.1): calcd. C 44.63, H 3.37, N 10.41; found: C 44.82, H 3.36, N 10.44.

Experimental

Ethyl 2-([2.2]paracyclophan-4-yl)-1-(4-bromophenyl)cyclopropane-1-carboxylate (200)

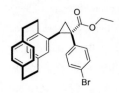

Alkene **199** (800 mg, 3.41 mmol, 5.00 equiv.) and Ru-catalyst **79** (25.9 mg, 41.0 μmol, 6 mol%) were weighed in a flame-dried Schlenk flask, evacuated, and backfilled with argon three times. Dry CH_2Cl_2 (3.0 mL) was added, and the solution was cooled to 0 °C. Ethyl diazo(4-bromophenyl)acetate (**198**) (184 mg, 683 μmol,

1.00 equiv.) was then added as a solution in 2.0 mL of dry CH_2Cl_2 over a period of 8 h with the help of a syringe pump, while the reaction was kept at 0 °C. After complete addition, the reaction was stirred overnight at room temperature. CH_2Cl_2 was removed under reduced pressure, and the crude product was purified by flash column chromatography on silica gel (*n*-pentane/Et$_2$O 30:1 to 15:1) to yield the ester **200** as a colorless solid (227 mg, 477 μmol, 70% yield). Compound **200** was obtained with a 63:32:4:1:0:0:0:0 diastereomeric ratio as determined by HPLC using a Chiralcel OD-H column (*n*-hexane/*i*-PrOH 99:1, 1.0 mL/min; $\tau_{(Sp,R,S)}$ = 6.7 min, $\tau_{(Rp,S,R)}$ = 7.3 min, $\tau_{(cis,minor)}$ = 8.4 min, $\tau_{(cis,major)}$ = 8.8 min).

TLC: R_f = 0.29 (*n*-pentane/Et$_2$O 10:1).

^{1}H NMR (500 MHz, CDCl$_3$): δ [ppm] = 7.12 – 7.06 (m, 2H, ArH), 6.83 – 6.76 (m, 3H, ArH), 6.47 (t, *J* = 1.2 Hz, 2H, ArH), 6.37 (dt, *J* = 8.1, 1.3 Hz, 1H, ArH), 6.32 (d, *J* = 7.6 Hz, 1H, ArH), 6.30 (dd, *J* = 7.7, 1.7 Hz, 1H, ArH), 5.66 – 5.64 (m, 1H, ArH), 4.24 – 4.11 (m, 1H, OCH$_2$), 3.51 (ddd, *J* = 13.5, 9.2, 3.1 Hz, 1H, CH$_2$), 3.24 – 3.12 (m, 2H, CH$_2$), 3.04 – 2.86 (m, 5H, CH$_2$ and CH$_{cycloprop}$), 2.81 – 2.72 (m, 1H, CH$_2$), 2.09 (dd, *J* = 9.2, 4.7 Hz, 1H, C*H*H$_{cycloprop}$), 1.69 (dd, *J* = 7.5, 4.7 Hz, 1H, CH*H*$_{cycloprop}$), 1.21 (t, *J* = 7.1 Hz, 3H, CH$_3$).

^{13}C NMR (126 MHz, CDCl$_3$): δ [ppm] = 173.7 (C$_q$, COOEt), 139.8 (C$_q$, C-Ar), 139.6 (C$_q$, 2C, C-Ar), 139.4 (C$_q$, C-Ar), 135.2 (C$_q$, C-Ar), 134.5 (C$_q$, C-Ar), 134.4 (+, CH-Ar), 133.3 (+, CH-Ar), 133.3 (+, CH-Ar), 133.0 (+, 2C, CH-Ar), 132.9 (+, CH-Ar), 132.4 (+, CH-Ar), 131.5 (+, CH-Ar), 130.6 (+, 2C, CH-Ar), 129.5 (+, CH-Ar), 120.9 (C$_q$, C-Ar), 61.5 (–, OCH$_2$), 35.37 (–, CH$_2$), 35.36 (C$_q$, C$_{cycloprop}$), 35.2 (–, CH$_2$), 34.4 (–, CH$_2$), 33.8 (–, CH$_2$), 31.8 (+, CH$_{cycloprop}$), 19.1 (–, CH$_{2, cycloprop}$), 14.4 (+, CH$_3$).

MS (FAB, 3-NBA): m/z (%) = 474/476 (45/52) [M]$^+$, 429/431 (20/19) [M–OC$_2$H$_5$]$^+$, 401/403 (39/37) [M–C$_3$H$_5$O$_2$]$^+$, 369/371 (16/15), 307 (16), 298 (18), 297 (23).

HRMS (FAB, 3-NBA, m/z): calcd. for C$_{28}$H$_{27}$O$_2$^{79}Br, [M]$^+$: 474.1189; found: 474.1188.

IR (ATR): $\tilde{\nu}$ [cm^{-1}]: 3101 (vw), 3007 (w), 2983 (w), 2948 (w), 2925 (w), 2849 (w), 1701 (vs), 1592 (w), 1487 (m), 1391 (w), 1370 (m), 1251 (vs), 1177 (vs), 1081 (m), 1069 (m), 1023 (m),

1010 (s), 972 (m), 933 (w), 904 (w), 846 (s), 824 (m), 792 (m), 758 (m), 713 (vs), 687 (m), 650 (m), 603 (m), 561 (m), 521 (m), 504 (s), 487 (m), 435 (m), 387 (m).

EA ($C_{28}H_{27}O_2Br$, 475.4): calcd.: C 70.74, H 5.72; found: C 70.63, H 5.74.

2-([2.2]Paracyclophan-4-yl)-1-(4-bromophenyl)cyclopropane-1-carboxylic acid (195)

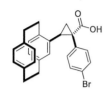

A solution of the ester **200** (200 mg, 421 μmol, 1.00 equiv.) and KOH (200 mg, 3.56 mmol, 8.47 equiv.) in MeOH (15 mL) was refluxed for 1 h. After cooling down to room temperature, the solution was acidified with aq. 6 M HCl and extracted with CH_2Cl_2 (3 × 15 mL). The combined organic extracts were dried over Na_2SO_4, and the solvent was removed under reduced pressure. The residue was purified by flash column chromatography on silica gel (cyclohexane/EtOAc 3:1) to yield the acid **195** as a yellowish solid (123 mg, 275 μmol, 65% yield).

TLC: R_f = 0.36 (cyclohexane/EtOAc + 1% HCOOH 3:1).

^{1}H NMR (500 MHz, CDCl$_3$): δ [ppm] = 7.15 – 7.10 (m, 2H, ArH), 6.86 – 6.80 (m, 2H, ArH), 6.80 – 6.74 (m, 1H, ArH), 6.48 (s, 2H, ArH), 6.37 (d, J = 7.9 Hz, 1H, ArH), 6.35 (d, J = 7.7 Hz, 1H, ArH), 6.32 (dd, J = 7.7, 1.7 Hz, 1H, ArH), 5.66 (d, J = 1.7 Hz, 1H, ArH), 3.60 – 3.51 (m, 1H, CH$_2$), 3.26 – 3.12 (m, 2H, CH$_2$), 3.10 (t, J = 8.4 Hz, 1H, CH$_{cycloprop}$), 3.02 – 2.89 (m, 4H, CH$_2$), 2.82 – 2.72 (m, 1H, CH$_2$), 2.19 (dd, J = 9.2, 4.6 Hz, 1H, CHH$_{cycloprop}$), 1.80 (dd, J = 7.6, 4.7 Hz, 1H, CH$H_{cycloprop}$).

^{13}C NMR (126 MHz, CDCl$_3$): δ [ppm] = 179.5 (C$_q$, COOEt), 139.9 (C$_q$, C-Ar), 139.8 (C$_q$, C-Ar), 139.6 (C$_q$, C-Ar), 139.3 (C$_q$, C-Ar), 134.7 (C$_q$, C-Ar), 134.6 (+, CH-Ar), 133.6 (C$_q$, C-Ar), 133.4 (+, CH-Ar), 133.3 (+, CH-Ar), 133.0 (+, 2C, CH-Ar), 132.9 (+, CH-Ar), 132.4 (+, CH-Ar), 131.8 (+, CH-Ar), 130.8 (+, 2C, CH-Ar), 129.5 (+, CH-Ar), 121.4 (C$_q$, C-Ar), 35.4 (–, CH$_2$), 35.2 (–, CH$_2$), 34.9 (C$_q$, C$_{cycloprop}$), 34.4 (–, CH$_2$), 33.8 (–, CH$_2$), 32.8 (+, CH$_{cycloprop}$), 19.9 (–, CH$_{2, cycloprop}$).

MS (FAB, 3-NBA): m/z (%) = 447/449 (18/11) [M]$^+$, 401/403 (26/26) [M–CO$_2$H]$^+$, 341/343 (15/19) [M–C$_8$H$_9$]$^+$, 307 (11), 299 (15), 298 (13), 297 (19), 289 (14), 217 (100).

HRMS (FAB, 3-NBA, m/z): calcd. for $C_{26}H_{24}O_2{}^{79}Br$, [M]$^+$: 447.0954; found: 447.0955.

IR (ATR): $\tilde{\nu}$ [cm^{-1}]: 3007 (w), 2925 (w), 2850 (w), 2662 (w), 2531 (w), 1897 (vw), 1674 (vs), 1594 (w), 1487 (m), 1426 (m), 1415 (m), 1282 (vs), 1265 (s), 1180 (m), 1081 (m), 1071 (m),

Experimental

1010 (s), 973 (m), 936 (m), 899 (m), 873 (m), 846 (m), 817 (m), 795 (m), 742 (m), 713 (vs),
683 (m), 647 (m), 603 (s), 567 (m), 523 (m), 493 (vs), 459 (m).

EA ($C_{26}H_{23}O_2Br$, 447.4): calcd.: C 69.80, H 5.18; found: C 69.58, H 5.37.

5.3   Crystallographic data

5.3.1   Crystallographic Data Solved by Dr. Olaf Fuhr

Crystal structures in this section were measured and solved by Dr. Olaf Fuhr at the Institute of Nanotechnology (INT) at the Karlsruhe Institute of Technology.

Table 18: Overview of the numbering and sample coding of crystals from Dr. Fuhr.

Numbering in this thesis	Sample code used by Dr. Fuhr
74	LIS21
80	NR-54
107b	LIS10
107g	LIS25
108b	LIS13

(20*S*)-6β-Methoxy-3α,5-cyclo-5α-pregnan-20-carbaldehyde tosylhydrazone (74) LIS21

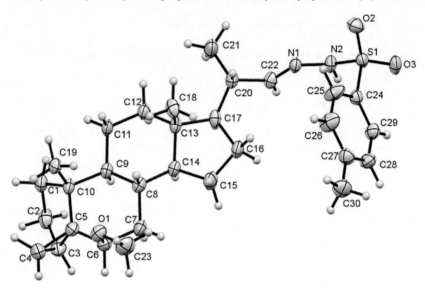

Identification code	LIS21
Empirical formula	$C_{30}H_{44}N_2O_3S$
Formula weight	512.73
Temperature/K	180
Crystal system	orthorhombic
Space group	$P2_12_12$
a/Å	18.2550(8)
b/Å	19.5964(8)
c/Å	7.9955(5)
α/°	90
β/°	90
γ/°	90
Volume/Å^3	2860.2(2)

Z	4
ρ_{calc}g/cm^3	1.191
μ/mm^{-1}	0.15
F(000)	1112
Crystal size/mm^3	$0.29 \times 0.09 \times 0.08$
Radiation	MoKα (λ = 0.71073)
2Θ range for data collection/°	4.462–66.252
Index ranges	$-27 \leq h \leq 27, -24 \leq k \leq 30, -11 \leq l \leq 11$
Reflections collected	23235
Independent reflections	9751 [R_{int} = 0.040, R_{sigma} = 0.095]
Indep. refl. with I$\geq$2σ(I)	5706
Data/restraints/parameters	9751/0/334
Goodness-of-fit on F^2	0.92
Final R indexes [I$\geq$2σ(I)]	R_1 = 0.051, wR_2 = 0.094
Final R indexes [all data]	R_1 = 0.107, wR_2 = 0.108
Largest diff. peak/hole / e Å^{-3}	0.25/–0.24
Flack parameter	0.01(5)
CCDC number	2040691

Ethyl (22*R*,23*S*)-6*β*-methoxy-22,23-methylene-3*α*,5-cyclo-5*α*-cholan-24-oate (80) NR-54

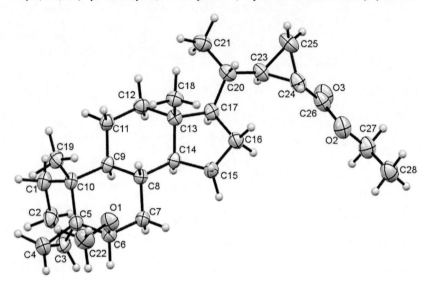

Identification code	NR-54
Empirical formula	$C_{28}H_{44}O_3$
Formula weight	428.63
Temperature/K	180
Crystal system	orthorhombic
Space group	$P2_12_12_1$
a/Å	7.4218(2)
b/Å	9.6963(3)
c/Å	33.9579(10)
α/°	90
β/°	90
γ/°	90
Volume/Å^3	2443.75(12)

Z	4
ρ_{calc}g/cm^3	1.165
μ/mm^{-1}	0.37
F(000)	944
Crystal size/mm^3	0.26 × 0.25 × 0.24
Radiation	GaKα ($\lambda = 1.34143$)
2Θ range for data collection/°	4.528–124.98
Index ranges	$-9 \leq h \leq 8, -4 \leq k \leq 12, -44 \leq l \leq 41$
Reflections collected	14511
Independent reflections	5676 [$R_{int} = 0.043$, $R_{sigma} = 0.045$]
Indep. refl. with I$\geq$2σ(I)	4150
Data/restraints/parameters	5676/0/457
Goodness-of-fit on F^2	1.12
Final R indexes [I$\geq$2σ(I)]	$R_1 = 0.053$, $wR_2 = 0.121$
Final R indexes [all data]	$R_1 = 0.081$, $wR_2 = 0.144$
Largest diff. peak/hole / e Å^{-3}	0.25/−0.23
Flack parameter	0.1(5)
CCDC number	2040692

(1*S***,2***R***)-1-Ethynyl-2-(6***β***-methoxy-3***α***,5-cyclo-5***α***-pregnan-20***R***-yl)cyclopropan** **(107b)**

LIS10

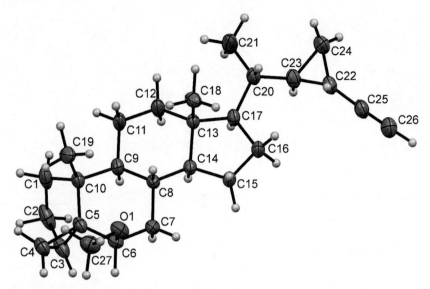

Identification code	LIS10
Empirical formula	$C_{27}H_{40}O$
Formula weight	380.59
Temperature/K	180.15
Crystal system	monoclinic
Space group	$P2_1$
a/Å	10.7866(3)
b/Å	7.08340(10)
c/Å	15.1964(4)
α/°	90
β/°	98.407(2)
γ/°	90

Volume/Å^3	1148.62(5)
Z	2
ρ_{calc}g/cm^3	1.100
μ/mm^{-1}	0.310
F(000)	420.0
Crystal size/mm^3	0.16 × 0.15 × 0.03
Radiation	GaKα (λ = 1.34143)
2Θ range for data collection/°	7.208 to 124.992
Index ranges	-5 ≤ h ≤ 14, -9 ≤ k ≤ 9, -20 ≤ l ≤ 19
Reflections collected	13231
Independent reflections	5263 [R_{int} = 0.0199, R_{sigma} = 0.0217]
Indep. refl. with I>=2σ (I)	4595
Data/restraints/parameters	5263/1/413
Goodness-of-fit on F^2	1.111
Final R indexes [I>=2σ (I)]	R_1 = 0.0368, wR_2 = 0.0946
Final R indexes [all data]	R_1 = 0.0445, wR_2 = 0.1035
Largest diff. peak/hole / e Å^{-3}	0.17/-0.16
Flack parameter	0.1(4)

(20*R*)-20-((1*S*,2*S*)-2-Ethylcyclopropyl)-6β-methoxy-3α,5-cyclo-5α-pregnane (107g) LIS25

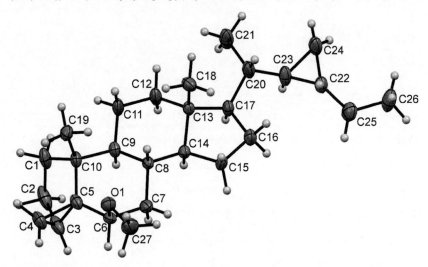

Identification code	LIS25
Empirical formula	$C_{27}H_{44}O$
Formula weight	384.62
Temperature/K	180.15
Crystal system	monoclinic
Space group	$P2_1$
a/Å	11.2288(8)
b/Å	6.9741(8)
c/Å	15.2897(10)
α/°	90
β/°	99.054(5)
γ/°	90
Volume/Å^3	1182.43(18)
Z	2

$\rho_{calc}g/cm^3$	1.080
μ/mm^{-1}	0.063
F(000)	428.0
Crystal size/mm^3	0.36 × 0.16 × 0.1
Radiation	MoKα (λ = 0.71073)
2Θ range for data collection/°	3.672 to 55.992
Index ranges	-14 ≤ h ≤ 12, -9 ≤ k ≤ 9, -14 ≤ l ≤ 20
Reflections collected	7122
Independent reflections	4440 [R_{int} = 0.0375, R_{sigma} = 0.0527]
Data/restraints/parameters	4440/1/258
Goodness-of-fit on F^2	0.975
Final R indexes [I>=2σ (I)]	R_1 = 0.0541, wR_2 = 0.1392
Final R indexes [all data]	R_1 = 0.0743, wR_2 = 0.1540
Largest diff. peak/hole / e Å^{-3}	0.25/-0.28
Flack parameter	3.3(10)

(20*R*)-20-((1*R*,2*S*)-2-Ethynylcyclopropyl)pregn-5-en-3β-ol (108b) LIS13

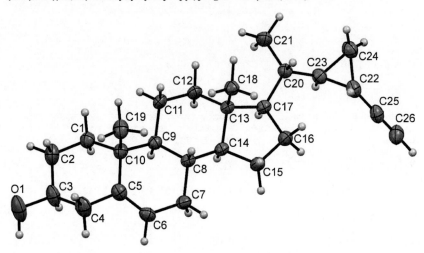

Identification code	LIS13
Empirical formula	$C_{26}H_{38}O$
Formula weight	366.56
Temperature/K	150.0
Crystal system	orthorhombic
Space group	$P2_12_12_1$
a/Å	7.28420(10)
b/Å	16.0311(3)
c/Å	18.2330(3)
α/°	90
β/°	90
γ/°	90
Volume/Å^3	2129.14(6)
Z	4
ρ_{calc}g/cm^3	1.144

μ/mm^{-1}	0.323
F(000)	808.0
Crystal size/mm^3	0.21 × 0.06 × 0.05
Radiation	GaKα (λ = 1.34143)
2Θ range for data collection/°	6.388 to 128.746
Index ranges	-9 ≤ h ≤ 7, -21 ≤ k ≤ 16, -24 ≤ l ≤ 23
Reflections collected	26391
Independent reflections	5280 [R_{int} = 0.0300, R_{sigma} = 0.0246]
Data/restraints/parameters	5280/0/396
Goodness-of-fit on F^2	1.092
Final R indexes [I>=2σ (I)]	R_1 = 0.0463, wR_2 = 0.1101
Final R indexes [all data]	R_1 = 0.0532, wR_2 = 0.1145
Largest diff. peak/hole / e Å^{-3}	0.17/-0.19
Flack parameter	-0.3(3)

5.3.2 Crystallographic Data Solved by Dr. Martin Nieger

Crystal structures in this section were measured and solved by Dr. Martin Nieger at the University of Helsinki.

Table 19: Overview of the numbering and sample coding of crystals from Dr. Nieger.

Numbering in this thesis	Sample code used by Dr. Nieger
71	SB1359_hy
86	SB1369_hy
88	SB1361_hy
40	SB1387_hy
90	SB1360_hy
107c	SB1383_hy
107h	SB1404_hy
108h	SB1401_hy
108i	SB1403_hy
108j	SB1375_hy
132b	SB1399_hy
135f	SB1398_hy
200	SB1363_hy

Stigmasteryl tosylate (71) SB1359_hy

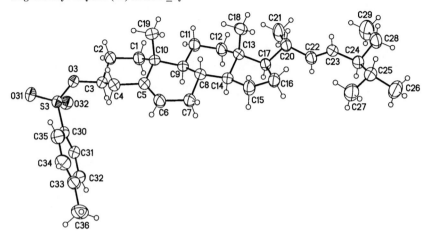

Crystal data

$C_{36}H_{54}O_3S$	$Z = 2$
$M_r = 566.85$	$F(000) = 620$
Triclinic, $P1$ (no.1)	$D_x = 1.112$ Mg m^{-3}
$a = 7.1006$ (2) Å	Cu $K\alpha$ radiation, $\lambda = 1.54178$ Å
$b = 11.3383$ (3) Å	Cell parameters from 9503 reflections
$c = 21.5749$ (5) Å	$\theta = 4.3–72.1°$
$\alpha = 91.754$ (1)°	$\mu = 1.08$ mm^{-1}
$\beta = 95.519$ (1)°	$T = 298$ K
$\gamma = 101.234$ (1)°	Plates, colourless
$V = 1693.62$ (8) Å^3	$0.18 \times 0.12 \times 0.04$ mm

Data collection

Bruker D8 VENTURE diffractometer with PhotonII CPAD detector	11524 reflections with $I > 2\sigma(I)$
Radiation source: INCOATEC microfocus sealed tube	$R_{int} = 0.038$
rotation in ϕ and ω, 1°, shutterless scans	$\theta_{max} = 72.2°$, $\theta_{min} = 2.1°$
Absorption correction: multi-scan, *SADABS* (Sheldrick, 2014)	$h = -8 \rightarrow 8$
$T_{min} = 0.789$, $T_{max} = 0.942$	$k = -12 \rightarrow 13$
46430 measured reflections	$l = -26 \rightarrow 26$

Experimental

12779 independent reflections	

Refinement

Refinement on F^2	Secondary atom site location: difference Fourier map
Least-squares matrix: full	Hydrogen site location: inferred from neighboring sites
$R[F^2 > 2\sigma(F^2)] = 0.054$	H-atom parameters constrained
$wR(F^2) = 0.159$	$w = 1/[\sigma^2(F_o^2) + (0.106P)^2 + 0.1171P]$, where $P = (F_o^2 + 2F_c^2)/3$
$S = 1.05$	$(\Delta/\sigma)_{max} < 0.001$
12779 reflections	$\Delta\rangle_{max} = 0.29$ e Å^{-3}
718 parameters	$\Delta\rangle_{min} = -0.19$ e Å^{-3}
687 restraints	Absolute structure: Flack x determined using 4948 quotients $[(I+)-(I-)]/[(I+)+(I-)]$ (Parsons, Flack and Wagner, Acta Cryst. B69 (2013) 249-259).
Primary atom site location: dual	Absolute structure parameter: 0.006 (9)

(22R,23S)-6β-methoxy-22,23-methylene-3α,5-cyclo-5α-cholan-24-ol (86) SB1369_hy

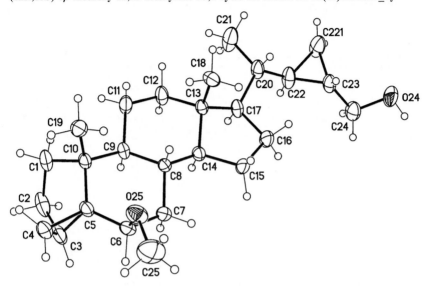

Crystal data

$C_{26}H_{42}O_2$	$F(000) = 428$
$M_r = 386.59$	$D_x = 1.136$ Mg m^{-3}
Monoclinic, $P2_1$ (no.4)	Cu $K\alpha$ radiation, $\lambda = 1.54178$ Å
$a = 10.8639\ (2)$ Å	Cell parameters from 9885 reflections
$b = 6.7811\ (1)$ Å	$\theta = 2.8–72.1°$
$c = 15.4451\ (3)$ Å	$\mu = 0.53$ mm^{-1}
$\beta = 96.437\ (1)°$	$T = 173$ K
$V = 1130.65\ (3)$ Å^3	Plates, colourless
$Z = 2$	$0.24 \times 0.20 \times 0.04$ mm

Data collection

Bruker D8 VENTURE diffractometer with PhotonII CPAD detector	4381 reflections with $I > 2\sigma(I)$
Radiation source: INCOATEC microfocus sealed tube	$R_{int} = 0.023$
rotation in ϕ and ω, 1°, shutterless scans	$\theta_{max} = 72.2°$, $\theta_{min} = 2.9°$
Absorption correction: multi-scan *SADABS* (Sheldrick, 2014)	$h = -12 \rightarrow 13$
$T_{min} = 0.810$, $T_{max} = 0.971$	$k = -8 \rightarrow 8$

Experimental

15396 measured reflections	$l = -19 \rightarrow 18$
4440 independent reflections	

Refinement

Refinement on F^2	Secondary atom site location: difference Fourier map
Least-squares matrix: full	Hydrogen site location: difference Fourier map
$R[F^2 > 2\sigma(F^2)] = 0.039$	H atoms treated by a mixture of independent and constrained refinement
$wR(F^2) = 0.107$	$w = 1/[\sigma^2(F_o^2) + (0.0683P)^2 + 0.206P]$ where $P = (F_o^2 + 2F_c^2)/3$
$S = 1.04$	$(\Delta/\sigma)_{max} < 0.001$
4440 reflections	$\Delta\rangle_{max} = 0.25$ e Å^{-3}
257 parameters	$\Delta\rangle_{min} = -0.20$ e Å^{-3}
2 restraints	Absolute structure: Flack x determined using 1945 quotients [(I+)-(I-)]/[(I+)+(I-)] (Parsons, Flack and Wagner, Acta Cryst. B69 (2013) 249-259).
Primary atom site location: dual	Absolute structure parameter: 0.04 (10)

(22*R*,23*S*)-6*β*-Methoxy-22,23-methylene-3*α*,5-cyclo-5*α*-cholestan-24*ξ*-ol (88) SB1361_hy

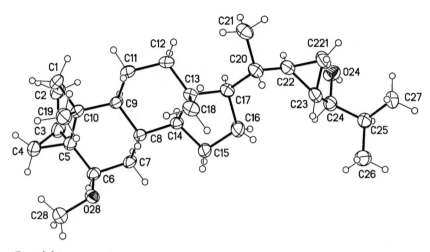

Crystal data

$C_{29}H_{48}O_2$	$F(000) = 476$
$M_r = 428.67$	$D_x = 1.115$ Mg m^{-3}
Monoclinic, $P2_1$ (no.4)	Cu $K\alpha$ radiation, $\lambda = 1.54178$ Å
$a = 7.6435$ (2) Å	Cell parameters from 9875 reflections
$b = 9.8513$ (2) Å	$\theta = 2.6–72.3°$
$c = 17.0846$ (4) Å	$\mu = 0.51$ mm^{-1}
$\beta = 96.863$ (2)°	$T = 173$ K
$V = 1277.23$ (5) Å^3	Plates, colourless
$Z = 2$	$0.20 \times 0.12 \times 0.04$ mm

Data collection

Bruker D8 VENTURE diffractometer with PhotonII CPAD detector	4595 reflections with $I > 2\sigma(I)$
Radiation source: INCOATEC microfocus sealed tube	$R_{int} = 0.038$
rotation in ϕ and ω, 1°, shutterless scans	$\theta_{max} = 72.4°$, $\theta_{min} = 2.6°$
Absorption correction: multi-scan *SADABS* (Sheldrick, 2014)	$h = -9 \rightarrow 9$
$T_{min} = 0.834$, $T_{max} = 0.971$	$k = -11 \rightarrow 12$

Experimental

22913 measured reflections	$l = -21 \rightarrow 20$
4996 independent reflections	

Refinement

Refinement on F^2	Secondary atom site location: difference Fourier map
Least-squares matrix: full	Hydrogen site location: difference Fourier map
$R[F^2 > 2\sigma(F^2)] = 0.041$	H atoms treated by a mixture of independent and constrained refinement
$wR(F^2) = 0.104$	$w = 1/[\sigma^2(F_o^2) + (0.0515P)^2 + 0.3017P]$ where $P = (F_o^2 + 2F_c^2)/3$
$S = 1.04$	$(\Delta/\sigma)_{max} < 0.001$
4996 reflections	$\Delta\rangle_{max} = 0.36$ e Å^{-3}
284 parameters	$\Delta\rangle_{min} = -0.14$ e Å^{-3}
2 restraints	Absolute structure: Flack x determined using 1914 quotients $[(I+)-(I-)]/[(I+)+(I-)]$ (Parsons, Flack and Wagner, Acta Cryst. B69 (2013) 249-259).
Primary atom site location: dual	Absolute structure parameter: -0.03 (12)

(22R,23S)-6β-Methoxy-22,23-methylene-3a,5-cyclo-5α-cholestan-24-one (40) SB1387_hy

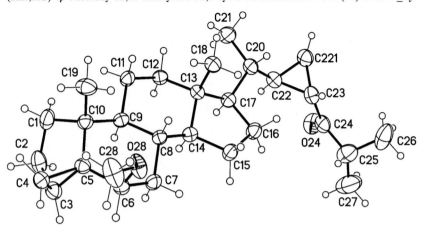

Crystal data

$C_{29}H_{46}O_2$	$F(000) = 944$
$M_r = 426.66$	$D_x = 1.110$ Mg m^{-3}
Monoclinic, $P2_1$ (no.4)	Cu $K\alpha$ radiation, $\lambda = 1.54178$ Å
$a = 14.8840$ (7) Å	Cell parameters from 9950 reflections
$b = 7.6069$ (3) Å	$\theta = 3.0–72.1°$
$c = 22.9969$ (7) Å	$\mu = 0.51$ mm^{-1}
$\beta = 101.287$ (1)°	$T = 173$ K
$V = 2553.38$ (18) Å^3	Plates, colourless
$Z = 4$	$0.36 \times 0.18 \times 0.08$ mm

Data collection

Bruker D8 VENTURE diffractometer with PhotonII CPAD detector	10035 independent reflections
Radiation source: INCOATEC microfocus sealed tube	9957 reflections with $I > 2\sigma(I)$
rotation in ϕ and ω, 0.5°, shutterless scans	$\theta_{max} = 72.4°$, $\theta_{min} = 3.0°$
Absorption correction: multi-scan *SADABS* (Sheldrick, 2014)	$h = -18 \rightarrow 18$
$T_{min} = 0.835$, $T_{max} = 0.958$	$k = -9 \rightarrow 9$
10035 measured reflections	$l = -25 \rightarrow 28$

Experimental

Refinement

Refinement on F^2	Secondary atom site location: difference Fourier map
Least-squares matrix: full	Hydrogen site location: inferred from neighboring sites
$R[F^2 > 2\sigma(F^2)] = 0.045$	H-atom parameters constrained
$wR(F^2) = 0.125$	$w = 1/[\sigma^2(F_o^2) + (0.0491P)^2 + 0.7432P]$ where $P = (F_o^2 + 2F_c^2)/3$
$S = 1.14$	$(\Delta/\sigma)_{max} < 0.001$
10035 reflections	$\Delta\rangle_{max} = 0.21$ e Å^{-3}
559 parameters	$\Delta\rangle_{min} = -0.31$ e Å^{-3}
34 restraints	Absolute structure: Flack x determined using 4506 quotients $[(I+)-(I-)]/[(I+)+(I-)]$ (Parsons, Flack and Wagner, Acta Cryst. B69 (2013) 249-259).
Primary atom site location: dual	Absolute structure parameter: -0.04 (15)

Ethyl (22*R*,23*S*,24*E*)-6*β*-methoxy-22,23-methylene-3*α*,5-cyclo-5*α*-cholest-24-en-26-oate (90) SB1360_hy

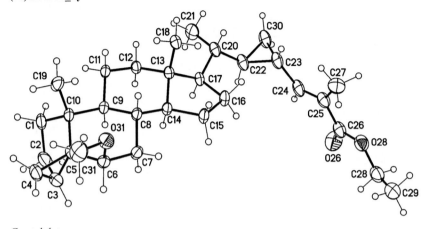

Crystal data

$C_{31}H_{48}O_3$	$F(000) = 516$
$M_r = 468.69$	$D_x = 1.133$ Mg m^{-3}
Monoclinic, $P2_1$ (no.4)	Cu $K\alpha$ radiation, $\lambda = 1.54178$ Å
$a = 7.3859$ (2) Å	Cell parameters from 7078 reflections
$b = 16.6343$ (3) Å	$\theta = 4.7–71.7°$
$c = 11.3953$ (2) Å	$\mu = 0.54$ mm^{-1}
$\beta = 101.028$ (2)°	$T = 173$ K
$V = 1374.17$ (5) Å^3	Blocks, colourless
$Z = 2$	$0.16 \times 0.10 \times 0.04$ mm

Data collection

Bruker D8 VENTURE diffractometer with PhotonII CPAD detector	4634 reflections with $I > 2\sigma(I)$
Radiation source: INCOATEC microfocus sealed tube	$R_{int} = 0.037$
rotation in ϕ and ω, 1°, shutterless scans	$\theta_{max} = 72.1°$, $\theta_{min} = 4.0°$
Absorption correction: multi-scan *SADABS* (Sheldrick, 2014)	$h = -9 \rightarrow 9$
$T_{min} = 0.869$, $T_{max} = 0.971$	$k = -20 \rightarrow 20$
17593 measured reflections	$l = -14 \rightarrow 12$
5365 independent reflections	

Experimental

Refinement

Refinement on F^2	Secondary atom site location: difference Fourier map
Least-squares matrix: full	Hydrogen site location: inferred from neighboring sites
$R[F^2 > 2\sigma(F^2)] = 0.056$	H-atom parameters constrained
$wR(F^2) = 0.149$	$w = 1/[\sigma^2(F_o^2) + (0.0943P)^2 + 0.1055P]$, where $P = (F_o^2 + 2F_c^2)/3$
$S = 1.04$	$(\Delta/\sigma)_{max} < 0.001$
5365 reflections	$\Delta\rangle_{max} = 0.25$ e Å^{-3}
309 parameters	$\Delta\rangle_{min} = -0.13$ e Å^{-3}
1 restraint	Absolute structure: Flack x determined using 1907 quotients [(I+)-(I-)]/[(I+)+(I-)] (Parsons, Flack and Wagner, Acta Cryst. B69 (2013) 249-259). The absolute configuration has not been established by anomalous dispersion effects in diffraction measurement on the crystal. The enantiomer has been assigned by reference to an unchanging chiral center in the synthetic procedure.
Primary atom site location: dual	Absolute structure parameter: -0.16 (15)

(20R)-6β-Methoxy-20-((1R,2R)-2-vinylcyclopropyl)-3α,5-cyclo-5α-pregnane   **(107c)**

SB1383_hy

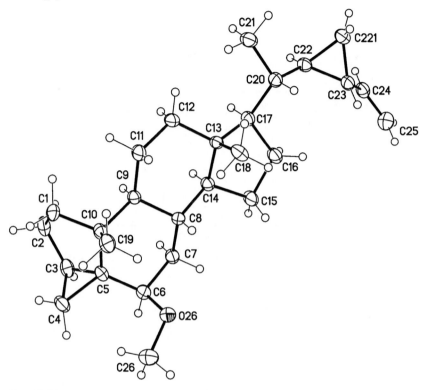

Crystal data

$C_{27}H_{42}O$	$D_x = 1.109$ Mg m^{-3}
$M_r = 382.60$	Cu $K\alpha$ radiation, $\lambda = 1.54178$ Å
Orthorhombic, $P2_12_12_1$ (no.19)	Cell parameters from 4741 reflections
$a = 7.4396$ (4) Å	$\theta = 3.6$–$72.0°$
$b = 15.3085$ (7) Å	$\mu = 0.48$ mm^{-1}
$c = 20.1204$ (10) Å	$T = 123$ K
$V = 2291.5$ (2) Å^3	Rods, colourless
$Z = 4$	$0.24 \times 0.04 \times 0.02$ mm
$F(000) = 848$	

Data collection

Experimental

Bruker D8 VENTURE diffractometer with PhotonII CPAD detector	3762 reflections with $I > 2\sigma(I)$
Radiation source: INCOATEC microfocus sealed tube	$R_{int} = 0.065$
rotation in ϕ and ω, 1°, shutterless scans	$\theta_{max} = 72.2°$, $\theta_{min} = 3.6°$
Absorption correction: multi-scan, *SADABS* (Sheldrick, 2014)	$h = -9{\rightarrow}8$
$T_{min} = 0.772$, $T_{max} = 0.971$	$k = -18{\rightarrow}18$
14229 measured reflections	$l = -22{\rightarrow}24$
4454 independent reflections	

Refinement

Refinement on F^2	Secondary atom site location: difference Fourier map
Least-squares matrix: full	Hydrogen site location: difference Fourier map
$R[F^2 > 2\sigma(F^2)] = 0.050$	H-atom parameters constrained
$wR(F^2) = 0.116$	$w = 1/[\sigma^2(F_o^2) + (0.0551P)^2 + 0.1338P]$, where $P = (F_o^2 + 2F_c^2)/3$
$S = 1.06$	$(\Delta/\sigma)_{max} < 0.001$
4454 reflections	$\Delta\rangle_{max} = 0.18$ e Å^{-3}
254 parameters	$\Delta\rangle_{min} = -0.18$ e Å^{-3}
0 restraints	Absolute structure: Flack x determined using 1362 quotients [(I+)-(I-)]/[(I+)+(I-)] (Parsons, Flack and Wagner, Acta Cryst. B69 (2013) 249-259). The absolute configuration has not been established by anomalous dispersion effects in diffraction measurement on the crystal. The enantiomer has been assigned by reference to an unchanging chiral center in the synthetic procedure.
Primary atom site location: dual	Absolute structure parameter: 0.3 (4)

(20R)-6β-Methoxy-20-((1S,2S)-2-propylcyclopropyl)-3α,5-cyclo-5α-pregnane   **(107h)**

SB1404_hy

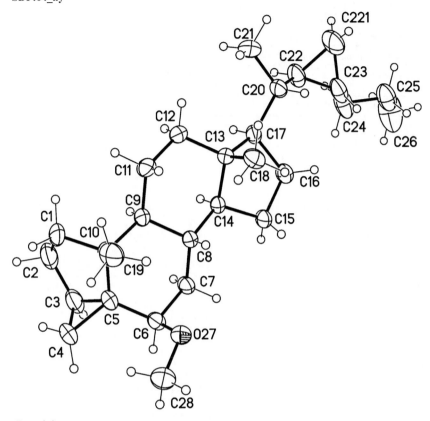

Crystal data

$C_{28}H_{46}O$	$F(000) = 444$
$M_r = 398.65$	$D_x = 1.077$ Mg m^{-3}
Monoclinic, $P2_1$ (no.4)	Cu $K\alpha$ radiation, $\lambda = 1.54178$ Å
$a = 9.7675$ (3) Å	Cell parameters from 9857 reflections
$b = 7.1510$ (3) Å	$\theta = 5.0–72.2°$
$c = 17.6004$ (6) Å	$\mu = 0.46$ mm^{-1}
$\beta = 91.811$ (1)°	$T = 173$ K
$V = 1228.73$ (8) Å^3	Plates, colourless
$Z = 2$	$0.24 \times 0.16 \times 0.04$ mm

Experimental

Data collection

Bruker D8 VENTURE diffractometer with PhotonII CPAD detector	4726 reflections with $I > 2\sigma(I)$
Radiation source: INCOATEC microfocus sealed tube	$R_{int} = 0.025$
rotation in ϕ and ω, 1°, shutterless scans	$\theta_{max} = 72.3°$, $\theta_{min} = 2.5°$
Absorption correction: multi-scan *SADABS* (Sheldrick, 2014)	$h = -12 \rightarrow 11$
$T_{min} = 0.869$, $T_{max} = 0.971$	$k = -8 \rightarrow 8$
17822 measured reflections	$l = -21 \rightarrow 21$
4827 independent reflections	

Refinement

Refinement on F^2	Secondary atom site location: difference Fourier map
Least-squares matrix: full	Hydrogen site location: inferred from neighboring sites
$R[F^2 > 2\sigma(F^2)] = 0.037$	H-atom parameters constrained
$wR(F^2) = 0.100$	$w = 1/[\sigma^2(F_o^2) + (0.0586P)^2 + 0.1591P]$ where $P = (F_o^2 + 2F_c^2)/3$
$S = 1.06$	$(\Delta/\sigma)_{max} < 0.001$
4827 reflections	$\Delta\rangle_{max} = 0.21$ e Å^{-3}
266 parameters	$\Delta\rangle_{min} = -0.18$ e Å^{-3}
46 restraints	Absolute structure: Flack x determined using 2116 quotients [(I+)-(I-)]/[(I+)+(I-)] (Parsons, Flack and Wagner, Acta Cryst. B69 (2013) 249-259).
Primary atom site location: dual	Absolute structure parameter: 0.02 (11)

(20*R*)-20-((1*S*,2*S*)-2-Propylcyclopropyl)pregn-5-en-3*β*-ol (108h) SB1401_hy

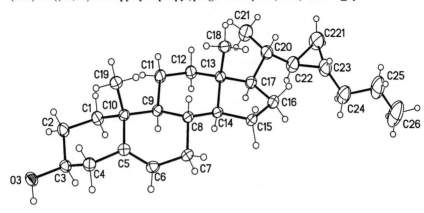

Crystal data

$C_{27}H_{44}O \cdot H_2O$	$F(000) = 896$
$M_r = 402.64$	$D_x = 1.086$ Mg m^{-3}
Monoclinic, $P2_1$ (no.4)	Cu $K\alpha$ radiation, $\lambda = 1.54178$ Å
$a = 9.6800\,(3)$ Å	Cell parameters from 9967 reflections
$b = 7.5147\,(3)$ Å	$\theta = 3.9$–$72.2°$
$c = 34.0927\,(12)$ Å	$\mu = 0.50$ mm^{-1}
$\beta = 97.006\,(1)°$	$T = 173$ K
$V = 2461.46\,(15)$ Å^3	Plates, colourless
$Z = 4$	$0.40 \times 0.20 \times 0.04$ mm

Data collection

Bruker D8 VENTURE diffractometer with PhotonII CPAD detector	9377 reflections with $I > 2\sigma(I)$
Radiation source: INCOATEC microfocus sealed tube	$R_{int} = 0.027$
rotation in ϕ and ω, 0.5°, shutterless scans	$\theta_{max} = 72.3°$, $\theta_{min} = 2.6°$
Absorption correction: multi-scan *SADABS* (Sheldrick, 2014)	$h = -11 \rightarrow 11$
$T_{min} = 0.807$, $T_{max} = 0.971$	$k = -9 \rightarrow 8$
30995 measured reflections	$l = -39 \rightarrow 42$
9553 independent reflections	

Experimental

Refinement

Refinement on F^2	Secondary atom site location: difference Fourier map
Least-squares matrix: full	Hydrogen site location: mixed
$R[F^2 > 2\sigma(F^2)] = 0.047$	H atoms treated by a mixture of independent and constrained refinement
$wR(F^2) = 0.130$	$w = 1/[\sigma^2(F_o^2) + (0.0704P)^2 + 0.8315P]$ where $P = (F_o^2 + 2F_c^2)/3$
$S = 1.04$	$(\Delta/\sigma)_{max} < 0.001$
9553 reflections	$\Delta\rangle_{max} = 0.27$ e Å^{-3}
547 parameters	$\Delta\rangle_{min} = -0.20$ e Å^{-3}
27 restraints	Absolute structure: Flack x determined using 4132 quotients $[(I+)-(I-)]/[(I+)+(I-)]$ (Parsons, Flack and Wagner, Acta Cryst. B69 (2013) 249-259). The absolute configuration has not been established by anomalous dispersion effects in diffraction measurement on the crystal. The enantiomer has been assigned by reference to an unchanging chiral center in the synthetic procedure.
Primary atom site location: dual	Absolute structure parameter: -1.3 (2)

(20*R*)-20-((1*S*,2*S*)-2-Butylcyclopropyl)pregn-5-en-3β-ol (108i) SB1403_hy

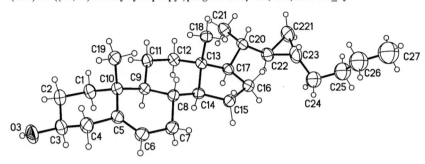

Crystal data

$C_{28}H_{46}O$	$F(000) = 888$
$M_r = 398.65$	$D_x = 1.087$ Mg m^{-3}
Monoclinic, $C2$ (no.5)	Cu $K\alpha$ radiation, $\lambda = 1.54178$ Å
$a = 24.9430\,(11)$ Å	Cell parameters from 9982 reflections
$b = 5.8364\,(3)$ Å	$\theta = 3.8–72.1°$
$c = 17.6373\,(7)$ Å	$\mu = 0.47$ mm^{-1}
$\beta = 108.394\,(2)°$	$T = 173$ K
$V = 2436.41\,(19)$ Å^3	Plates, colourless
$Z = 4$	$0.16 \times 0.08 \times 0.02$ mm

Data collection

Bruker D8 VENTURE diffractometer with PhotonII CPAD detector	4671 reflections with $I > 2\sigma(I)$
Radiation source: INCOATEC microfocus sealed tube	$R_{int} = 0.024$
rotation in ϕ and ω, 1°, shutterless scans	$\theta_{max} = 72.2°$, $\theta_{min} = 2.6°$
Absorption correction: multi-scan *SADABS* (Sheldrick, 2014)	$h = -29 \rightarrow 30$
$T_{min} = 0.833$, $T_{max} = 0.971$	$k = -7 \rightarrow 7$
17670 measured reflections	$l = -21 \rightarrow 21$
4800 independent reflections	

Refinement

Refinement on F^2	Secondary atom site location: difference Fourier map

Experimental

Least-squares matrix: full	Hydrogen site location: mixed
$R[F^2 > 2\sigma(F^2)] = 0.057$	H atoms treated by a mixture of independent and constrained refinement
$wR(F^2) = 0.158$	$w = 1/[\sigma^2(F_o^2) + (0.0924P)^2 + 1.937P]$ where $P = (F_o^2 + 2F_c^2)/3$
$S = 1.05$	$(\Delta/\sigma)_{max} < 0.001$
4800 reflections	$\Delta\rangle_{max} = 0.64$ e Å^{-3}
261 parameters	$\Delta\rangle_{min} = -0.36$ e Å^{-3}
63 restraints	Absolute structure: Flack x determined using 2024 quotients [(I+)-(I-)]/[(I+)+(I-)] (Parsons, Flack and Wagner, Acta Cryst. B69 (2013) 249-259).
Primary atom site location: dual	Absolute structure parameter: 0.07 (9)

(20*R*)-20-((1*S*,2*S*)-2-Hexylcyclopropyl)pregn-5-en-3β-ol (108j) SB1375_hy

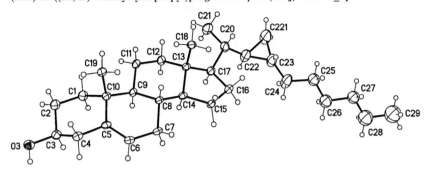

Crystal data

$C_{30}H_{50}O \cdot H_2O$	$F(000) = 1984$
$M_r = 444.71$	$D_x = 1.042$ Mg m^{-3}
Monoclinic, $C2$ (no.5)	Cu $K\alpha$ radiation, $\lambda = 1.54178$ Å
$a = 78.3170\,(17)$ Å	Cell parameters from 9971 reflections
$b = 7.5270\,(2)$ Å	$\theta = 2.7–72.0°$
$c = 9.6583\,(2)$ Å	$\mu = 0.47$ mm^{-1}
$\beta = 95.413\,(1)°$	$T = 173$ K
$V = 5668.1\,(2)$ Å^3	Plates, colourless
$Z = 8$	$0.24 \times 0.12 \times 0.03$ mm

Data collection

Bruker D8 VENTURE diffractometer with PhotonII CPAD detector	9346 reflections with $I > 2\sigma(I)$
Radiation source: INCOATEC microfocus sealed tube	$R_{int} = 0.033$
rotation in ϕ and ω, 0.5°, shutterless scans	$\theta_{max} = 72.2°$, $\theta_{min} = 2.3°$
Absorption correction: multi-scan *SADABS* (Sheldrick, 2014)	$h = -94 \rightarrow 96$
$T_{min} = 0.824$, $T_{max} = 0.971$	$k = -9 \rightarrow 9$
27604 measured reflections	$l = -11 \rightarrow 11$
10886 independent reflections	

Refinement

Refinement on F^2	Secondary atom site location: difference

Experimental

	Fourier map
Least-squares matrix: full	Hydrogen site location: mixed
$R[F^2 > 2\sigma(F^2)] = 0.074$	H atoms treated by a mixture of independent and constrained refinement
$wR(F^2) = 0.213$	$w = 1/[\sigma^2(F_o^2) + (0.1308P)^2 + 3.5114P]$ where $P = (F_o^2 + 2F_c^2)/3$
$S = 1.05$	$(\Delta/\sigma)_{max} < 0.001$
10886 reflections	$\Delta\rangle_{max} = 0.42$ e Å^{-3}
581 parameters	$\Delta\rangle_{min} = -0.45$ e Å^{-3}
140 restraints	Absolute structure: Flack x determined using 3617 quotients [(I+)-(I-)]/[(I+)+(I-)] (Parsons, Flack and Wagner, Acta Cryst. B69 (2013) 249-259).
Primary atom site location: dual	Absolute structure parameter: -0.01 (18)

(20R)-20-((1R,2R,2'S)-2'-Ethyl-[1,1'-bi(cyclopropan)]-2-yl)pregn-5-en-3β-ol (132b)

SB1399_hy

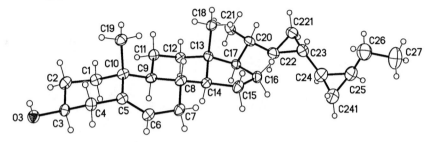

Crystal data

$C_{29}H_{46}O \cdot 0.5(C_3H_8O)$	$D_x = 1.099$ Mg m^{-3}
$M_r = 440.70$	Cu $K\alpha$ radiation, $\lambda = 1.54178$ Å
Orthorhombic, $P2_12_12_1$ (no.19)	Cell parameters from 9966 reflections
$a = 6.148$ (1) Å	$\theta = 3.6–72.5°$
$b = 12.435$ (2) Å	$\mu = 0.49$ mm^{-1}
$c = 69.703$ (11) Å	$T = 173$ K
$V = 5328.8$ (15) Å^3	Plates, colourless
$Z = 8$	$0.18 \times 0.06 \times 0.03$ mm
$F(000) = 1960$	

Data collection

Bruker D8 VENTURE diffractometer with PhotonII CPAD detector	8307 reflections with $I > 2\sigma(I)$
Radiation source: INCOATEC microfocus sealed tube	$R_{int} = 0.062$
rotation in ϕ and ω, 0.5°, shutterless scans	$\theta_{max} = 73.0°$, $\theta_{min} = 2.5°$
Absorption correction: multi-scan *SADABS* (Sheldrick, 2014)	$h = -7 \rightarrow 7$
$T_{min} = 0.814$, $T_{max} = 0.971$	$k = -14 \rightarrow 15$
25944 measured reflections	$l = -86 \rightarrow 84$
9972 independent reflections	

Experimental

(20R)-20-((1R,2S)-2-(3-(*tert*-Butylamino)imidazo[1,2-*a*]pyridin-2-yl)cyclopropyl)pregn-5-en-3β-ol (135f) SB1398_hy

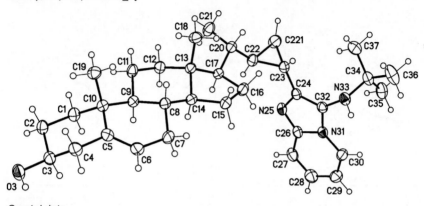

Crystal data

$C_{35}H_{51}N_3O$	$F(000) = 580$
$M_r = 529.78$	$D_x = 1.145$ Mg m^{-3}
Monoclinic, $P2_1$ (no.4)	Cu $K\alpha$ radiation, $\lambda = 1.54178$ Å
$a = 9.6804$ (3) Å	Cell parameters from 9933 reflections
$b = 7.6297$ (2) Å	$\theta = 4.2–72.1°$
$c = 21.3249$ (6) Å	$\mu = 0.52$ mm^{-1}
$\beta = 102.664$ (1)°	$T = 173$ K
$V = 1536.71$ (8) Å^3	Plates, colourless
$Z = 2$	$0.16 \times 0.12 \times 0.04$ mm

Data collection

Bruker D8 VENTURE diffractometer with PhotonII CPAD detector	5619 reflections with $I > 2\sigma(I)$
Radiation source: INCOATEC microfocus sealed tube	$R_{int} = 0.027$
rotation in φ and ω, 1°, shutterless scans	$\theta_{max} = 72.2°$, $\theta_{min} = 2.1°$
Absorption correction: multi-scan *SADABS* (Sheldrick, 2014)	$h = -11 \rightarrow 11$
$T_{min} = 0.891$, $T_{max} = 0.971$	$k = -8 \rightarrow 9$
22228 measured reflections	$l = -25 \rightarrow 26$
5825 independent reflections	

Refinement

Refinement on F^2	Secondary atom site location: difference Fourier map
Least-squares matrix: full	Hydrogen site location: difference Fourier map
$R[F^2 > 2\sigma(F^2)] = 0.031$	H atoms treated by a mixture of independent and constrained refinement
$wR(F^2) = 0.080$	$w = 1/[\sigma^2(F_o^2) + (0.0406P)^2 + 0.2819P]$ where $P = (F_o^2 + 2F_c^2)/3$
$S = 1.03$	$(\Delta/\sigma)_{max} < 0.001$
5825 reflections	$\Delta\rangle_{max} = 0.18$ e Å^{-3}
358 parameters	$\Delta\rangle_{min} = -0.15$ e Å^{-3}
3 restraints	Absolute structure: Flack x determined using 2391 quotients $[(I+)-(I-)]/[(I+)+(I-)]$ (Parsons, Flack and Wagner, Acta Cryst. B69 (2013) 249-259).
Primary atom site location: dual	Absolute structure parameter: -0.15 (10)

Experimental

Ethyl 2-([2.2]paracyclophan-4-yl)-1-(4-bromophenyl)cyclopropane-1-carboxylate (200)
SB1363_hy

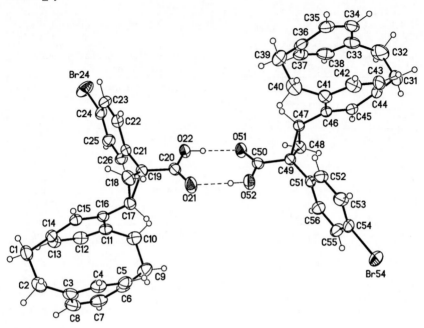

Crystal data

$C_{26}H_{23}BrO_2$	$F(000) = 1840$
$M_r = 447.35$	$D_x = 1.410$ Mg m^{-3}
Monoclinic, $P2_1/c$ (no.14)	Cu $K\alpha$ radiation, $\lambda = 1.54178$ Å
$a = 12.8528$ (6) Å	Cell parameters from 9101 reflections
$b = 22.4559$ (10) Å	$\theta = 3.6–72.2°$
$c = 14.9786$ (6) Å	$\mu = 2.80$ mm^{-1}
$\beta = 102.933$ (2)°	$T = 173$ K
$V = 4213.5$ (3) Å^3	Blocks, colourless
$Z = 8$	$0.24 \times 0.18 \times 0.12$ mm

Data collection

Bruker D8 VENTURE diffractometer with PhotonII CPAD detector	7901 reflections with $I > 2\sigma(I)$
Radiation source: INCOATEC microfocus	$R_{int} = 0.034$

sealed tube	
rotation in ϕ and ω, 1°, shutterless scans	$\theta_{max} = 72.4°$, $\theta_{min} = 3.5°$
Absorption correction: multi-scan *SADABS* (Sheldrick, 2014)	$h = -15 \rightarrow 15$
$T_{min} = 0.573$, $T_{max} = 0.715$	$k = -27 \rightarrow 24$
83870 measured reflections	$l = -18 \rightarrow 16$
8299 independent reflections	

Refinement

Refinement on F^2	Primary atom site location: dual
Least-squares matrix: full	Secondary atom site location: difference Fourier map
$R[F^2 > 2\sigma(F^2)] = 0.036$	Hydrogen site location: difference Fourier map
$wR(F^2) = 0.088$	H atoms treated by a mixture of independent and constrained refinement
$S = 1.05$	$w = 1/[\sigma^2(F_o^2) + (0.034P)^2 + 3.5174P]$ where $P = (F_o^2 + 2F_c^2)/3$
8299 reflections	$(\Delta/\sigma)_{max} = 0.003$
529 parameters	$\Delta\rangle_{max} = 0.79$ e Å^{-3}
2 restraints	$\Delta\rangle_{min} = -0.97$ e Å^{-3}

6 References

[1]   M. D. Spalding, A. M. Grenfell, *Coral Reefs* **1997**, *16*, 225-230.

[2]   J. C. Sylvan, *Sustainable development law & policy* **2006**, *7*, 32-35.

[3]   A. C. Baker, *Nature* **2001**, *411*, 765-766.

[4]   L. Muscatine, in *Ecosystems of the World, Vol. 25 Coral Reefs* (Ed.: Z. Dubinsky), Elsevier Science Publishing Company, Inc., Amsterdam, **1990**, pp. 75-87.

[5]   A. R. Carroll, B. R. Copp, R. A. Davis, R. A. Keyzers, M. R. Prinsep, *Nat. Prod. Rep.* **2020**, *37*, 175-223.

[6]   P. W. Glynn, *Coral Reefs* **1993**, *12*, 1-17.

[7]   E. Rosenberg, L. Falkovitz, *Annu. Rev. Microbio.l* **2004**, *58*, 143-159.

[8]   W. K. Fitt, B. E. Brown, M. E. Warner, R. P. Dunne, *Coral Reefs* **2001**, *20*, 51-65.

[9]   T. F. Goreau, *Science* **1964**, *145*, 383-386.

[10]   D. F. Gleason, G. M. Wellington, *Nature* **1993**, *365*, 836-838.

[11]   N. Rosenbaum, Master thesis, Karlsruhe Institute of Technology **2017**.

[12]   H. Beyer, W. Walter, W. Francke, *Lehrbuch der organischen Chemie*, Hirzel, **2004**.

[13]   D. Lednicer, *Steroid chemistry at a glance*, Wiley, **2011**.

[14]   P. C. Heinrich, G. Löffler, *Biochemie und Pathobiochemie*, Springer, **2014**.

[15]   G. P. Moss, *Pure Appl. Chem.* **1989**, *61*, 1783-1822.

[16]   *Eur. J. Biochem.* **1992**, *204*, 1-3.

[17]   E. L. Enwall, D. van der Helm, I. N. Hsu, T. Pattabhiraman, F. J. Schmitz, R. L. Spraggins, A. J. Weinheimer, *J. Chem. Soc., Chem. Commun.* **1972**, 215.

[18]   M. Rohmer, *Nat. Prod. Rep.* **1999**, *16*, 565-574.

[19]   M. Akerlund, A. Rodez, J. Westergaard, *BJOG* **1993**, *100*, 832-838.

[20]   F. Hoffmann, W. Kloas, *PLoS ONE* **2012**, *7*, e32097-e32097.

[21]   W. Lepper, *Zeitschrift für Untersuchung der Lebensmittel* **1943**, *86*, 247-250.

[22]   S. S. Ahmed, K. Müller, *Potato Research* **1981**, *24*, 93-99.

[23]   C. Zhao, M. Sun, Y. L. Bennani, S. M. Gopalakrishnan, D. G. Witte, T. R. Miller, K. M. Krueger, K. E. Browman, C. Thiffault, J. Wetter, K. C. Marsh, A. A. Hancock, T. A. Esbenshade, M. D. Cowart, *J. Med. Chem.* **2008**, *51*, 5423-5430.

[24]   R. Rajesh, C. D. Raghavendra Gowda, A. Nataraju, B. L. Dhananjaya, K. Kemparaju, B. S. Vishwanath, *Toxicon* **2005**, *46*, 84-92.

[25]   H. Y. Park, K. Toume, M. A. Arai, S. K. Sadhu, F. Ahmed, M. Ishibashi, *ChemBioChem* **2014**, *15*, 872-878.

[26]   N. Rosenbaum, L. Schmidt, F. Mohr, O. Fuhr, M. Nieger, S. Bräse, *Eur. J. Org. Chem.* **2021**, *2021*, 1568-1574.

[27]   W. Bergmann, M. J. McLean, D. Lester, *J. Org. Chem.* **1943**, *08*, 271-282.

[28]   M. A. Farag, A. Porzel, M. A. Al-Hammady, M. E. Hegazy, A. Meyer, T. A. Mohamed, H. Westphal, L. A. Wessjohann, *J. Proteome Res.* **2016**, *15*, 1274-1287.

[29]   M. P. Rahelivao, T. Lubken, M. Gruner, O. Kataeva, R. Ralambondrahety, H. Andriamanantoanina, M. P. Checinski, I. Bauer, H. J. Knolker, *Org. Biomol. Chem.* **2017**, *15*, 2593-2608.

[30]   R. G. Kerr, P. C. Southgate, *Comp. Biochem. Phys. B* **1993**, *104*, 707-710.

[31]   A. Kanazawa, S. I. Teshima, T. Ando, *Comp. Biochem. Phys. B* **1977**, *57*, 317-323.

[32]   T. Ando, A. Kanazawa, S. Teshima, H. Miyawaki, *Mar. Biol.* **1979**, *50*, 169-173.

[33]   D. H. Barton, *J. Chem. Soc.* **1945**, 813-819.

[34]   L. S. Ciereszko, M. A. Johnson, R. W. Schmidt, C. B. Koons, *Comp. Biochem. Physiol.* **1968**, *24*, 899-904.

[35]   R. L. Hale, J. Leclercq, B. Tursch, C. Djerassi, R. A. Gross, A. J. Weinheimer, K. C. Gupta, P. J. Scheuer, *J. Am. Chem. Soc.* **1970**, *92*, 2179-2180.

[36]   Y. Mazur, A. Weizmann, F. Sondheimer, *J. Am. Chem. Soc.* **1958**, *80*, 6293-6296.

[37]   N. C. Ling, R. L. Hale, C. Djerassi, *J. Am. Chem. Soc.* **1970**, *92*, 5281-5282.

[38]   F. J. Schmitz, T. Pattabhiraman, *J. Am. Chem. Soc.* **1970**, *92*, 6073-6074.

[39]   D. S. Bhakuni, D. S. Rawat, *Bioactive Marine Natural Products*, Springer, New York, **2005**.

[40]   R. G. Kerr, B. J. Baker, *Nat. Prod. Rep.* **1991**, *8*, 465-497.

[41]   N. W. Withers, W. C. Kokke, W. Fenical, C. Djerassi, *Proc. Natl. Acad. Sci. U.S.A.* **1982**, *79*, 3764-3768.

[42]   J. Finer, J. Clardy, A. Kobayashi, M. Alam, Y. Shimizu, *J. Org. Chem.* **1978**, *43*, 1990-1992.

[43]   E. A. Hambleton, V. A. S. Jones, I. Maegele, D. Kvaskoff, T. Sachsenheimer, A. Guse, *eLife* **2019**, *8*.

[44]   A. I. Elshamy, A. F. Abdel-Razik, M. I. Nassar, T. K. Mohamed, M. A. Ibrahim, S. M. El-Kousy, *Nat. Prod. Res.* **2013**, *27*, 1250-1254.

[45]   M. Y. Putra, G. Bavestrello, C. Cerrano, B. Renga, C. D'Amore, S. Fiorucci, E. Fattorusso, O. Taglialatela-Scafati, *Steroids* **2012**, *77*, 433-440.

[46]   J. W. Jonker, C. Liddle, M. Downes, *J. Steroid Biochem. Mol. Biol.* **2012**, *130*, 147-158.

[47]   X. K. Huo, J. Liu, Z. L. Yu, Y. F. Wang, C. Wang, X. G. Tian, J. Ning, L. Feng, C. P. Sun, B. J. Zhang, X. C. Ma, *Phytomedicine* **2018**, *42*, 34-42.

[48]   J. M. Olefsky, *J. Biol. Chem.* **2001**, *276*, 36863-36864.

[49]   B. M. Forman, E. Goode, J. Chen, A. E. Oro, D. J. Bradley, T. Perlmann, D. J. Noonan, L. T. Burka, T. McMorris, W. W. Lamph, R. M. Evans, C. Weinberger, *Cell* **1995**, *81*, 687-693.

[50]   M. Makishima, A. Y. Okamoto, J. J. Repa, H. Tu, R. M. Learned, A. Luk, M. V. Hull, K. D. Lustig, D. J. Mangelsdorf, B. Shan, *Science* **1999**, *284*, 1362-1365.

[51]   Y. M. Sheikh, C. Djerassi, B. M. Tursch, *J. Chem. Soc., Chem. Commun.* **1971**, 217.

[52]   Y. M. Sheikh, M. Kaisin, C. Djerassi, *Steroids* **1973**, *22*, 835-850.

[53]   Y. Q. He, S. Lee Caplan, P. Scesa, L. M. West, *Steroids* **2017**, *125*, 47-53.

[54]   X. Wei, A. D. Rodriguez, Y. Wang, S. G. Franzblau, *Bioorg. Med. Chem. Lett.* **2008**, *18*, 5448-5450.

[55]   M. Y. Putra, G. Bavestrello, C. Cerrano, B. Renga, C. D'Amore, S. Fiorucci, E. Fattorusso, O. Taglialatela-Scafati, *Steroids* **2012**, *77*, 433-440.

[56]   M. Qin, X. Li, B. Wang, *Chin. J. Chem.* **2012**, *30*, 1278-1282.

[57]   M. H. Uddin, N. Hanif, A. Trianto, Y. Agarie, T. Higa, J. Tanaka, *Nat. Prod. Res.* **2011**, *25*, 585-591.

[58]   H. T. D'Armas, B. S. Mootoo, W. F. Reynolds, *J. Nat. Prod.* **2000**, *63*, 1669-1671.

[59]   J. Tanaka, A. Trianto, M. Musman, H. H. Issa, I. I. Ohtani, T. Ichiba, T. Higa, W. Y. Yoshida, P. J. Scheuer, *Tetrahedron* **2002**, *58*, 6259-6266.

[60]   Y. C. Shen, C. V. Prakash, Y. T. Chang, *Steroids* **2001**, *66*, 721-725.

[61]   L. A. Morris, E. M. Christie, M. Jaspars, L. P. van Ofwegen, *J. Nat. Prod.* **1998**, *61*, 538-541.

[62]   A. D. Wright, E. Goclik, G. M. Konig, *J. Nat. Prod.* **2003**, *66*, 157-160.

[63]   G. D. Anderson, T. J. Powers, C. Djerassi, J. Fayos, J. Clardy, *J. Am. Chem. Soc.* **1975**, *97*, 388-394.

[64]   R. D. Walkup, G. D. Anderson, C. Djerassi, *Tetrahedron Lett.* **1979**, *20*, 767-770.

[65]   M. Ishiguro, A. Akaiwa, Y. Fujimoto, S. Sato, N. Ikekawa, *Tetrahedron Lett.* **1979**, *20*, 763-766.

[66]   S. Sato, A. Akaiwa, Y. Fujimoto, M. Ishiguro, N. Ikekawa, *Chem. Pharm. Bull.* **1981**, *29*, 406-415.

References

[67]   T. Terasawa, Y. Hirano, Y. Fujimoto, N. Ikekawa, *J. Chem. Soc., Chem. Commun.* **1983**, 1180-1182.

[68]   F. Mohr, Master thesis, Karlsruhe Institute of Technology **2016**.

[69]   V. K. Aggarwal, J. de Vicente, R. V. Bonnert, *Org. Lett.* **2001**, *3*, 2785-2788.

[70]   A. K. Chatterjee, T. L. Choi, D. P. Sanders, R. H. Grubbs, *J. Am. Chem. Soc.* **2003**, *125*, 11360-11370.

[71]   J. A. Steele, E. Mosettig, *J. Org. Chem.* **1963**, *28*, 571-572.

[72]   A. Kurek-Tyrlik, S. Marczak, K. Michalak, J. Wicha, A. Zarecki, *J. Org. Chem.* **2001**, *66*, 6994-7001.

[73]   J. H. Cho, C. Djerassi, *J. Org. Chem.* **1987**, *52*, 4517-4521.

[74]   W. Liu, A. Bodlenner, M. Rohmer, *Org. Biomol. Chem.* **2015**, *13*, 3393-3405.

[75]   C. R. Johnson, B. D. Tait, *J. Org. Chem.* **1987**, *52*, 281-283.

[76]   A. Iza, U. Uria, E. Reyes, L. Carrillo, J. L. Vicario, *RSC Advances* **2013**, *3*, 25800.

[77]   N. A. Petasis, E. I. Bzowej, *J. Am. Chem. Soc.* **1990**, *112*, 6392-6394.

[78]   T. Goto, K. Takeda, M. Anada, K. Ando, S. Hashimoto, *Tetrahedron Lett.* **2011**, *52*, 4200-4203.

[79]   C. Qin, V. Boyarskikh, J. H. Hansen, K. I. Hardcastle, D. G. Musaev, H. M. L. Davies, *J. Am. Chem. Soc.* **2011**, *133*, 19198-19204.

[80]   A.-M. Abu-Elfotoh, K. Phomkeona, K. Shibatomi, S. Iwasa, *Angew. Chem. Int. Ed.* **2010**, *49*, 8439-8443.

[81]   S. Chanthamath, S. Iwasa, *Acc. Chem. Res.* **2016**, *49*, 2080-2090.

[82]   S. Chanthamath, H. S. Mandour, T. M. Tong, K. Shibatomi, S. Iwasa, *Chem. Commun.* **2016**, *52*, 7814-7817.

[83]   A. R. Jeon, M. E. Kim, J. K. Park, W. K. Shin, D. K. An, *Tetrahedron* **2014**, *70*, 4420-4424.

[84]   A. R. Prosser, D. C. Liotta, *Tetrahedron Lett.* **2015**, *56*, 3005-3007.

[85]   J. Cornella, J. T. Edwards, T. Qin, S. Kawamura, J. Wang, C. M. Pan, R. Gianatassio, M. Schmidt, M. D. Eastgate, P. S. Baran, *J. Am. Chem. Soc.* **2016**, *138*, 2174-2177.

[86]   M. Montesinos-Magraner, M. Costantini, R. Ramírez-Contreras, M. E. Muratore, M. J. Johansson, A. Mendoza, *Angew. Chem. Int. Ed.* **2019**, *58*, 5930-5935.

[87]   T. G. Chen, L. M. Barton, Y. Lin, J. Tsien, D. Kossler, I. Bastida, S. Asai, C. Bi, J. S. Chen, M. Shan, H. Fang, F. G. Fang, H. W. Choi, L. Hawkins, T. Qin, P. S. Baran, *Nature* **2018**, *560*, 350-354.

[88]   E. J. Horn, B. R. Rosen, Y. Chen, J. Tang, K. Chen, M. D. Eastgate, P. S. Baran, *Nature* **2016**, *533*, 77-81.

[89]   M. Mukherjee, A. K. Gupta, Z. Lu, Y. Zhang, W. D. Wulff, *J. Org. Chem.* **2010**, *75*, 5643-5660.

[90]   Y. Nakagawa, S. Chanthamath, I. Fujisawa, K. Shibatomi, S. Iwasa, *Chem. Commun.* **2017**, *53*, 3753-3756.

[91]   C. Zippel, Z. Hassan, M. Nieger, S. Bräse, *Adv. Synth. Catal.* **2020**, *362*, 3431-3436.

[92]   B. A. Feit, R. Elser, U. Melamed, I. Goldberg, *Tetrahedron* **1984**, *40*, 5177-5180.

[93]   D. Maier, Bachelor thesis, Karlsruhe Institute of Technology **2020**.

[94]   L. Schmidt, Vertiefer thesis, Karlsruhe Institute of Technology **2019**.

[95]   S. Moser, Vertiefer thesis, Karlsruhe Institute of Technology **2019**.

[96]   R. K. Crossland, K. L. Servis, *J. Org. Chem.* **1970**, *35*, 3195-3196.

[97]   H. Mitome, H. Miyaoka, M. Nakano, Y. Yamada, *Tetrahedron Lett.* **1995**, *36*, 8231-8234.

[98]   J. B. Son, S. N. Kim, N. Y. Kim, D. H. Lee, *Org. Lett.* **2006**, *8*, 661-664.

[99]   T. W. Baughman, J. C. Sworen, K. B. Wagener, *Tetrahedron* **2004**, *60*, 10943-10948.

[100]   K. Tsuna, N. Noguchi, M. Nakada, *Chem. Eur. J.* **2013**, *19*, 5476-5486.

[101]   J. M. Khurana, P. K. Sahoo, *Synth. Commun.* **1992**, *22*, 1691-1702.

[102]   B. M. Trost, D. P. Curran, *Tetrahedron Lett.* **1981**, *22*, 1287-1290.

[103]   B. J. Marsh, D. R. Carbery, *J. Org. Chem.* **2009**, *74*, 3186-3188.

[104]   S. Shah, J. M. White, S. J. Williams, *Org. Biomol. Chem.* **2014**, *12*, 9427-9438.

[105]   M. Vriesen, H. Grover, M. Kerr, *Synlett* **2013**, *25*, 428-432.

[106]   Y. V. Ermolovich, V. N. Zhabinskii, V. A. Khripach, *Steroids* **2013**, *78*, 683-692.

[107]   M. Sakai, K. Tanaka, S. Takamizawa, M. Oikawa, *Tetrahedron* **2014**, *70*, 4587-4594.

[108]   C. Vidal, J. García-Álvarez, *Green Chem.* **2014**, *16*, 3515-3521.

[109]   V. V. Rostovtsev, L. G. Green, V. V. Fokin, K. B. Sharpless, *Angew. Chem. Int. Ed.* **2002**, *41*, 2596-2599.

[110]   I. Fleming, *Molecular Orbitals and Organic Chemical Reactions,* Wiley, **2011**.

[111]   A. G. M. Barrett, D. Hamprecht, M. Ohkubo, *J. Org. Chem.* **1997**, *62*, 9376-9378.

[112]   A. G. M. Barrett, W. Tam, *J. Org. Chem.* **1997**, *62*, 7673-7678.

[113]   M. Skvorcova, A. Jirgensons, *Org. Lett.* **2017**, *19*, 2478-2481.

[114]   B. M. Trost, H. C. Shen, D. B. Horne, F. D. Toste, B. G. Steinmetz, C. Koradin, *Chemistry* **2005**, *11*, 2577-2590.

[115]   S. R. Nagarajan, H. F. Lu, A. F. Gasiecki, I. K. Khanna, M. D. Parikh, B. N. Desai, T. E. Rogers, M. Clare, B. B. Chen, M. A. Russell, J. L. Keene, T. Duffin, V. W. Engleman, M. B. Finn, S. K. Freeman, J. A. Klover, G. A. Nickols, M. A. Nickols, K. E. Shannon, C. A. Steininger, W. F. Westlin, M. M. Westlin, M. L. Williams, *Bioorg. Med. Chem.* **2007**, *15*, 3390-3412.

[116]   M. D. Tzirakis, M. N. Alberti, M. Orfanopoulos, *Org. Lett.* **2011**, *13*, 3364-3367.

[117]   R. Robiette, J. Marchand-Brynaert, *Synlett* **2008**, *2008*, 517-520.

[118]   J. Werth, C. Uyeda, *Angew. Chem. Int. Ed. Engl.* **2018**, *57*, 13902-13906.

[119] M.-L. Yao, M.-Z. Deng, *Tetrahedron Lett.* **2000**, *41*, 9083-9087.

[120] S.-M. Zhou, M.-Z. Deng, L.-J. Xia, M.-H. Tang, *Angew. Chem. Int. Ed.* **1998**, *37*, 2845-2847.

[121] S.-M. Zhou, Y.-L. Yan, M.-Z. Deng, *Synlett* **1998**, *1998*, 198-200.

[122] H. Zhang, W. Huang, T. Wang, F. Meng, *Angew. Chem. Int. Ed. Engl.* **2019**, *58*, 11049-11053.

[123] D. Armesto, M. J. Ortiz, A. R. Agarrabeitia, N. El-Boulifi, *Tetrahedron* **2010**, *66*, 8690-8697.

[124] D. Beruben, I. Marek, J. F. Normant, N. Platzer, *J. Org. Chem.* **1995**, *60*, 2488-2501.

[125] H. M. L. Davies, T. J. Clark, L. A. Church, *Tetrahedron Lett.* **1989**, *30*, 5057-5060.

[126] H. M. L. Davies, S. A. Panaro, *Tetrahedron* **2000**, *56*, 4871-4880.

[127] R. J. Billedeau, K. R. Klein, D. Kaplan, Y. Lou, *Org. Lett.* **2013**, *15*, 1421-1423.

[128] C. Schoch, Bachelor thesis, Karlsruhe Institute of Technology **2019**.

[129] H. Günther, *NMR Spectroscopy: Basic Principles, Concepts and Applications in Chemistry*, 3rd ed., Wiley-VCH, Weinheim, **2013**.

[130] P. Sieber, Bachelor thesis, Karlsruhe Institute of Technology **2019**.

[131] M. L. Rosenberg, A. Krivokapic, M. Tilset, *Org. Lett.* **2009**, *11*, 547-550.

[132] M. L. Rosenberg, E. Langseth, A. Krivokapic, N. S. Gupta, M. Tilset, *New J. Chem.* **2011**, *35*, 2306.

[133] M. L. Rosenberg, K. Vlasana, N. Sen Gupta, D. Wragg, M. Tilset, *J. Org. Chem.* **2011**, *76*, 2465-2470.

[134] M. P. Doyle, S. B. Davies, W. Hu, *Chem. Commun.* **2000**, 867-868.

[135] R. Dalpozzo, G. Bartoli, G. Bencivenni, *Synthesis* **2014**, *46*, 979-1029.

[136] D. Orr, J. M. Percy, Z. A. Harrison, *Chem. Sci.* **2016**, *7*, 6369-6380.

[137]   S. Vshyvenko, J. W. Reed, T. Hudlicky, E. Piers, in *Comprehensive Organic Synthesis II (Second Edition)* (Ed.: P. Knochel), Elsevier, Amsterdam, **2014**, pp. 999-1076.

[138]   T. F. Schneider, J. Kaschel, D. B. Werz, *Angew. Chem. Int. Ed. Engl.* **2014**, *53*, 5504-5523.

[139]   V. Korotkov, O. Larionov, A. de Meijere, *Synthesis* **2006**, *2006*, 3542-3546.

[140]   X. Wang, Y. R. Lee, *Bull. Korean Chem. Soc.* **2013**, *34*, 1735-1740.

[141]   H. M. L. Davies, D. M. Clark, D. B. Alligood, G. R. Eiband, *Tetrahedron* **1987**, *43*, 4265-4270.

[142]   H. M. L. Davies, T. Jeffrey Clark, *Tetrahedron* **1994**, *50*, 9883-9892.

[143]   H. M. L. Davies, H. D. Smith, O. Korkor, *Tetrahedron Lett.* **1987**, *28*, 1853-1856.

[144]   H. M. L. Davies, T. J. Clark, G. F. Kimmer, *J. Org. Chem.* **2002**, *56*, 6440-6447.

[145]   J. M. Fraile, K. Le Jeune, J. A. Mayoral, N. Ravasio, F. Zaccheria, *Org. Biomol. Chem* **2013**, *11*, 4327-4327.

[146]   C. Zippel, Z. Hassan, A. Q. Parsa, J. Hohmann, S. Bräse, *Adv. Synth. Catal.* **2021**.

[147]   M. Biosca, E. Salomo, P. de la Cruz-Sanchez, A. Riera, X. Verdaguer, O. Pamies, M. Dieguez, *Org. Lett.* **2019**, *21*, 807-811.

[148]   B. H. Lipshutz, J. M. Servesko, B. R. Taft, *J. Am. Chem. Soc.* **2004**, *126*, 8352-8353.

[149]   T. Niimi, T. Uchida, R. Irie, T. Katsuki, *Tetrahedron Lett.* **2000**, *41*, 3647-3651.

[150]   Z. Liu, K. Raveendra Babu, F. Wang, Y. Yang, X. Bi, *Org. Chem. Front.* **2019**, *6*, 121-124.

[151]   E. G. Yang, K. Sekar, M. J. Lear, *Tetrahedron Lett.* **2013**, *54*, 4406-4408.

[152]   D. Seebach, R. Imwinkelried, G. Stucky, *Helv. Chim. Acta* **1987**, *70*, 448-464.

[153]   W. C. Still, M. Kahn, A. Mitra, *J. Org. Chem.* **1978**, *43*, 2923-2925.

[154]   D. A. Foley, Y. O'Callaghan, N. M. O'Brien, F. O. McCarthy, A. R. Maguire, *J. Agric. Food. Chem.* **2010**, *58*, 1165-1173.

[155]   S. K. Chung, C. H. Ryoo, H. W. Yang, J. Y. Shim, M. G. Kang, K. W. Lee, H. I. King, *Tetrahedron* **1998**, *54*, 15899-15914.

[156]   D. Czajkowska, J. W. Morzycki, *Tetrahedron Lett.* **2009**, *50*, 2904-2907.

7 Appendix

7.1 List of abbreviations and acronyms

$[M]^+$	Molecule ion
(v/v)	Volume/volume ratio
°C	Degrees Celsius
δ	Chemical shift
μL	Microliter
μm	Micrometer
μmol	Micromole
3-NBA	3-Nitrobenzylalcohol
Å	Ångström
aq.	Aqueous
Ar	Aromat(ic)
a.u.	Arbitrary unit
ABSA	*N*-(4-Azidosulfonylphenyl)acetamide
ADHD	Attention deficit hyperactivity disorder
ASTM	American Society for Testing and Materials
ATR	Attenuated total reflection
BBBPY	4,4′-Di-tert-butyl-2,2′-dipyridyl
BnDa	Benzyl diazoacetate
Boc	*tert*-Butyloxycarbonyl protecting group
brsm	Based on recovered starting material

BTEACl	Benzyltriethylammonium chloride
BTPCP	(1-(4-bromophenyl)-2,2-diphenylcyclopropanecarboxylate
c	Concentration
calc.	Calculated
cat.	Catalyst
CCDC	Cambridge Crystallographic Data Centre
cHex	Cyclohexane
cm^{-1}	Reciprocal centimeters
CoA	Coenzyme A
d	Days, doublet
d.r.	Diasteromeric ratio
DA	Diazoacetate
DBU	1,8-Diazabicyclo[5.4.0]undec-7-ene
DCC	*N,N'*-Dicyclohexylcarbodiimide
DCE	Dichloroethane
DCU	*N,N'*-Dicyclohexylurea
decomp.	Decomposition
DIBAL-H	Diisobutylaluminium hydride
DIPEA	*N,N*-Diisopropylethylamine, or Hünig's base
DMAP	4-Dimethylaminopyridine
DME	Dimethoxyethane
DMF	*N,N*-dimethylformamide

DMSO	Dimethyl sulfoxide
DMSO2	Dimethyl sulfone
Duphos	DuPont diphosphine ligand
EI	Electron Impact Ionization
EPR	Electron Paramagnetic Resonance
e.r.	Enantiomeric ratio
EA	Elemental analysis
EDA	Ethyl diazoacetate
EDG	Electron donating group
equiv.	Equivalents
ESI	Electrospray ionization
et al.	*Et alii* (and others)
EWG	Electron withdrawing group
eV	Electron volt
FAB	Fast atom bombardment
Fmoc	Fluorenylmethoxycarbonyl protecting group
FT	Fourier transformation
FXR	Farnesoid-X-receptor
g	Gram
GBB	Groebke-Blackburn-Bienaymé reaction
GC/MS	Gas chromatography-mass spectrometry
GP	General procedure

h	Hour
HATU	Hexafluorophosphate Azabenzotriazole Tetramethyl Uronium
HPLC	High performance liquid chromatography
HRMS	High resolution mass spectrometry
HSQC	Heteronuclear Single Quantum Coherence
HWE	Horner–Wadsworth–Emmons reaction
Hz	Hertz
i.d.	Internal diameter
IBX	Iodoxybenzoic acid
IR	Infrared
IUPAC	International Union of Pure and Applied Chemistry
J	Coupling constant
KIT	Karlsruhe Institute of Technology
L	Liter
LDA	Lithium diisopropylamide
LDBMA	Lithium diisobutylmethoxyaluminum hydride
LiHMDS	Lithium hexamethyldisilazane
Lit.	Literature
M	Molarity
m	Multiplet
m/z	Mass-to-charge ratio
min	Minute

ml	Milliliter
mm	Millimeter
MOM	Methoxymethyl protective group,
MS	Molecular sieve, mass spectrometry
NADPH	Nicotinamide adenine dinucleotide phosphate, reduced form
nm	Nanometer
NMO	*N*-Methylmorpholine *N*-oxide
NMR	Nuclear Magnetic Resonance
no.	Number
p.a.	Per analysi
PBP	Phenylbenzophenone
PCC	Pyridinium chlorochromate
PCP	[2.2]Paracyclophane
PDI	Pyridine diimine
pH	Decimal logarithm of the reciprocal of the hydrogen ion activity in a solution
pheox	Phenyloxazole
PT	Phenyltetrazole
R	Organic residue
R/R_P	Right-handed (clockwise) stereodescriptor
rac	Racemic
R_f	Ratio of fronts
r.r.	Regioisomeric ratio

rt	Room temperature
s	Singlet
S/S_P	Left-handed (counter-clockwise) stereodescriptor
sat.	Saturated
S_N2	Bimolecular nucleophilic substitution
St	Steroid
T	Transmission
t	Triplet
TBAI	Tetra-*n*-butylammonium chloride
t-BuDA	*tert*-Butyl diazoacetate
TCNHPI	Tetrachloro-*N*-hydroxyphthalimide
TFA	Trifluoroacetic acid
THF	Tetrahydrofuran
TLC	Thin Layer Chromatography
TMEDA	Tetramethylethylenediamine
TMS	Trimethylsilyl, tetramethylsilane
TMVS	Trimethylvinylsilane
TPP	Tetraphenylporphyrin
trp	Tryptophan
UV	Ultraviolet light
Vis	Visible light
α	optical rotation

Appendix

λ_{max} Wavelength maximum

τ retention time

7.2 Curriculum vitae

Personal Information

Name	Nicolai Rosenbaum
Born	24th March 1990 in Karlsruhe
Address	Ellmendinger Straße 17, 76227 Karlsruhe
Phone	+049 (0)157 85106525
E-Mail	nicolai.rosenbaum90@gmail.com

Education

01/2018 – 07/2021   Doctorate at the Institute of Organic Chemistry of the Karlsruhe Institute

of Technology (KIT) under the supervision of Prof. Dr. Stefan Bräse

10/2015 –10/2017   Master of Science in Chemistry from the Karlsruhe Institute of Technology

(KIT) (1.0)
Master thesis (Prof. Dr. Stefan Bräse) on Development of a stereoselective

semisynthesis of the marine steroid demethylgorgosterol (1.0)

02/2017 – 04/2017   Research Intern at the BASF SE in Ludwigshafen am Rhein
EPR spectroscopy of various materials (Dr. Karsten Seidel)

08/2014 – 11/2016   Student assistant, Synthetic laboratory of the Cynora GmbH in Bruchsal

10/2012 – 09/2015   Bachelor of Science in Chemistry from the Karlsruhe Institute of Technology (KIT) (1.0)
Bachelor thesis (Prof. Dr. Peter Roesky) on Gold complexes with multidentate *N*-heterocyclic carbenes (1.0)

06/2012 – 09/2012   Laboratory technician at RLP Agroscience GmbH in Neustadt an der Weinstraße

09/2009 – 06/2012 with   Training as a chemical laboratory technician at BASF SE partnering

RLP Agroscience GmbH (1.1)

08/2000 – 03/2009   Abitur from Max-Slevogt-Gymnasium in Landau (2.9)

Awards

01/2019 – 07/2021   Ph.D. Scholarship by the Jürgen Manchot Foundation

7.3 List of publications

Publications

1) N. Rosenbaum, C. Schoch, P. Sieber, S. Bräse, *in preparation.*
   Rhodium-Catalyzed Cyclopropanation Reaction Utilizing a Vinylogous Diazoester: Direct Access to Cyclopropylacrylates

2) N. Rosenbaum, L. Schmidt, D. Maier, S. Bräse, *in preparation.*
   Synthesis of Structurally Diverse Demethylgorgosterol Analogs for Biological Testing

3) N. Rosenbaum, L. Schmidt, F. Mohr, O. Fuhr, M. Nieger, S. Bräse, *Eur. J. Org. Chem.* **2021**, 1568–1574.
   Formal Semisynthesis of Demethylgorgosterol Utilizing a Stereoselective Intermolecular Cyclopropanation Reaction

4) Z. Hassan, M. Stahlberger, N. Rosenbaum, S. Bräse, *Angew. Chem. Int. Ed.* **2021**, *60*, 2–17.
   Criegee Intermediates Beyond Ozonolysis: Synthetic and Mechanistic Insights

5) N. Rosenbaum, C. Zippel, S. Brase, *Sci. China Chem.* **2019**, *62*, 923–924.
   Alkaline Generation and Reactions of CF_3CHN_2

Conference Posters

1) N. Rosenbaum, C. Schoch, P. Sieber, S. Bräse, The International Chemical Congress of Pacific Basin Societies at Honolulu, United States of America, **2021**, *in preparation.*
   Rhodium-Catalyzed Cis-Selective Cyclopropanation Reaction Utilizing a Vinylogous Diazoester: Direct Access to Cyclopropylacrylates

2) N. Rosenbaum, L. Schmidt, S. Moser, S. Bräse, Proceedings of the 20th European Symposium on Organic Chemistry at Vienna, Austria, July **2019**.
   Formal Semisynthesis of Demethylgorgosterol via Enantioselective Cyclopropanation

7.4 Acknowledgments

First and foremost, I would like to thank my supervisor Prof. Dr. Stefan Bräse for his guidance and support that go far beyond chemistry. Thank you for seeing potential in me and giving me the chance to grow as a person, for the opportunity to work in your group on this interesting topic, for your expertise in both scientific and organizational matters and for your patience and accepting attitude throughout these 4 years.

Prof Dr. Joachim Podlech for kindly reviewing this thesis.

The Jürgen Manchot Foundation for granting me a Ph.D. scholarship and financially supporting me and giving me the opportunity to go to ESOC 2019 to present my work.

Dr. Zahid Hassan for his great efforts in writing our review on ozonolysis.

Prof. Annika Guse for collaborating with us on the biological aspects of gorgosterol.

Many thanks are owed to the employees of the Institute of Organic Chemistry: Angelika Mösle, Pia Lang, Tanja Ohmer-Scherrer, Norbert Foitzik, Andreas Rapp, Despina Savvidou, Richard von Budberg, Karolin Kohnle, Lara Hirsch, and Danny Wagner. Thank you for your help with mass spectrometric measurements, IR measurements, NMRs, elemental analysis, and many other affairs. Dr. Martin Nieger and Dr. Olaf Fuhr are appreciated for measuring and solving the crystal structures in this thesis.

I owe another special thanks to Christiane Lampert and Janine Bolz for their excellent help with all organizational topics and bureaucratic questions. I enjoyed your open and friendly way, appreciate your work for the whole group. Dr. Christin Bednarek and Dr. Nicole Jung deserve thanks for being contactable by the whole group with any kind of problem we could not solve on our own.

Many thanks also to the kind people who proof-read this thesis: Hannes Kühner, Mareen Stahlberger and Jasmin Seibert.

I also want to thank my labmates that made my time in lab 306 so enjoyable during the last 4 years, especially Mareen Stahlberger, Christoph Zippel, Claudine Herlan, Jasmin Seibert, Steffen Otterbach and Jens Hohmann. This is also true for the Kicker group that always made breaks fun, namely Daniel Knoll, Stephan Marschner, Hannes Kühner, Steffen Otterbach, Céline Leonhardt, Lisa-Lou Gracia, Fabian Hundemer and Robin Bär.

Additional thanks go to Christoph Zippel and Susanne Kirchner for making the ESOC 2019 in Vienna such a great time.

This thesis would not have been possible without the excellent results of my bachelor and Vertiefer students Lisa Schmidt, Susanne Moser, Céline Schoch, Patrick Sieber and Dominic Maier.

I owe special thanks to Tobias Bantle. You became my best friend over the years and you were always there to support and motivate me. Thank you for listening to my complaints, for NFL and board game evenings, for hitting the gym with me and for a lot more to even describe here.

Another big thank you goes to Mareen Stahlberger for her constant emotional and intellectual support, for chemical and non-chemical discussions, for every party we celebrated and for every fun day in 306.

Thank you also to Daniel Knoll for fruitful discussions over almost every aspect of organic chemistry and life, for making me laugh way too loudly and for being such a good and supporting friend.

I also want to thank Vanessa Koch for sharing Schleimschorle at parties, Christoph Zippel and Hannes Kühner for their expertise in chemical discussions, Alena Winter for lighting up my weekends and Florian Mohr for starting on the topic of gorgosterol and for his preliminary work.

Of course, I also thank my friends from studying for accompanying me all the way up until now, namely Robin Rastetter, Tizian Klingel, Mark Rutschmann, Annika Kohlmeyer and Luca Münzfeld.

However, my biggest thanks go to my family: my mom Elke and my dad Ralf, as well as my brother Kevin. You always believed in me and supported me on every step along the way. Without you, this would not have been possible.